莫兰科学笔记 探究式科学教学故事
STORIES FOR INQUIRY-BASED SCIENCE TEACHING

日常物理学之谜

EVERYDAY
PHYSICAL SCIE
MYSTERIES

[美]理查德·科尼赛克－莫兰 著
(Richard Konicek-Moran)
尹剑波 译
刘 勇 审校

NSTApress
National Science Teachers Association
江蘇鳳凰教育出版社
Phoenix Education Publishing, Ltd

图书在版编目(CIP)数据

莫兰科学笔记.日常物理学之谜 / (美)理查德·科尼赛克-莫兰著;尹剑波译.—南京:江苏凤凰教育出版社,2017.12

ISBN 978-7-5499-7055-1

Ⅰ.①莫… Ⅱ.①理…②尹… Ⅲ.①科学知识—青少年读物②物理学—青少年读物 Ⅳ.①Z228.2②04-49

中国版本图书馆CIP数据核字(2017)第319938号

书　　名	日常物理学之谜
著　　者	[美] 理查德·科尼赛克-莫兰(Richard Konicek-Moran)
译　　者	尹剑波
审　　校	刘　勇
责任编辑	薛　柏
出版发行	凤凰出版传媒股份有限公司 江苏凤凰教育出版社(南京市湖南路1号A楼　邮编210009)
苏教网址	http://www.1088.com.cn
照　　排	南京紫藤制版印务中心
印　　刷	江苏凤凰新华印务有限公司
厂　　址	江苏省南京市新港经济技术开发区尧新大道399号
开　　本	787 mm×1092 mm　1/16
印　　张	17.25
版　　次	2018年1月第1版 2018年1月第1次印刷
书　　号	ISBN 978-7-5499-7055-1
定　　价	65.00元
网店地址	http://jsfhjycbs.tmall.com
公 众 号	江苏凤凰教育出版社(微信号:jsfhjy)
邮购电话	025-85406265,025-85400774,短信 02585420909
盗版举报	025-83658579

苏教版图书若有印装错误可向承印厂调换
提供盗版线索者给予重奖

目　录

供教师使用的故事和背景材料

致谢

感谢马萨诸塞州斯普林菲尔德市公立学校诸位爱岗敬业、才华横溢的教师们，在他们的鞭策与鼓励下，我编写了本书的故事和材料，书中内容不仅适合城里学生，同样也适合农村学生。

我要感谢下列教师和行政管理人员，是他们多年来帮我实地检验了本书故事和想法是否适用。这些兢兢业业的教育工作者通过积极鼓励与善意批评，给了我莫大的帮助。

理查德·哈勒(Richard Haller)

乔·安·赫尔利(Jo Ann Hurley)

劳丽·诺斯(Lore Knaus)

罗恩·圣·阿曼德(Ron St. Amand)

蕾妮·洛迪(Renee Lodi)

迪安娜·索马拉(Deanna Suomala)

路易丝·布里顿(Louise Breton)

鲁斯·柴普尔(Ruth Chappel)

特蕾莎·威廉姆森(Theresa Williamson)

马萨诸塞州斯特布里奇(Sturbridge)伯吉斯小学(Burgess Elementary)3年级教研组

马萨诸塞州斯特布里奇伯吉斯小学2年级教研组

马萨诸塞州斯特布里奇伯吉斯小学5年级教研组

马萨诸塞州米尔伯里(Millbury)的小学教师们

马萨诸塞州斯普林菲尔德市波廷格(Pottinger)小学的教师和学生

马萨诸塞州斯普林菲尔德市公立学校全体行政人员和科学专家，他们人数众多，无法一一提及。

感谢在我的研究生班级和本科生班级就读的所有老师们，他们动手编写各种故事应用于自己的课堂教学，并且尝试把我的故事应用于他们的教学之中。

感谢我的导师、已故的哥伦比亚大学威拉德·雅各布森(Willard Jacobson)教授，是他帮助我在大学师范教育领域谋得一席之地。

我要感谢斯基普·斯诺(Skip Snow)，杰夫·克莱恩(Jeff Kline)，里克·希维(Rick Seavey)、吉恩·希维(Jean Seavey)夫妇以及佛罗里达州大沼泽地国家公园里所有的生物学家们，能够与他们共事十年是我的荣幸，是他们帮助我重新找回做一名科学家的感觉。还要感谢位于鲨鱼谷和松树岛的大沼泽地国家公园解说小组成员们，他们帮助我重新认识到：你不用明确告诉一个人如何去观察，他也完全有可能掌握其中的技巧；还有指导人们如何与这个世界和谐相处，意义非常重大。

我要向美国国家科学教师协会(NSTA)的克莱尔·莱因伯格(Claire Reinburg)表达最诚挚的谢意，他对我的工作充满信心，使我的第一、二、三部书得以顺利出版，现在正在编辑第四部。同样感谢编辑安德鲁·库克(Andrew Cooke)，他帮助我完成了出版的一些关键步骤。此外，还要感谢我的美貌与智慧并存的可爱妻子凯瑟琳(Kathleen)，她不仅大力支持我的工作，提出批评建议，为图书制作插画，而且认真编辑初稿。

最后，我还要感谢所有孩子们，他们热爱这个生活其中的世界。感谢他们的父母和老师，教会他们如何通过学习科学认识这个世界。

前　言

问一问小学或中学老师最害怕教哪一门课，他们很可能会回答说“物理”。现在，国家新课程标准出台后，他们的回答恐怕还要加上工程和数学这两门课。这些课程听起来都很吓人，但其实我们原本不需要如此。如果我们把这些学科内容放在学生熟悉的日常环境中，采取生动形象的方式进行教学，那么我们很快就能发现，老师不再畏教，学生也不再惧学。

物理和工程实验活动的一个好处在于，实验人员能够即时得到结果。而在生物或地球科学实验中，实验人员可能要等待几周或几个月。在绝大多数物理实验或调查中，只需要一两分钟即可得到结果，学生可以根据结果得出结论或者把实验重新做一遍。

就数学而言，学生根据这些故事设计实验会得出自己的数据。一名女生曾经对我说，数学就是“一页又一页别人提出的问题”。而在本书的各项实验活动中，问题都是由学生自己提出的，数据都是由他们自己收集的，而且由他们自己通过计算找到答案，这样学习起来才有意义。学生不再认为学习是一件苦差事，而是可以乐在其中。

学生听完每则故事后的第一反应肯定是，积极设计实验方案去帮助故事中人物遇到的难题。例如，他们需要运用所学知识改进锡罐电话的通话质量，制作一个计时工具记录时间，或者运用钟摆知识解决秋千歪斜的问题，等等。

本书为你提供了充分的背景材料和教学资源，可以让你信心百倍地指导学生积极探索各种物理学概念。令我们感到欣慰的是，现在获取各种资源的其他途径也都非常便利，可以用来帮助那些感觉自己在物理、数学或是工程学等方面有所欠缺的人。

这些故事在不同学科中自成体系，因此，在本丛书涵盖的三个学科领域（物理学、地球与空间科学、生物学）中，那些只教授某一学科的老师也可以非常方便地加以利用。然而，值得重申的是，交叉概念涉及所有学科的各种科学原则，我们很难孤立地教授任何一个科学概念。科学是一个人人机会均等的领域，不仅仅是涵盖各个专业的框架和理论，而且拥有自己的结构和历史。

我们希望，这些开放式的故事能够助你一臂之力，激励你把探究式教学引入你的课堂。请你务必了解本丛书其他学科的故事，把各种探究式教学所需要的科学实践、交叉概念以及核心理念融会贯通。

绪　论
在课堂上使用故事教学的案例分析

我想首先给你讲述《日常科学之谜(一)》中的一个故事,然后向你展示两位老师在教学中如何使用这个故事,两位老师分别是 2 年级的特蕾莎和 5 年级的劳丽。在接下来的章节中,我将解释一下本书的写作理念和内容安排,然后讲述各个故事以及相关的背景材料。《日常科学之谜(一)》中的那个故事的题目是"橡子去了哪里?"

橡子去了哪里?

在安德森(Anderson)家后院高高的橡树上,松鼠奇克丝(Cheeks,又叫"鼓腮帮儿")从她那用树叶搭成的小窝里向外张望着。此时正值清晨,大雾像棉被一样笼罩着山谷。奇克丝舒展着灰蒙蒙、毛茸茸的美丽身躯,四处张望。她感受到 8 月清晨温暖的空气,翘起蓬松的灰色大尾巴,抖动了几下。"鼓腮帮儿"这个名字是安德森一家给她取的,因为她每次在院子里悠闲漫步或飞奔而过时,塞满了橡子的两腮总是鼓鼓囊囊的。

"我今天有事情要做!"她寻思道,想象着要把那些饱满的橡子收藏起来,为即将到来的寒冬做好准备。

奇克丝现在面临的最大难题并不是采集橡子。这里到处都是橡树和橡子,院子里所有灰松鼠加在一起也吃不完。问题是等到天气转冷、皑皑白雪把草地覆盖之后,如何才能找到橡子。奇克丝嗅觉灵敏,有时候能嗅出她自己之前埋下的橡子,但不是每次都能做到。她需要想出一种办法来记住自己是在哪里挖洞埋橡子的。奇克丝记性不好，而院子又太大，对她那个小脑袋瓜而言，要把所有挖过的洞都记住实在太难了。

太阳已经从东方升起，奇克丝从树上溜下来开始找果子吃。她还得让自己吃胖些，这样，在找不到东西吃的漫长冬日里才能不受冻挨饿。

“怎么办？怎么办？”她一边摇着尾巴，一边思索着。就在这时，她看见草地上有一片阴影，阳光照不到那里。地上那片阴影有一定的形状，阴影的一端位于树干与大地的交汇处，另一端与树干之间有一小段距离。“我明白了，”她想，“我要把橡子都埋在那片阴影的尽头处，等天冷的时候再回来把它们挖出来。瞧我多聪明！”奇克丝自言自语，然后就开始采集橡子、挖洞贮藏。

第二天，她又找到另一片阴影，然后如法炮制。接下来的几个星期她都在忙着采集橡子、挖洞贮藏。这个冬天她肯定可以高枕无忧了！

几个月过去了，白雪覆盖了大地和丛林。奇克丝大部分时间都蜷缩在树上的小窝里。一个清新的早晨，天空刚刚放亮，她低头看到地上的阴影与洁白明亮之处形成了鲜明的对比。突然，她胃口大开，想要尝一尝鲜美多汁的橡子。她想：“哦，对了。是时候把我埋在阴影尽头的那些橡子挖出来了。”

她从树上跳下来，飞快地穿过院子，跑向那片阴影的尽头。一团团雪花随着她飞奔的脚步不断被扬起，随后又飘落到大地。她心中暗想：“我真是太聪明了。我知道橡子在哪里。”她感觉自己已经快跑到树林边缘，而以前似乎没跑过这么远。但是她的记性不好，也就没管那么多。然后，她跑到那片阴影的尽头处，开始挖啊挖啊挖啊！

她不停地挖啊挖啊！什么也没有！“也许我埋得深了点儿。”她想，有点上气不接下气。于是她挖得越来越深，还是什么都没有。她跑到另一片阴影的尽头开挖，依然什么都没有。她嚷道：“可是我明明记得是埋在这里的呀，它们都去了哪里？”她既生气又想不通。难道别的松鼠把橡子挖走了？那样不公平！难道它们凭空消失了？这些阴影又是怎么回事？

两位教师分别是如何使用“橡子去了哪里？”这个故事的

特蕾莎，资深 2 年级教师

每年新学期开学第一课，特蕾莎讲授的内容通常都跟“秋天和变化”相关。今年，她翻阅了《国家科学教育标准》（National Science Education Standards，简称NSES）之后，认为把第一课换成“天空和周期变化”也不错。既然影子是孩子们经常会注意到的现象，也是他们在操场玩游戏时经常会用到的东西（例如踩影子游戏），特蕾莎认为使用松鼠奇克丝的故事恰到好处。

首先，特蕾莎认为非常重要的一点是，需要了解孩子们对太阳以及物体投射阴影的知识究竟掌握了多少。她想弄清楚哪些知识是孩子们和奇克丝都已经掌握的，哪些知识是孩子们掌握但奇克丝并不掌握的。她让孩子们围坐成一个圆圈，这样大家可以相互看见对方并听见对方的发言。然后，特蕾莎把故事念给孩子们听。她一边阅读一边留心观察，确保孩子们听明白奇克丝是在夏末的时候决定在哪里埋下橡子，而在冬天开始寻找。特蕾莎让孩子们说说自己对奇克丝所见到的那些影子有什么看法。她在一张记录纸上写下标题“目前我们的最佳思维榜”。孩子们发表自己的“高见”，特蕾莎在一旁如实记录：

“影子每天都会变。”
“影子在冬天变长。”
“影子在冬天变短。”
“影子每天都会变长。”
“影子每天都会变短。”
“影子根本不会变化。”
“影子不是每天都出来。”
“你动的时候，影子也会动。”

她问孩子们是否可以在每句话里加一两个字，以便于大家一起去验证。这样，她把上述陈述句变成了如下的问句：

“影子每天都会变吗？”
“影子在冬天变长吗？”
“影子在冬天变短吗？”
“影子每天都变长吗？”
“影子每天都变短吗？”

"影子究竟会不会变化?"
"影子是不是每天都出来?"
"你动的时候,影子也会动吗?"

特蕾莎让孩子们重点讨论通过哪些问题能够帮助奇克丝解决困境。孩子们选择了"影子在冬天会变长还是会变短"以及"影子究竟会不会变化"这两个问题。特蕾莎要求孩子们根据自己的经验来做出预测。有些孩子说,随着冬天来临,影子会变得越来越长;有些孩子的观点恰恰相反。孩子们对于影子到底是否会发生变化虽然尚存疑问,但是他们一致认为随着时间的推移,影子很可能会发生变化。如果他们能够找到证据证实影子确实会发生变化,那么这个问题就可以从列表中删去。

现在,孩子们需要找出办法来解答那些问题并验证原先的预测是否正确。特蕾莎帮助孩子们了解什么是公平实验,问他们如何着手解决那些问题。孩子们几乎立刻意识到,应当每天对同一棵树的影子进行测量并做记录,而且应当在每天同一时间对同一棵树的影子进行测量。他们拿不准测量的时间有什么重要性,只是觉得这样做才能确保公平合理。尽管为所有问题找到各自相应的证据也很重要,但是特蕾莎认为,在目前阶段,要是让学生多管齐下、搜集多种问题的证据,可能会令他们感到无所适从。

特蕾莎查看了室外的地形后发现,大部分树木的影子在冬天都会变得太长,甚至延伸到教学楼上,难以测量。如果硬要这样做,虽然也不失为一种学习体验,但孩子们经过数月辛勤劳动后最终毁于一旦,非常容易产生挫败感。她决定说服孩子们用一棵人造树来代替,人造树很小,不会引发影子太长的问题。令她吃惊的是,孩子们没有任何异议,他们认为,"只要我们每天测量的是同一棵树,结果依然是公平的。"于是特蕾莎用木钉做了一棵大约 15 厘米高的树,孩子们坚持在顶端粘了一个三角形,使它看上去更像一棵树。

孩子们一起来到室外,选了一个太阳光线不受任何遮挡的地方,开始测量。特蕾莎担心孩子们还不能熟练使用直尺或卷尺,便让他们使用一根纱线测量影子从树干基部到树冠顶端的长度,然后把这根纱线粘在墙上的图表中,纱线下面标注测量的日期。孩子们很高兴这么做。

第一周,学生每三人一小组每日都到教室外进行测量。到了周末,特蕾莎注意到影子长度每天变化太小,也许应当让孩子们每周测量一次。这样效果就好多了,墙上的图表不再那么“拥挤不堪”，却依然能够显示出可能发生的重要变化。

数周之后，影子的长度明显每周都在增加。特蕾莎和学生讨论影子变长的原因，学生用手电筒实验，发现把手电筒放低的时候铅笔的影子会变长。如果是这样的话，太阳的高度肯定也变低了，同学们把这个观察结果也被记录下来。后来，特蕾莎表示，她当初应当让学生每人都准备一个科学笔记本，这样就可以更清楚地了解每个学生对这个实验的看法。

纱线图显示的情况一清二楚，现在剩下的唯一问题似乎是“影子最终会变多长?”特蕾莎带领同学们重温了奇克丝的故事，同学们茅塞顿开：奇克丝埋橡子的实际位置或许比冬天影子指示的位置距离大树更近一些。特蕾莎继续讲授下一单元关于秋季变化的内容，但是每个星期依然往图表上增加一根纱线。特蕾莎感到欣慰的是，她可以同时讲授两个单元的内容，而且依然能够让孩子们在每周测量之后对这个实验兴致勃勃。寒假过后，孩子们发现影子开始变短，兴奋极了。实际上，影子变短的时间始于 12 月 21 日前后的冬至，但那时孩子们还在假期，直到元旦以后假期才结束。现在，问题又变成：“影子会继续变短吗？到什么时间为止?”冬去春来，整个学年接近了尾声。每个星期的测量活动仍在继续，每个星期同学们都对获得的数据进行讨论。图表上粘满了纱线，影子的变化趋势已经显而易见。影子从去年秋天开始测量时变得越来越长，而到了元旦以后开始变短。“影子会变多短呢?”“影子会短到没有吗?”这些问题被添加到了图表上。在学期结束前的最后一周，孩子们讨论他们的结论，他们确信秋天到冬天这段时间太阳位置比较低，物体投下的影子比较长，而新年过后太阳位置逐渐升高，影子逐渐变短。同学们还意识到季节也在变化，太阳位置越高意味着天气越暖，树木开始长出叶子。同学们已经开始学会思考天空中的季节变化，并把它们与季节循环联系在一起。至少特蕾莎是这样认为。

在 6 月最后一次小组碰头会上，特蕾莎问同学们，他们认为接下来的 9 月影子会变成什么样子？他们认真思考了一番之后说，既然影子越变越短，到了 9 月，影子肯定会消失不见或者短到无法测量。天哪！他们根本不知道“循环”这个概念，也难怪，因为他们还从来没就此讨论过。从图表上可以明显看出影子有继续变短的趋势，然而，特蕾莎知道到 9 月她就没有机会继续带领他们做这个实验，不过她打算跟 3 年级教研组谈一谈，请他们把这个实验至少再坚持做几周，这样孩子们将会看到今年 9 月与去年 9 月的数据相吻合。然后，孩子们也许会联想到季节变化，当然，这些体验在他们升入高年级后也有用处，因为季节及其成因是高年级大纲规定的内容。尽管这项研究工作存在上述种种缺憾，对孩子们而言却是一次非凡的体验，他们借此难得的机会设计实验并收集数据来解答松鼠故事中的问题，符合他们的知识发展水平。特蕾莎认为，同学们为了解决奇克丝遇到的难题，长时间进行实验调查、收集数据并得出结论，基本达到了教学目标，或者至少取得了一定进展。下一步，她将会跟 3 年级教研组谈一谈这个问题。

劳丽（Lore），资深 5 年级教师

9 月，我在学校工作的时候去劳丽任教的 5 年级班里征求意见。我给学生朗读奇克丝的故事，问他们认为这个故事最适合用于哪个年级。他们觉得 2 年级最合适。根据他们的观点，特蕾莎当初使用这个故事的决定似乎完全正确。

然而，特蕾莎开始使用这个故事一周后，我收到了劳丽的来信，向我诉说她的学生老是问她各种关于影子、太阳以及季节的问题，问我能否给予帮助。虽然 5 年级的学生坚持认为这个故事适合于 2 年级，但是他们也对这个故事着了迷，开始探讨影子的问题。这样一来，两个班级都对奇克丝遇到的难题表示出兴趣，而他们的知识水平处于两个不同层次。5 年级学生的问题是关于影子的长短、方向以及季节性变化，他们会问“为什么会发生这样的变化？”劳丽想用探究方式来帮助同学们找到答案，然而需要一些帮助。虽说奇克丝的故事向他们的好奇心打开了一扇门，但是我们认为，或许编写一个关于海盗埋宝藏（跟奇克丝埋橡子类似）的故事更适合 5 年级学生去探索。

劳丽查阅《国家科学教育标准》关于 5 年级教学要求的部分发现，需要学生学会观察并描述太阳的位置和运动以及研究天空中的自然物体及其运动方式。但是，我们认为，研究实验应当由学生的问题作主导。劳丽对 5E[engage（接触），elaborate（梳理），explore（探索），explain（解释），evaluate（评价）]探究法很感兴趣，既然孩子们已经处于“接触”阶段，接下来便进入“梳理”环节，劳丽需要深入了解学生的既有知识水平。因此，劳丽在下节课一开始就问学生，他们对奇克丝用到的影子以及影子成因“知道”多少？同学们说：

“影子上午较长，中午较短，下午又变长。”

“中午没有影子，因为太阳处于头顶正上方。”

“影子在每天的位置都是固定的,因此我们可以根据影子判断时间。”

“影子在夏天比冬天短。”

“你可以在地上竖一根棍子,通过它的影子来判断时间。”

跟特蕾莎一样,劳丽也把这些陈述句改成了问句,然后,他们进入了5E探究法的“探索”阶段。

幸运的是,劳丽的教室门正对着一片阳光充足的草坪。学生制作了一些30平方厘米大小的木板,在木板中间钻了几个孔,每个孔里塞入一根牙签。他们在木板上贴上白纸,每半个小时在纸上沿着影子画线。每天下午,他们把木板拿回教室并讨论测量结果。关于每天放置木板的位置不同是否会产生不同结果,同学们讨论了很多。

他们收集的数据太多,情况变得有点复杂。一名学生建议使用幻灯片记录影子数据,然后把胶片叠放在一起看看影子发生了什么变化。大家都认为这个主意很妙。

劳丽向同学们介绍历书《老农年鉴》(*Old Farmer's Almanac*)以及日出日落和白天时长的图表,由此引发了一场令人兴奋的探究活动,还用到了数学知识。劳丽让学生观察某一天的日出和日落时间,计算白天的时长。同学们在计算时足足花了10分钟。劳丽让每个小组在全班面前演示他们的计算过程。同学们采用了至少6种不同的计算方法,大多数都得出了相同的答案。他们惊奇地发现,虽然采用的方法各种各样,但是殊途同归。同学们一致认为,有几种方法相对而言比较简便,使用24小时制是最容易的方法。令劳丽感到欣喜的是,学生找出的计算方法竟然那么多,他们通过这次科学探索必然对时间的理解更加深刻。

这件事也表明,孩子们有能力提高自己的元认知(对自己的思维方式进行反思)水平。研究表明[梅兹(Metz),1995],小学生不善于对自己的推理方式进行反思,但是,他们可以通过亲身实践或他人鼓励来做到这一点。如果学生要开展探究调查,元认知的作用非常重要,因为他们需要了解如何处理信息以及如何学习。在这个案例中,劳丽让学生解释他们是如何得出白天时长结果的,这样他们在解决问题的过程中思路变得越来越清晰。他们还可以从同学那里学会反思自己的思维过程,因为同学们所处的知识发展水平大体相当。小组讨论或者全班讨论的方式可以让老师借机深入了解孩子们解题的思路。学生在阐明解题技巧时,老师可以让他们具体说一说解题的思考过程:无论成功的经验还是失败的教训。学生还可以利用笔记本记录他们如何思考问题以及找到答案的过程,由此促进元认知能力的发展。鼓励学生把解决问题的方法用口头或书面形式表达出来,能够帮助他们了解自己在将来如何更好地利用推理技能。

这里我需要提及的是,同学们继续收集数据的同时,劳丽则接着讲授其他单元的内容。她会定期抽出一两天时间重新回到关于影子的单元,以便学生能够及时处理他们的研究发现。几个月以后,学生已经准备好要做一个模型来解释他们的证据,只是尚需老师帮助。劳丽给学生提供了地球仪和黏土,以便他们把观测对象放置在地球仪的相应纬度上。学生使用手电筒来重复自己的实验。由于所有地球仪都是倾斜 23.5 度,于是引出了一个问题:地球仪为什么都要制造成这样? 接下来就进入了"解释"阶段,劳丽提示同学们想一想,能否利用地球的倾斜现象来解释影子以及太阳在天空中的视运动。

学生制作了海报,用以解释地球倾斜以及每年地球围绕太阳转动如何造成季节更替。他们对自己的理解水平进行"评价",并予以适当"拓展"。劳丽认为,这是一次非常成功的"6E"探究教学实践,涵盖了接触、梳理、探索、解释、评价以及新增的拓展(extend)阶段。

参考文献

Konicek-Moran, R. 2008. *Everyday science mysteries*. Arlington, VA: NSTA Press.

第一章
本书的理论背景

我们都曾听说，人们往往把科学课堂上出现的任何活动都称为“实验”。实际上，鉴于当今的科学课程授课方法，真正的实验几乎不存在。按照实验的定义，实验是用来验证假设的，而这些假设在当今的科学教学中几乎不存在。假设是任何实验的一个必要组成部分，是人提出来的，他花费大量时间沉迷于某一个难题，感觉有必要提出一个理论来解释自己迷惑不解的地方。

然而，即使没有适当的假设，我们也可以研究自己面对的问题，这种做法既常见又合理。我们可以采取“公平实验”方式进行研究，这种做法可能尤其适合小学课堂，因为小学生往往没有足够的经验，无法提出具有真正科学意义的假设。不久前，我曾问一个 4 年级女生什么是“公平实验”，她回答说：“公平实验就是结果是我所期待的实验。”我们可以想见，即使到了小学 4 年级，学生依然不知道如何适当控制变量。我们有必要重申这一点。

假设不仅仅是猜测。假设往往包含“如果……那么……”的语句，例如，“如果我把一支温度计放在手套里，而温度保持不变的话，那么手套可能不会产生热量。”在学校科学课程中，预测也不应当仅仅是猜测或预感，而应当建立在经验和缜密思考的基础上。要求孩子们对自己的预测做出合理的解释，这是一种很好的办法，可以帮助他们看出猜测与预测之间的区别。

大多数学校的科学课程都缺乏两个要素：学生需要充分的*时间*去认真思考那些*在现实生活中具有意义*的问题。可能的情形是，学生往往拿出一定的时间去“涉猎”某个领域的研究（比如池塘生物），他们阅读相关资料，观看模型展示，跟专家一起到池塘实地考察，单人或集体撰写关于池塘各种动植物的报告，利用鞋盒制作池塘模型或利用纸张制作巨幅海报等。或者，他们可能对太阳系进行研究，根据各大行星的具体数据撰写科学报告，全班制作一个太阳系模型挂在教室的天花板上，认为这样就大功告成。这些做法当然很有趣，但是问题在于，学生不可能从这些做法中发现真正的问题，他们不需要开动脑筋，不需要利用集体智慧苦思冥想、提出假设或实验验证。

你肯定注意到，大多数科学课程都含有一系列"批判性的"活动，学生通过参与这些活动可能找到理解某一概念的钥匙。在大多数情况下，人们往往认为，学生开始学习某一新单元之前已经具有关于某些概念的常识或前概念（preconception），而批判性的活动有助于学生理解那个科学概念。这种想法极其有害，因为研究表明，在开始学习新东西之前，学生的前概念水平不尽相同。这些知识不仅在学生的大脑中根深蒂固，而且极难改变。如果学生的知识水平跟事先设计好的教学活动没有多少关系，尤其是如果老师不充分了解学生的前概念，那么让他们参与这些事先设计好的活动便毫无意义。

邦妮·夏皮罗（Bonnie Shapiro）在其著作《孩子们如何发现光的秘密》（*What Children Bring to Light*，1994）中以毋庸置疑的细节向我们指出，一位用心良苦的科学教师如何引导学生进行一系列关于光的性质的活动，却不知道班里学生都存在同样的误解：人之所以能够看见物体，是因为人用眼睛去观看，而不是因为来自物体的光线反射进入人的眼睛。这些活动用意虽好，却是在做无用功，因为尽管学生已经"搞定老师"（而不是搞定问题），能够填写相关表格并在本单元学习结束时通过考试，却始终对下面这个关键概念持怀疑态度：来自物体的光线反射进入人的眼睛，让人看见了物体。"*搞定老师*"意味着学生对老师的行为、技巧、语言方式和教学方法了如指掌，他们能够准确预测老师有什么想法，什么事情能让老师高兴或生气，如何表现才会让老师相信他们已经学到并掌握她希望传授给他们的概念。

埃莉诺·达克沃思（Eleanor Duckworth）在其专著《发明密度》（*Inventing Density*，1986）中说道："批判性的实验本身并不能告诉你任何东西。一个人必须在实验之前就完成研究工作的绝大部分。一个人必须首先形成一整套理念，然后才能利用实验加以验证。"这可能是本书最重要的一段引语！

教师如何能够判断学生是否形成了一整套内嵌课堂活动的理念？教师如何能够发现学生脑海中是否存在关于将要学习内容的错误想法？我相信，本书可以为这些问题提供一些答案，并为纠正上述错误提供一些建议。

探究究竟是什么？

关于"探究式教学"，可能还没有一个确切的定义，目前，这方面公认的权威是国家研究委员会(National Research Council，简称 NRC)和美国科学发展协会(American Association for the Advancement of Science，简称 AAAS)。毕竟，这两家机构分别制定了《国家科学教育标准》(1996)和《科学素养基准》(*Benchmarks for Science Literacy*，1993)，而大多数州的课程设立标准均依此为基础。因此，我将使用他们给出的定义，并把该定义贯穿于全书之中。国家研究委员会在《探究和国家科学教育标准：教学指南》(2000)中指出，必须具备以下五个基本要素，才能称之为真正意义上的探究教学：

(1) 学生参与以科学为导向的问题研究。

(2) 学生面对问题时首先注重证据。

(3) 学生从证据中找出合理的解释。

(4) 学生把解释与科学知识联系起来。

(5) 学生把解释拿出来相互交流并加以论证。(第 29 页)

实际上，国家研究委员会大力提倡，学生在校期间随着年龄增长，应当更多依靠自己而逐渐减少对教师的依赖。国家研究委员会还明确指出，并非所有的科学课程都应当采取同样的教学方法。采取灵活多样的方法进行科学教学，不会让学生感到枯燥乏味，而且效果更为明显。向学生做示范，引导学生进行讨论，让学生解决老师提出的问题，加入富有创造性的科研活动等，都是切实可行的教学方法。然而，国家研究委员会也建议，无论采取哪种教学模式，都应当具备以下共同点：

(1) 学生参与科学问题、事件或现象的研究，而这些问题、事件或现象与他们已经具备的知识存在联系，却又与他们既有的观点不一致。换句话说，他们通过对科学现象的研究来纠正自己的前概念。

(2) 学生直接接触科学材料，提出假设，验证假设，并对已发现的问题找出合理的解释。

(3) 学生对各种材料进行分析、阐释，根据材料开发各种模型并找出合理的解释。

(4) 学生把新学到的知识在新的环境中加以应用。

(5) 学生培养自己的元认知能力(对自己的思维过程进行反思)，回顾自己学到了什么以及如何学到的。

你会发现，利用本书中的故事激发学生积极参与探究式科学学习过程，你和学生将有机会实现上述各种目标。

著书原因

根据《科学教育》(*Science Education*)杂志关于当前科学教育思想的一篇总结文章，"一个结果似乎反复出现：如果学生在课堂上通过诱导式的动手实践学习科学，既得到充满爱心的老师鼓励，又获准与同学一起处理遇到的各种问题，那么他们在离开科学课堂以后，对待科学的态度会更加积极，(并且以自己有幸亲身参与科学探索而倍感自豪)"(1993)。

这本书(尤其是书中的故事)给学生们提供了宝贵的机会：他们在学习上可以当家做主；正如上面引文所言，以这种方式学习，将会促使他们对科学持有更加积极的态度；他们乐意跟同学和老师一起学习。若要充分利用本书中的故事，就需要学生进行小组讨论、勤动手、多动脑，还需要老师热情帮助。

故事

本书的故事有点像侦探小说，侦探小说最后一节总是由聪明的侦探解开谜团，不仅告诉读者"是谁干的"，而且讲述她如何查出真相，本书的故事则故意略去最后一节。书中故事的设计思路是，让学生们变成侦探，寻找"嫌疑犯"(假设或预测)，展开调查(实验或调查)，找出"是谁干的"(结果)。换句话说，需要学生自己续写故事的结局或者多种可能的结局。正如达克沃思建议的那样，置身于故事的情景，学生们从一开始就逐渐形成"一整套内嵌各种科学活动的思想体系之中"(1986，第39页)。学生还是科学活动的设计者，因此会全力以赴寻找合理的答案。我希望学生们搞定问题而不是搞定老师。然而，我想再强调一下，我们都应当明白，成功的学生确实也需要花精力来搞定他们的老师。

在一个故事（第十九章《赶时间的意大利面》）中，兄妹俩争论怎样烧水速度最快以及水烧开后温度会不会继续升高。的确，这样的研究过程与结果正是科学本身。这个故事还意味着问题的“主动权”掌握在学生手中。这就是我们所说的“自己动手、自己动脑”的科学教育方式。老师相信学生有能力发现问题并通过实验得出结论，这一点在科学教学中至关重要。每一个故事都会给出具体建议，帮助老师如何引导学生从阅读故事转向发现问题、提出假设以及调查研究，最终找到问题的答案。

通过探究方式学习科学是当今教育的基本原则。你也许会问：“相反的学习方式是什么?”那就是把科学当成一成不变的信息、理念和原理死记硬背，毫不理会这些东西的来龙去脉。显然，我们不可能指望学生有能力发现各种科学模型与概念。然而，我们衷心希望他们能够把科学探索与验证过程当成一种享受。我们还希望他们能够明白，科学研究不仅仅是课堂上发生的那些事情，他们在日常生活中遇到的种种事情都与科学息息相关。探索热传递、磁强度，观察凝结的水珠，这些只是日常生活与科学息息相关的几个常见例子，通过这种方式可以培养我们的思维方式，建构我们了解世界的新知识。

本书共有 21 个故事，分别针对不同的概念领域，比如热力学、热能、融化或溶解、烹饪中的化学以及作为一种化学反应的生锈现象等。老师可以把每个故事复印后分发给学生阅读与分组讨论，或者，老师把故事大声朗读给学生听，由全班共同讨论。在讨论过程中，老师的主要任务是，帮助学生发现一个或多个问题，并帮助他们设计各种方案找出问题的答案。

大多数故事还包含几个“干扰项”（又称常见的迷思概念[①]或相异概念）。故事里的人物讨论问题情境时往往众说纷纭，我们便把干扰项巧妙地安插其间。例如，在《融化的聚会》这个故事里，凯尔西（Kelsey）和朋友们弄不明白，为什么放在塑料碗里的冰没有融化，而放在金属碗里的冰却融化了？每个人都有自己的前概念或迷思概念。研究人员花费多年时间才弄清楚这些迷思概念，一些文献把人们最容易犯的错误（无论孩子还是成人普遍抱有的错误认识）记录下来。这些常见的迷思

① 迷思概念：指人们头脑中存在的与科学概念不一致的错误认识，也译为“误解”“错误概念”或“错误观点”等。——译者注

概念从哪里来，它们又是如何产生的？

思维模式的发展

直到不久前，教育实践留给人们的印象是，儿童或成人在接触新的学习内容时，他们原先拥有的知识储备对学习新内容并无促进作用。然而研究表明，在几乎任何情况下，学习者为了解释日常生活中遇到的各种现象，头脑中已经形成自己特有的思维模式[布兰斯福德（Bransford）、布朗（Brown）和科金（Cocking），1999；沃森（Watson）和科尼赛克（Konicek），1990；奥斯本（Osborne）和弗雷博格（Fryberg），1985]。我们都有过下面这样的体验，把手放在不同的物体上会感到温度有所不同。我们都见过物体处于运动之中，或者乘坐过汽车或飞机等正在移动的物体。我们都经历过力的作用，作用在物体上或自己身上。我们都会尝试寻找各种办法，最终形成自己特有的思维模式，按照自己满意的方式解释这些现象。或许，很多人都读过书或者看电影、电视，他们尝试借用书籍或影视中呈现的方法或图像形成自己的思维模式。或许，他们曾经在课堂上听到老师或者其他同学讨论这些现象。在电影《私人宇宙》（*A Private Universe*）[施耐普斯（Schneps），1987]中，几乎所有接受采访的哈佛大学毕业生和老师都对季节更替的原因或者月相变化的原因存在一些错误认识，而他们中的很多人都曾在高中或大学上过高级科学课程。

根据目前流行、占主导地位的建构主义学习理论，一个人一生中的各种体验都会进入他的大脑思维之中，这些体验要么被大脑接受，要么被拒绝，甚至被修正，以适应头脑中固有的思维模式。然后，这些模式在日常生活中被用于预测可能出现的结果，以此检验它们是否有效。如果一个模式行得通，就会被接受；如果行不通，人们就会对其进行修正，直到自己认为满意为止。不管怎样，这些模式存在于每个人的大脑之中，一旦遇到新情况，就会被唤醒。有些模式或许与当今的科学思维相一致，然而，它们通常属于“常识科学”，与当今的科学思维背道而驰。

导致这种现象产生的原因之一在于，科学思维往往与人们的直觉思维恰恰相反。例如，当你把手放在房间里的一块金属上，你会感觉很凉。如果放在同一个房间里的木头上，则感觉较为暖和。很多人就会推断，金属比木头的温度低。然而，把各种物体放置在同一房间无论多久，它们的温度都是相同的。其实，当你把手放在金属上，手的热量会很快传递至金属，于是你感觉金属很凉。木头传递热量的速度不像金属那么快，因此你“感觉”比金属要温暖一些。换句话说，我们的感觉愚弄了自己，让我们误以为金属比其他任何物体都冷，殊不知房间里的一切物体都处在室温状态下。因此，我们得出了错误结论：金属物体总是比房间里其他物体要凉。的确，如果你从一间房走到另一间房，用手触摸很多物体之后，那么你的错误观念不断得到强化，变得越来越难以纠正。

这些观念有很多种叫法——迷思概念、前概念、儿童思维或常识性观点。它们有两个共同点：它们在人们的头脑中根深蒂固，非常难以改变。最后，如果任由其发展下去，这些概念将会左右学生的思维方式，你无论采取什么方法解释某个科学知识要点（例如热传递），他都会拒之门外。

我们的第一印象往往是，这些前概念毫无用处，应当尽可能抛到一边。然而，它们其实很有用，因为它们是孕育新观念的母体，需要我们加以修正，向科学思维的正道慢慢引导。只有当学习者对旧观念感到不满，意识到新观念效果更好，新观念才能取代旧观念。老师的任务是，向学生的前概念发起挑战，鼓励他们尝试以全新的方式思考问题，找出更具有说服力、适用范围更广的新观念。

为什么要讲故事?

为什么要利用故事进行教学？主要是因为故事是吸引人注意力的有效方法。自从有历史记载以来，甚至或许比这还要早，故事就在人类中间出现，并被广泛使用。神话、史诗、口头历史、民谣、舞蹈等，人类利用这些形式把文化一代代传承下去，永无止境。任何人只要在教室、图书馆或床头等处听过或读过故事，就会感受到构思巧妙、扣人心弦的故事魔力之所在。故事有开头，有过程，有结尾。

本书故事和大家熟悉的很多故事开头都一样：地点是家里或教室里；孩子们与兄弟姐妹、朋友或同学一起互动；在家里发生的故事中，一般会有父母或其他成人。然而，本书故事与传统故事的相同之处仅此而已。

科学故事通常都有一个主题或科学话题，往往给出大量事实、原则，或者给出一组插图或照片等，旨在向学生解释目前科学家对该主题的认识水平。多年来，科学书籍大都是回顾迄今为止的科学发现。这些书在教育中占有一席之地，不过，孩子们在阅读时得到的印象往往是这样的：科学家们开展研究工作，然后就奇迹般地“发现”了书中描述的各种科学真相和事实。但是，正如马丁（Martin）和米勒（Miller）（1990）所言：“科学家不仅仅是从自然中找出各种看似毫不相干的事实。科学家想要寻找的是一个*故事*（强调为笔者所加）。自然而然，这个故事的特点必定是*神秘*(强调为笔者所加)。既然这个世界不肯向我们轻易吐露它的秘密,科学家就必须耐心细致地进行观察。”

随着本书故事逐渐展开,故事的发展与主人公的预期不一致,由此激起他们浓厚的兴趣,禁不住要刨根问底:“这是怎么回事?”最重要的是,我们的故事结局与传统的故事不同,我们的故事具有马丁和米勒所谓的“神秘”特点,结尾往往给读者留下悬而未决的问题,吸引他们亲自去探索并撰写结局。

这些故事中没有安排专家来解决问题、解释答案,也没有“科学博士”①为读者答疑解惑。父母、兄弟姐妹和朋友可能会发表各自的看法,提出实验方案供你参考,而你的任务就是要变成科学家,自己动手解决故事中的问题。

参考文献

American Association for the Advancement of Science (AAAS). 1993. *Benchmarks for science literacy.* New York: Oxford University Press.

Bransford, J. D., A. L. Brown, and R. R. Cocking, eds. 1999. *How people learn.* Washington, DC: National Academies Press.

Duckworth, E. 1986. *Inventing density.* Grand Forks, ND: Center for Teaching and Learning, University of North Dakota.

Martin, K., and E. Miller. 1990. Storytelling and science. In *Toward a whole language classroom: Articles from language arts, 1986–1989,* ed. B. Kiefer. Urbana, IL: National Council of Teachers of English.

National Research Council (NRC). 2000. *Inquiry and the national science education standards: A guide for teaching and learning.* Washington, DC: National Academies Press.

Osborne, R., and P. Fryberg. 1985. *Learning in science: The implications of children's science.* Auckland, New Zealand: Heinemann.

Schneps, M. 1996. *A private universe project.* Harvard Smithsonian Center for Astrophysics.

Shapiro, B. 1994. *What children bring to light.* New York: Teachers College Press.

Watson, B., and R. Konicek. 1990. Teaching for conceptual change: Confronting children's experience. *Phi Delta Kappan* 71 (9): 680–684.

① 此处有可能是作者仿照“华生医生”(Doctor Watson)造的词,在《福尔摩斯探案集》中,通常是华生医生对案情的来龙去脉进行条分缕析。——译者注

第二章
使用本书以及书中的故事

老师的教学任务繁重，他们往往很难设计出一些与学生日常生活经验相关的课程或活动。本书一个主要前提是，如果学生能够亲眼看到科学知识在实际生活中得到应用，那么他们就会积极开展既动手又动脑的科学实验，密切关注实验的结果。数十年来，科学教育工作者一直强调，学生在学习科学的过程中亲身体验科学实验极为重要。我坚信，利用具有开放式结局的故事能够激励学生动手做一些具有真正科学意义的真正实验，这种做法使他们朝着上述目标迈出了重要的一步。我还坚信，学生一旦看到自己的学习和实验具有实实在在的成效，就会更加容易理解所学的科学概念。我真诚希望，本书内容能够减轻老师沉重的教学负担，他们无须挖空心思从零开始自己设计课程或活动。

这些故事描写的都是孩子们在自然环境中的经历，例如在家里、在运动场上、在聚会中、在学校或在户外等。学生应当把自己想象成故事里的人物，对他们的挫折、忧虑和疑问等感同身受。老师最重要的任务是，为学生开展调查研究提供指导与帮助，听取实验活动的情况汇报，判断学生对实验结果与结论的分析是否合理。学生往往需要老师帮助才能进入下一阶段，从而提出新的问题，找到解决这些问题的方法并得出结论。我们的科学教育理念是，我们相信孩子们有能力并且有意愿去关心学习中遇到的各种问题，乐于亲力亲为。这种做法对孩子学习任何一门课程而言都能起到提高与促进作用。简而言之，学生在学习课程中应当占主导地位，由于学习兴趣是他们在实验活动中遇到问题时自发产生的，与被动追随或他人主导下产生的兴趣相比，持续时间更为长久。

一位老师对我说，她遇到的最大问题之一是，不知如何引导学生对他们研究的课题提起“兴趣”。她说，学生们只是做做样子、走走过场。或许这个问题对你而言也并不陌生。我希望这本书能够帮助你们解决这一问题。我们很难做到让每节课都契合每个学生自身的状况。然而，只要我们平时对日常现象多加留意、引导学生细心观察，我相信我们能够洞察他们的兴趣所在。

如果你打算制订探究教学计划，我强烈推荐以下图书作为辅助材料。首先特别推荐的 3 本书是佩奇・基利(Page Keeley)等人合著、国家科学教师协会出版社出版的《了解学生的科学想法》(*Uncovering Student Ideas*)(1～4 册)以及佩奇・基利著、科文出版社(Corwin Press)和国家科学教师协会出版社联合出版的《科学课程话题研究》(*Science Curriculum Topic Study*)。《了解学生的科学想法》这套书能够帮助你发现学生在进入课堂之前已经拥有了什么样的前概念。《科学课程话题研究》旨在帮助老师在设计标准化的教学单元内容时为其提供必要的背景知识。我还强烈建议你阅读罗伯特・海森(Robert Hazen)和詹姆斯・特利菲尔(James Trefil)合著的《科学问题：培养科学素养》(*Science Matters*: *Achieving Scientific Literacy*)。这本书在很多科学问题上可以为你提供帮助。这本书的语言简明扼要、表述准确得当，在你需要的时候可以为你提供必要的背景知识。还有一本特别有用的著作——《搞懂中级科学：洞察孩子的想法》(*Making Sense of Secondary Science*: *Research into Children's Ideas*)[德莱弗(Driver)等，1994]。这本书的书名容易让美国老师产生误解，这是因为，在英国，小学水平以上的科学知识都被称为中级水平。《搞懂中级科学：洞察孩子的想法》是关于儿童科学思维研究的汇编，对老师们而言是必备的书籍。利用这本书，你可以了解学生在走进课堂之前脑海里已经拥有了什么样的前概念。

1978 年，戴维・奥苏贝尔(David Ausubel)就教学问题说了一句最简单却切中要害的话：“影响学习的最重要因素是学习者原先已经拥有的知识储备。老师弄清楚这一点之后，在教学中才能做到有的放矢。”我们给每个故事配备的背景材料旨在帮助你了解学生对相关主题已经知道哪些知识，帮助你在设计教学方案时如何利用他们已有的知识。上述几本书可以作为本书的补充，帮助你进一步深入了解探究式教学法。

那么，为了帮助你设计并教授以探究为基础的科学课程，本书内容结构是如何安排的？

本书内容安排

你可以利用概念矩阵(51页)来选择一个与教学内容相关的故事。仔细查看这一矩阵,你可以在各个章节中找到相应的故事和背景材料。从第五章起,每一章的内容安排基本相同:首先是故事本身,然后是使用该故事的背景材料。背景材料包含如下几个部分。

目的

这一部分描述的是与故事相关概念或主题。简而言之,它告诉你该故事在某个科学概念体系中所处的位置。当然,我们还可以把这一组概念放在更大的概念体系之中。

相关概念

概念是人类利用抽象方式从一群事物中提取出来的反映其共同特性的思维单位,表现形式为词或短语,例如运动、反射、热传递、加速度等。本书中每个故事旨在探讨一个概念,然而往往会涉及好几个概念。你会发现,教师背景材料中列出了可能存在关联的几个概念清单。你还应当查看一下那张故事与相关概念的矩阵图。

不要惊讶

大多数情况下,这部分内容主要是,预测学生在读完故事之后可能会做什么以及有什么反应。这些预测与故事内容有关,然而更侧重于学生对相关概念的理解程度。同样,我们做出的解释也会与故事内容相关,然而也侧重于学生对概念的理解过程。学生可能会在课堂上提出一些不同的概念,本书也为此给出了参考答案。在备课过程中,你甚至有必要自己动手做一做那些预测的活动,只有这样才能从容应对学生可能提出的不同观点。

内容背景

这部分内容是就每个故事涉及的概念为你举办一个速成的“培训班”,当然,本部分材料并不是很全面，但是提供了足够的信息，让你在使用故事本身以及设计课程与实际上课的时候做到游刃有余。大多数情况下，你还可以参考书籍、报刊以及互联网等的相关内容，以便对教学内容做好更充分的准备。重要的是，你对自己准备教授的内容应当充分了解，只有这样才能顺利引导学生进行探究式学习。当然，你不一定要成为所教内容的专家。与学生一起学习，能够帮你了解他们的学习方式，你还可以加入他们的学习小组，共同探讨各种自然现象背后的科学原理。

表 2.1　本书故事与《了解学生的科学想法》(1～4 册)故事的主题交叉

本书里的故事	《了解学生的科学想法》			
	第一册	第二册	第三册	第四册
爷爷的大钟	无	无	科学方法	它是系统吗?
歪斜的秋千	无	无	做科学研究	它是系统吗? 它是模型吗?
神奇的气球	它是物质吗?	高飞和低飞	为什么更暖和?热气球	它是模型吗?
有人玩地掷球吗?	无	无	自由落体;光滑的斜坡;它需要力吗?	它是模型吗?
冷静点	手套问题;物体和温度	冰柠檬水;混合的水	温度计;什么是假设?	温水;它是系统吗? 冰水
发热的衣服?	手套问题	无	温度计;什么是假设?	温水;它是系统吗?
融化的聚会	袋子里的冰块	冰柠檬水;结冰	它是理论吗? 温度计	无
多冷才算冷?	无	冰柠檬水;混合的水	杯子里的冰块	冰水;温水
会跳舞的爆米花	无	立方体比较;漂浮的原木;高飞和低飞	飘浮的气球	无
偷颜色的贼	它能反射光吗? 黑暗中的苹果	无	无	无
大镜子	它能反射光吗?	无	墙上的镜子	无
卡住了!	无	无	桌上的苹果	它是系统吗?

续 表

本书里的故事	《了解学生的科学想法》			
	第一册	第二册	第三册	第四册
圣伯纳德犬	无	无	做科学研究；什么是假设？萨姆的小狗	单脚站立
冰茶	它在融化吗？	冰柠檬水	温度计	冰水；糖水
赶时间的意大利面	相变	沸腾时间和温度；泡泡里有什么？	温度计	温水
磁铁比赛	它是物质吗？	无	无	水中的磁铁
饼干的困境	无	无	做科学研究；什么是假设？	盐晶
甜言蜜语	它在融化吗？	无	做科学研究；什么是假设？温度计	糖水
打滑的玻璃杯	它是由分子构成的吗？湿玻璃	冰柠檬水	水是从哪里来的？	无
佛罗里达的汽车	生锈的钉子	无	做科学研究；什么是假设？	无
邻里电话系统	发出声音	无	它是科学研究吗？	它是系统吗？

《国家科学教育标准》(1996)和《科学素养基准》(1993)中的相关概念

这两份文件被视为国家标准，大多数州以及地方标准文件均以此为依据。因此，本书故事中列举的概念几乎可以肯定完全符合你们当地的教学大纲要求。故事中有些概念虽然在国家标准中没有明确提出，但是存在密切关系。我建议你读一读《科学课程话题研究》(基利，2005)，你在这本书中能够找到关于教学内容、学生的前概念、科学标准以及其他各种信息资源。虽然我没有在每个故事中专门提及，但是你可以认为所有故事都与《国家科学教育标准》和《科学素养基准》中探究学习部分的“标准 A”相关联。

如何在幼儿园至 4 年级和 5～8 年级使用这些故事

这些故事已经在各个年龄段的孩子中间试用过。我们发现，书中概念适用于各个年级，只是深浅程度不同。有些故事的主题内容和角色设定在某一年龄段的孩子中可能会产生更多共鸣。我们只需要把人物的性格特征或者把人物的说话口气稍加改动，就能够吸引高年级或低年级的孩子们。主题应当保持不变，只需要对人物和情境进行一些改动。请参阅关于在高、低两个年龄段学生中使用故事的建议。

正如你在绪论部分的案例研究中所看到的那样，年级高低差异对决定哪些故事适合哪个年级的学生并不重要。两个年级都可根据各自的知识水平提出不同的假设并进行实验。2 年级学生发现了树影的长短在一学年期间变化，对此感到非常满意；而 5 年级的学生能够开展更复杂的研究，其中涉及白昼时间长短随季节变化而不同、影子方向随时间变化而改变、影子长度在一年时间里发生变化等。关键在于，我们在刻画某些故事中的角色时，应根据需要特意让他们更适合某个年龄段的学生。再次重申，我建议你把关于在幼儿园至 4 年级和 5～8 年级“使用故事”进行教学的部分都读一读，因为其中任何一部分提到的概念都有可能适合在你的学生中使用。

你不需要使用高端技术设备。所需材料通常在厨房、浴室或车库等地都能轻易找到。每一章都包含该故事所涉原则和概念的背景知识，并为你提供所需材料的清单。这些建议都是我们根据自己的亲身经历提出的，因为我们曾经在孩子们中间试用过这些故事。虽然各地的教室、学校和学生大相径庭，但是我们认为，孩子们面对故事时的反应往往是提出问题并寻找答案，大多数人在童年时期都会经历这样的成长过程。与故事有关的问题等待学生解决，最重要的是，它们还会引发更多新问题，等待这些小科学家们进一步探索。

本部分还提供了一些教学建议，可以帮助你的学生积极参与探究学习，主动发现问题并最终给这些故事添加完整的结局（你一定还记得我们故意没有给故事设定结局）。本书没有给出具体的教学步骤或者一整套教学计划。显然，没有人比你更了解你的学生，了解他们的能力、学习水平以及优缺点等。不过，你会发现我们的一些建议和技巧对你开展探究教学很有帮助。你可以直接采用本书所给出的建议，或者根据自己的教学情况适当修改。关键在于，你应当充分激发学生的学习热情，让他们积极投身于解答故事谜题的行动之中。

相关书籍和期刊文章

国家科学教师协会为教师准备的教学资源与日俱增，我们将在本部分精选一些图书和文章。我们列举的清单难免挂一漏万，欢迎访问网站 www.nsta.org/store 查阅全部资源。国家科学教师协会会员可以免费在线阅读所有文章。

参考文献

关于每个故事背景部分所引用的文章和研究成果，我们将列出相关的参考文献。

概念矩阵

在故事部分开始之前，我们给出一幅概念矩阵图，图中分别列出了与每个故事关系最密切的概念。可以根据这幅图选择最符合你教学需要的那个故事。

结语

我欣喜地发现，国家科学教师协会前会长迈克尔·帕迪拉(Michael Padilla)曾经提出一些问题，而它们与我当初决定要撰写关于探究教学参考书时提出的问题惊人的一致。在 2006 年 5 月号的《国家科学教师协会报告》中，帕迪拉先生在"会长致辞"中说道："为了在未来具有更强的竞争力，学生必须培养创造性思维能力，有能力解决问题，善于进行推理，积极学习新的、复杂的概念……(探究)能力是指：学习者能够像科学家那样思考，甄别哪些问题需要深入研究；能够开展步骤复杂的工作，排除各种杂念，专注于手头的研究；能够与同事一起探讨、切磋与争论；并根据各种反馈结果及时调整研究工作。"接下来，他问道："谁提出问题？……谁设计实验步骤？……谁决定收集哪些数据？……谁根据数据进行阐释？……谁把结果拿出来与他人分享并加以论证？……什么样的课堂气氛能让学生在探究教学中踊跃参与解决难题？"

我相信，本书针对的就是上述问题，书中提供的技巧就是解开问题答案的钥匙，在理想的科学课堂上，开展这些活动的主体是"学生"。

参考文献

Ausubel, D., J. Novak, and H. Hanensian. 1978. *Educational psychology: A cognitive view.* New York: Holt, Rinehart, and Winston.

Driver, R., A. Squires, P. Rushworth, and V. Wood-Robinson. 1994. *Making sense of secondary science: Research into children's ideas.* London and New York: Routledge Falmer.

Hazen, R., and J. Trefil. 1991. *Science matters: Achieving scientific literacy.* New York: Anchor Books.

Keeley, P. 2005. *Science curriculum topic study: Bridging the gap between standards and practice.* Thousand Oaks, CA: Corwin Press.

Keeley, P., F. Eberle, and C. Dorsey. 2008. *Uncovering student ideas in science, volume 3: Another 25 formative assessment probes*. Arlington, VA: NSTA Press.

Keeley, P., F. Eberle, and L. Farrin. 2005. *Uncovering student ideas in science, volume 1: 25 formative assessment probes*. Arlington, VA: NSTA Press.

Keeley, P., F. Eberle, and J. Tugel. 2007. *Uncovering student ideas in science, volume 2: 25 more formative assessment probes*. Arlington, VA: NSTA Press.

Keeley, P., and J. Tugel. 2009. *Uncovering student ideas in science, volume 4: 25 new formative assessment probes*. Arlington, VA: NSTA Press.

Konicek-Moran, R. 2008. *Everyday science mysteries: Stories for inquiry-based science teaching*. Arlington, VA: NSTA Press.

Konicek-Moran, R. 2009. *More everyday science mysteries: Stories for inquiry-based science teaching*. Arlington, VA: NSTA Press.

Padilla, M. 2006. President's message. *NSTA Reports* 18 (9): 3.

第三章
使用本书的不同方法

撰写本书的初衷是为教师或成人面向幼儿园至 8 年级学生在非正式场合中使用的，尽管如此，既然书中故事和内容背景材料是为那些以探究方式进行教学的教师准备的，那么教师在使用过程中可以采取灵活多样的方法。下面我略举一二，介绍此书除了可以用于中小学正式场合之外，还有其他不同的使用方法。

把本书用作教学指南

马萨诸塞大学邀请我为教育专业的硕士研究生讲授一门课程，我便决定把《日常科学之谜(一)》用作教材之一。这本书的一个主要前提是，学生一旦对自己提出的问题产生浓厚兴趣，便会根据自己现有的智力发展水平和学习技能进行深入钻研。因此，尽管这些故事是为小学生设计的，然而我班里的研究生也能够发现与他们知识水平相适应、具有一定复杂性和挑战性的问题。

2007 年秋季学期，在马萨诸塞大学阿默斯特分校，本书被用作一门名为“通过探究方式探索自然科学”课程的课本和教学指南。这门课程的大纲摘要如下：

通过探究方式探索自然科学

EDUC 692 O

2007 年秋

授课教师

理查德·科尼赛克博士，荣誉教授

课程描述

本课程面向中小学教师，他们不仅需要提高自身对自然科学知识掌握的水平，而且需要了解如何把探究法应用于中小学课堂教学。自然科学包括生物科学、地球与空间科学以及物理科学等。教师需要利用探究技巧从上述科学领域选取若干主题进行探讨。所选主题均来自日常现象，例如天文学（月亮与太阳观测）、物理学（运动、能量、热力学、声音以及周期运动）和生物学（植物学、动物学、动植物行为以及生物进化）等。

课程目标

预期学习目标：

- 了解自然科学三大领域的背景知识。
- 能够把这些知识融入教学之中。
- 就某一自然现象提出相关问题。
- 设计实验并利用实验回答问题。
- 分析实验数据并得出结论。
- 利用各种资源证明结论的合理性。
- 阅读与研究内容有关的科学文献。
- 把学到的理论与方法应用于教学之中。

与教育学院制订的概念框架之间的关系

合作：教师在班会期间应当以小组合作方式，学习科学知识以及教学方法与技巧。

反思实践：教师应当与学生一起探索并制订形成性评价标准。

通过多种渠道获得知识：教师之间应当把科学问题以及使用探究方法解决问题的经验拿出来分享。

评判、公平与公正：教师应当根据学生撰写的故事判断他们的理解程度。

基于证据的实践：教师应当通过探究方式探索形成性评价体系。

指定教材

Hazen, R. M., and J. Trefil. 1991. *Science matters*. New York: Anchor Books.

Keeley, P., F. Eberle, and J. Tugel. 2007. *Uncovering student ideas in science: 25 more formative assessment probes, vol. 2*. Arlington, VA: NSTA Press.

Konicek-Moran, R. 2008. *Everyday science mysteries*. Arlington, VA: NSTA Press.

参考文献

American Association for the Advancement of Science (AAAS). 2001. *Atlas of science literacy* (vol. 1). Washington, DC: Project 2061.

American Association for the Advancement of Science (AAAS). 2007. *Atlas of science literacy* (vol. 2). Washington, DC: Project 2061.

Driver, R., A. Squires, P. Rushworth, and V. Wood-Robinson. 1994. *Making sense of secondary science*. London: Routledge-Falmer.

Keeley, P., F. Eberle, and L. Farrin. 2005. *Uncovering student ideas in science, vol. 1*. Arlington VA: NSTA Press.

第一册研究的主题

《日常科学之谜(一)》的内容都围绕故事而展开。这本书在选择科学概念时主要依据国家研究委员会1996年制定的《国家科学教育标准》中的核心概念。故事标题和相关的核心概念如下表所示。

地球系统科学

核心概念	故事				
	月亮的把戏	橡子去了哪里?	园艺大师	结霜的早晨	小帐篷哭了
物质的状态			×	×	×
状态变化			×	×	×
物理变化			×	×	×
融化			×	×	
系统	×	×	×	×	×

续 表

核心概念	故 事				
	月亮的把戏	橡子去了哪里？	园艺大师	结霜的早晨	小帐篷哭了
光	×	×			
反射	×	×			
热能			×	×	×
温度				×	×
能量			×	×	×
水循环				×	×
岩石循环			×		
蒸发				×	×
冷凝				×	×
风化			×		
侵蚀			×		
沉积			×		
自转/公转	×	×			
月相	×				
时间	×	×			

物理学

核心概念	故 事				
	神奇的气球	有人玩地掷球吗？	爷爷的大钟	邻里电话系统	多冷才算冷？
能量	×	×	×	×	×
能量转移	×	×	×	×	×
能量守恒		×			×
力	×	×	×		
重力	×	×	×		
热	×				×
动能		×	×		
势能		×	×		

续 表

核心概念	故事				
	神奇的气球	有人玩地掷球吗？	爷爷的大钟	邻里电话系统	多冷才算冷？
位置和运动		×	×		
声音				×	
周期运动			×	×	
波				×	
温度	×				×
气体定律	×				
浮力	×				
摩擦力		×	×		
实验设计	×	×	×	×	×
功		×	×		
状态变化					×
时间		×	×		

生物学

核心概念	故事				
	自我介绍	燕麦片生虫了	干枯的苹果	讨价还价的种子	直升机长成大树
动物	×	×			
分类		×	×	×	×
生命的过程	×	×	×	×	×
生物	×	×	×	×	×
结构和功能		×	×		×
植物			×	×	×
适应		×			×
基因/遗传	×		×	×	×
变异	×		×	×	×
蒸发			×		

续 表

核心概念	故　事				
	自我介绍	燕麦片生虫了	干枯的苹果	讨价还价的种子	直升机长成大树
能量		×	×	×	×
系统	×	×	×		×
循环	×	×	×	×	×
繁殖	×	×	×	×	×
遗传	×	×	×		×
变化		×	×		
基因	×		×		×
变态		×			
生命的循环		×	×		×
生命的延续	×	×	×	×	×

作业

天文学(25%):每个学生都需要观察白天的天文变化,据此开发地球、月亮和太阳关系的模型。学生需要在学期期间撰写月亮变化日志以及太阳影子变化日志,并定期上交。

主题(50%):另外,在学习期间,学生需要从地球、物理和生物三个领域分别挑选至少两个主题进行研究。学生需要围绕该主题找出问题,并就问题进行调查或实验。(例如:有没有不需要经过休眠期就能够发芽的橡子?)你应当把问题和试验拿出来跟同学一起分享,这样,所有学生都能直接参与相关内容的学习,或者通过听取报告与发表评论来间接参与。除了实验以外,学生还需要:(1) 让他们自己的(中小)学生参与到实验或调查中来;(2) 制订形成性评价标准并对自己的学生进行评价,以此找出他们对所学知识的掌握程度。我将根据学生的实验设计、数据展示以及研究结果给他们打分。我将跟学生一起制订评分标准,按照标准对上述目标完成情况进行打分,然后把各项分值相加得出总分。

出勤/参与(25%):每一节课都需要学生全员参加。

延伸阅读书目(略)

本课程是为中小学教师或即将成为中小学教师的人开设的研究生课程。本课程可以被归类为教材/教学法课程，授课对象为那些对科学知识以及探究教学知之甚少的教师。我认为，如果教师自己在学习科学知识过程中利用探究方法能够取得实效，就会心悦诚服，从而很有可能把该方法应用于自己的课堂教学之中。不出所料，根据教师们的反馈意见，那些在岗教师在教学过程中采用探究方法，取得了令人满意的效果。因此，无论教师还是学生，都利用探究方法学到了实实在在的科学知识。由于研究生班的教师都是把这一方法当作作业来完成，所以他们在自己的学生面前愿意坦诚以待，告诉学生自己并不知道研究结果会怎样。教师通常遇到的一个问题是，他们不敢在学生面前承认自己无知，因此不肯跟学生一起共同进步。而在探究教学中，学生会因为能够与老师一起学习而感到兴奋，反之亦然。在岗教师还能够跟学生一道共同制订科学探索工作的评分标准，因此，对培养他们的元认知能力也有好处。

以这种方式使用本书初战告捷之后，我坚信，本书内容完全可以被用作教师参加本科和研究生培训的课程指南。正如前面课程大纲指出的那样，除本课程的教学内容和教学法之外，适当利用其他参考书目作为补充材料，既能够使教师增强运用探究方法的技巧，又能够丰富自身的科学知识。随着互联网逐渐普及，但凡能够操作电脑的人在网上几乎没有搜索不到的信息。有些教师对科学怀有畏惧心理，与他们选修的其他科学概论课程不同，本课程并不打算涵盖大量主题，而只是选取少数几个主题作为示范来帮助他们理解掌握。本书的基本理念是，在判断科学知识广度以及如何理解科学主题和概念之间哪个更重要时，当然是理解能力更重要。众所周知，目前美国科学课程设置饱受诟病的地方就在于重广度而不重深度。频繁的大规模考试更是火上浇油，过去几年里，我采访过的教师几乎都不愿意用探究方法来进行教学，因为“为了理解而教学”需要花费更多时间，却不能全面涵盖标准化考试中可能会出现的各种各样的知识要点。这样一来，即使学生能够在各种测验和评估中能取得好成绩，他们的错误认识也几乎得不到纠正，依然坚持固有的错误观点。参见邦妮·夏皮罗所著的《孩子们如何发现光的秘密》(1994)一书。

把本书用作教师培训项目中的科学方法课程的参考书

传统意义上，参加科学方法培训课程的学生大都对科学充满恐惧心理。科学方法课程的主要目标之一就是要帮助学生消除这种恐惧心理，帮助他们将来在中小学教学中采用既动手又动脑的方法培养学生的科学技能。遗憾的是，很多学生在参加培训班之前对科学知识了解甚少，而且，他们需要选修的大多是概论（非实验）课程，或者是在大教室上的讲座。在短短的12～13周内，教授教学法的老师需要把这些学生变成信心十足、热情洋溢的人，以便他们将来在自己的学生中践行探究式教学法。经过给本科生和参加培训的研究生教授这类课程30余年，我发现，首要目标是消除他们对科学的恐惧心理，通常的做法是，给他们布置一些压力小但成功率高的学习任务。其次，我尽力让他们明白，科学作为一门学科具有什么特点。再次，我发现，一些学生对科学感到非常生疏，有必要向他们传授适量的科学知识并纠正他们的错误认识。最后，同样重要的是，我尽力让学生熟悉科学领域的各种资源，这样，他们将来从事教学工作时知道如何查阅资料。显然，我们可以利用这一机会让学生了解他们自身的现状，了解自己如何学习，了解自己将来如何开展探究教学。

作为教学法课程最后一项作业，我布置学生编写一个日常科学之谜故事，并撰文说明如何利用探究法教授故事以及故事涉及的科学概念，结果远远超过这些年我和其他人使用传统教案取得的教学效果。这本书不仅可以作为研究生学习科学知识的教材（如前所述），也可以作为他们编写"日常科学之谜"教学案例时的范本。

把这些故事改编成探究式的互动游戏

在教研员安德里亚·艾伦（Andrea Allen）和特蕾莎·尼克松（Theresa Nixon）的指导下，田纳西州诺克斯县的教师们大胆创新，找到了一种激动人心的方法在教学中使用这些故事。教师们把这些神秘的科学故事改编成戏剧的形式，称之为"日常科学之谜读者剧场"。他们邀请一些教师把这些科学故事以师生互动形式表演出来，而不是简单地读给学生听。这就促使学生参与到这些故事的表演中，而他们在表演过程中对科学谜团愈加感到着迷。我们非常感谢他们的创新之举，并诚恳邀请你们在自己的学生中加以尝试。若要了解学生在学习科学过程中阅读与写作的更多信息，请参阅第四章《科学和素养》。经诺克斯县教师们许可，下面刊出他们改编的一个故事《佛罗里达的汽车》（故事原文和讨论参见第二十四章）。

日常科学之谜剧场出品:佛罗里达的汽车

角色:

解说员

安博(Amber)

杰克(Jake)

汽车经销商

第一幕:在行驶的汽车里

解说员:杰克带着妹妹驾驶妈妈的汽车前往二手车商店,想去看一看能否买一辆他买得起的二手车,这就意味着沿途需要逛一逛多家汽车经销店。安博心里在想……

安博:我喜欢听哥哥跟经销商讨价还价。虽然这里面学问大着呢,可我就是喜欢听他们你来我往地争论不休。

第二幕:在汽车经销店

经销商:这辆车有一点贵。首先,它是红色的;其次,也是最重要的一点,它是一辆……佛罗里达……汽车!我们昨天刚用卡车把它运过来。绝对是佛罗里达汽车!而且还没怎么上过路,关键是,它是佛罗里达汽车!

杰克:我敢打赌,这辆车原来的车主是一位老太太,而且,只有星期天去教堂做礼拜的时候才会用到这辆车。

安博:我真搞不懂,难道佛罗里达生产的汽车比底特律这里生产的汽车更好吗?

经销商:请看这辆车,你能不能在它身上找到一点儿锈斑?我甚至可以用升降机把它吊起来,让你看看汽车底盘。

杰克:我能看一下运输单据吗?这样我就能确认它是不是真的来自佛罗里达。不是说我不信任你,如果单据手续齐全,我就放心了。

解说员:经销商拿出了运输单据。千真万确,这辆车不仅来自佛罗里达,而且来自该州南部城市霍姆斯特德。

杰克:(对安博低声说)比我原来预想的还要好。

杰克:我得再考虑考虑。我明天或后天再来。

经销商:别拖太久,年轻人。这车可是说卖就卖出去了。

第三幕:在行驶的汽车里

解说员:杰克和安博离开经销商,坐回妈妈的车里,然后开车回家。

安博:佛罗里达汽车有什么特别的地方?

杰克:首先一点,我们不用担心车会生锈。

安博:那是为什么?

杰克:你想一想啊,妹妹。在那么远的南方从来都不下雪,所以人们用不着往道路上撒盐,汽车自然不会生锈喽。

安博:必须要有盐才会生锈吗?

杰克:当然啦。你脑子"秀逗"了吗?

安博:我当然知道一些。如果我把东西放在室外任由风吹雨打,它们都会生锈的。

杰克:对呀。如果我们把自行车或者金属制品放在室外,它们肯定会生锈的。不过,盐会加快生锈速度,而且会让东西锈蚀得更厉害!

安博:总是会这样么?

杰克:我从来不相信什么"总是"。任何规则总是会有例外!

安博:"总是"?

杰克:别耍小聪明,小妹妹。你知道我说的是什么意思。

安博:好吧。不过,我还是要验证一下你关于盐的说法,因为我太清楚生锈必须"总是"要有盐才行。说不定还有别的东西能够让锈蚀速度更快,或者能够阻止锈蚀发生。

杰克:你请便。到时候别忘了告诉我,我买佛罗里达汽车是不是买对了。

把本书用作在家上学的参考书

有些孩子在家里接受父母的教育,他们只要上网搜索就能找到大量可以利用的资源,网上有现成的教学大纲和学科教材等。对那些自身科学知识欠缺或过时的父母而言,科学是一门令他们头疼的课程。父母如果能够跟孩子一起共同探索解开故事引发的谜题,就会发现本书使用起来特别容易。本书与《国家科学教育标准》和《科学素养基准》的教学大纲要求相吻合,涵盖了国家规定的必学科学概念,家长可以完全放心。他们可以跟学校教师一样使用本书,只不过缺乏课堂讨论的机会,父母应当多与孩子进行沟通、讨论,巩固孩子对科学调查研究的理解。

参考文献

Shapiro, B. 1994. *What children bring to light*. New York: Teachers College Press.

第四章
科学和素养

本章是进入科学故事之前的最后一章，我忍不住要向读者介绍一部除了英语专业学生以外很少有人读过的文学作品。下面一段文字摘自爱尔兰小说家詹姆斯·乔伊丝 1922 年撰写的经典作品《尤利西斯》：

> 照片上这个人所在的地方好像在哪里见过？想起来啦，是死海，他仰卧在海面上，在阳伞下读着书。你就是想沉也沉不下去：盐度太高。因为水的重量？不对，因为浮在水面上的身体重量等于什么东西的重量来着？要么是体积跟重量相等？反正就是这类定律。万斯在高中一边上课一边打着响指。大学课程，想想都让人头疼。提起重量，重量究竟是什么？每秒 32 英尺，是每秒。自由落体的定律：每秒，每秒。它们统统都落到地面上。地球。重量就是地球的引力。（第 73 页）

在乔伊丝的这部小说中，主人公布鲁姆回忆起自己曾经看到一个人在死海上漂浮的照片，于是想要弄明白这一现象背后的科学原理。你是否注意到，有些人试图解释某个科学现象时，脑海里会涌现一大堆科学知识，却往往模糊不清、杂乱无章？或者你自己是否也有过类似经历？[此番借用乔伊丝的文学作品，是受到了《学校科学评论》（*School Science Review*）杂志一篇文章启发，该文作者为迈克尔·J.莱斯（Michael J. Reiss）]

上学期间，布鲁姆似乎对学校课程和物理老师都很着迷。然而，当布鲁姆试图回忆关于浮力的科学原理时，他脑海里一片混乱，杂乱无章的科学语言与老师上课打响指的情景交织在一起。遗憾的是，即使在今天，这也不是什么例外，而是一种普遍现象。这种现象恰恰是我们在教学中应当极力避免的，也正是本章要探讨的主要内容。

把素养与科学联系起来有很多方法。下面我们将简要梳理相关研究文献，从其中一些教学理念我们不难发现，把素养与科学相结合不仅很有价值，而且至关重要。

素养和科学

在教学法术语中，“科学素养”与“科学与语言素养相结合”两者之间存在差异，但是，它们之间的共同之处或许比我们预想的要多。*科学素养*是指，一个人有能力理解科学概念，能够把所学的科学知识在日常生活中加以运用。换句话说，具有科学素养的人能够把学到的科学知识应用于学习情境之外的陌生情境中。例如，如果一个人能够依据自己学到的生态系统和生态学知识做出保护当地社区湿地的明智决定，那么我认为这个人具有科学素养。当然，我们希望在教育的各个领域都能实现这样的目标。语言素养是指阅读、写作、说话和理解能力。由于大多数学校重视阅读、写作和数学，它们在课程设置中往往被放在优先地位。我无数次听到老师们说他们的主要责任是教学生阅读和数学，而没有时间顾及科学。其实，各门课程并没有高低贵贱之分。我认为，出现这种误解，是因为校方不了解各门课程合起来能够产生协同效应。就教学而言，协同效应是指你从各门课程学到的整体技能大于各门课程简单相加的总和。

那么，这一切与探究式科学教学有什么关系？目前的流行趋势是注重科学与语言素养相结合。原因之一在于，越来越多的研究都在强调语言在科学学习中发挥的重要作用。如果不能“自己动脑”的话，“自己动手”的科学就没什么意义。“食物大战”是一项需要亲自动手的游戏，一个人只是参加游戏的话学不到什么东西，但是如果明白扔果冻的空气动力学知识就完全两样。对科学知识的理解不是来自于物质本身，也不是来自于对这些物质的操控。学生为了弄明白自己参与的活动具有什么意义，就有必要采取各种沟通方式，例如讨论、争辩、述评、小组协商以及社会交往等。这一切都需要使用*语言*，其表现形式为写作、阅读，尤其还有说话。而这又需要学生具有思维判断能力：倾听自己和他人用话语表达的观点或想法，或许还要将这些观点或想法化成文字，他们才会明白自己在做什么以及从这些活动得出的结果是什么。这就是“自己动手，自己动脑”一对词语中往往被忽略的“自己动脑”部分。请看下面这段话：

> 在学校里，“说话”有时受到重视，有时被刻意避免，但是很少有老师教学生如何说话，这一点真令人吃惊。我几乎没有听到哪个老师跟我说，他是如何教学生说话的。几乎没听到过哪个老师讨论如何教会学生讨论。然而，说话跟阅读和写作一样，是智力发展的一个主要动力，甚至可以说是最重要的动力。[卡尔金斯(Calkins)，2000，第 226 页]

关于科学课堂上如何说话详尽、做有益的探讨，我向你推荐《幼儿园至 8 年级课堂上科学与素养的联系》(*Linking Science and Literacy in the K–8 Classroom*，2006)一书中杰弗里・威诺克(Jeffrey Winokur)和凯伦・沃斯(Karen Worth)合作撰写的一章《科学课堂上的说话：看一看学生和老师需要知道什么以及能做到什么》。你也可以参考该书第八章。最近还有证据表明，英语语言学习者(English Language Learner，简称 ELL)在学习新的科学知识以及语言知识时，能够从说话中受益匪浅。[罗斯伯里(Rosebery)和沃伦(Warren)，2008]

把科学研究和语言素养相结合，我们拥有大量研究文献作为依据。首先，帕迪拉及其同事的相关概念和理论著作表明，科学研究和阅读的思维过程(即观察、分类、推断、预测和沟通等)基本相同，而且，无论学生在做科学实验还是在阅读文章时，都要经历这些过程[帕迪拉、穆斯(Muth)和帕迪拉，1991]。帮助孩子在阅读或进行科学研究时熟悉自己的思维过程，将会促进他们对元认知的了解并付诸实践。

作为老师，你也许需要为学生做个示范，比如看到某种现象后大声说出自己的想法。你应当帮助他们理解，为什么在做事的过程中一定要说出来，为什么了解自己的思维过程很重要。你可以这样说：“我认为温暖的天气会影响种子的发芽速度。我想我应当设计一个实验证明一下自己的假设是否正确。”然后，你可以说：“你们有没有注意到，我是如何提出假设，如何用实验对假设进行验证的?”让学生模仿你的思维过程，能够帮助他们明白在某些情况下为什么需要使用以及如何使用科学话语。

科学就是关于词汇及其含义的学问。博斯特曼(Postman)就词汇和科学关系的说法很有趣。他说：“生物学不是关于动物和植物本身，而是用语言对动物和植物进行描述……天文学不是关于行星和恒星本身，而是我们用话语把它们表达出来。”(1979，第 165 页)更进一步说，科学也是一门语言，一门专门谈论这个世界以及我们生活其间、被称为科学的世界的语言。科学拥有独特的词汇表和语言结构，科学家利用这些词汇和结构来谈论他们的工作，这些东西通常被称为“话语”(discourse)[吉(Gee)，2004]。孩子们需要学习这些话语，用来呈现证据，用来论证研究的要点、评价自己以及他人的研究工作、完善自己的观点，以便将来进行更深入的研究。

走进你课堂的学生并不擅长这门语言，实际上，他们甚至可能还没有入门。他们需要做科学研究，需要在知识渊博的成人帮助下，学习如何控制变量、如何做公平实验、如何搜集证据支撑自己的观点以及如何在所谓的“第一手调查”[帕林克萨(Palincsar)和马格努森(Magnusson)，2001]中运用科学方法，才能逐渐掌握这门语言。这就是直接与科学材料打交道的研究，或者用大家比较熟悉的话语来说，是科学调查中自己动手的部分。“第二手调查”这个术语是指运用文本、报告、数据、图表或其他间接资料，研究者不直接与科学材料打交道。瑟维蒂(Cervetti)等人对此做了精彩的描述：

> 我(们)认为第一手调查就像胶水，它能够把一切与探究有关的语言活动黏合起来。在帮助学生学习概念知识以及传达这些知识的语境(包括专门术语)时，我们奉行的原则是：“读出来，写出来，说出来，做出来！”——你无须按照特定的顺序，或许，按照各种顺序都尝试一番效果反而更好。(2006，第 238 页)

因此，你会发现同样重要的是：学生应当把自己的研究工作说出来并写出来；应当借助书本或者音像资料了解其他人在相关领域做出了哪些贡献；应当抓住一切机会详细记录自己的研究过程，以便将来能够回过头来审视自己在研究中有哪些发现。

科学语言

当然，科学这门学科中的写作、讨论、阅读与其他学科不同，例如，科学写作很简单，重点是根据获得的证据得出适当的结论。但是，科学包含的内容不仅仅是文字，它还包括触觉、图形以及视觉等手段，用来设计研究方案、把方案付诸实施以及把研究结果拿出来与他人分享。另外还有一点也非常重要，科学著作中有许多普通人不熟悉的词汇，在科学中的含义以及在现实生活中的含义并不相同，它们作为科学术语的意义非常明确，而且往往有违人们的直觉，例如：做功（工作）、力（力量）、肥料（植物的食物）、化合物（混合）以及密度（浓密）等。举例而言，如果你花了30分钟用力推一辆汽车，直到累得满头大汗，尽管汽车连1厘米也没有移动，你却觉得自己“工作”得非常卖力。然而，在物理学中，除非汽车发生移动，否则你就根本没有“做功”。我们对学生说植物可以为自己制造食物，然后给他们展示一袋“肥料”（plant food①）。我们对学生说“穿上暖和的衣服”，然而衣服本身并不能制造“温暖”。

学生学习科学的时候需要改变理解方式。他们必须学习新的术语，并且给旧术语赋予新的含义。作为教师，我们应当认识到自己不仅是科学教师，而且还是语言教师，应在学生学习过程中予以帮助。我们谈论科学的时候就应当使用科学这门课程特有的语言。我们不应当回避科学术语，而应当尽量以通俗易懂的形式向学生解释清楚，在这个过程中应当充分利用图片和故事。

我们还应当懂得，科学包含的很多词汇要求学生既动手又动脑。含有比较、评估、推断、观察、修改或假定等词汇的句子往往意味着学生需要手脑并用去解决问题。我们只有认识到语言和智力发展密切相关，两者缺一不可，才能够把科学这门学科教好。

科学笔记本

近来，很多科学教育工作者大力提倡使用科学笔记本，认为它有助于激发学生学习科学的热情[坎贝尔（Campbell）和富尔顿（Fulton），2003]。使用科学笔记本不仅能够提高英语语言学习者的语言技能，而且有助于他们更好地理解科学概念和科学本质。

---

① plant food：可以理解为植物需要的“肥料”，也可以理解为“植物吃的食物”，还可以理解为供人食用的“植物性食物”。——译者注

科学笔记本不同于科学日志或科学札记,因为它不仅仅是记录数据(日志)或记录学习中的反思(札记),而是用于持续记录实验、设计、计划、词汇、思路、关切或困惑等。科学笔记本是对过去、现在以及未来所做的思考或预测进行记录,对每个学生而言都是独一无二的。老师应当确保每个学生有充裕的时间来做记录,并且要求他们对诸如"这个实验活动还有什么让你感到困惑的地方?"之类的问题做出具体回答。

关于科学笔记本的具体使用方法及其价值,参见布莱恩·坎贝尔和罗莉·富尔顿合著的《科学笔记本:关于探究的论述》(*Science Notebook*: *Writing About Inquiry*,2003)。在我所构想的探究式课堂上,你可以想见科学笔记本是学生的必备之物。数年前我在一所小学工作的时候,见证了学生通过写作方式学习而创造出一个又一个小小的奇迹。对我们老师而言极为重要的一点是,应当要求学生每天把他们感到困惑的东西写下来,这样做的效果非常显著。阅读学生的科学笔记本,可以让我们清楚了解他们的元认知如何形成,了解他们如何通过"大声"思考找到解决问题的方法。

使用科学笔记本给学生提供了难得的机会,可以帮助他们在活动中记录自己的心路历程。使用本书的故事时,科学笔记本上应当记录学生关心的具体问题、听完故事以后全班同学发表的各种想法和见解列表、学生自己以及全班一起收集的数据图或表格,或许还应当有学生自己或全班为解决故事中科学谜题而得出的最终结论。

试想一下,你班上的学生已经就某个故事得出了结论并取得了共识,作为教师你可以让学生做些什么来完成收尾工作?可行的方法是,你可以让学生为这个故事续写"结局",或者用标准的实验报告形式撰写一篇报告。当然,前一种方法也是把科学与语言素养相结合的一种方式。很多教师喜欢让学生学会撰写"公式化"的实验报告,只是为了让他们熟悉那种形式,而有些教师则喜欢让学生以趣闻方式撰写报告。根据我的经验,当学生不是机械地填写实验表格,而是把实验报告以趣闻方式呈现出来,则更能说明他们对相关概念有了深入了解。不过,这还是需要作为任课教师的你来做决定。当然,你也可以让学生把两种方式都尝试一下。

如前所述,设计这些故事以及后续活动的主要依据之一是建构主义理论。建构主义认为,知识是人们为了理解自己所生活的世界而建构出来的。果真如此的话,那么每个人应对某一情境或解决某个问题的方式一定与他所运用的知识有关。

同理，对问题做出的*判断*以及对问题持有的*看法*也都因人而异，意识到这一点也非常重要。因此，关键在于，教师应当鼓励学生把自己对问题的看法以口头或书面形式表达出来。也就是说，所有学生和教师都能够就该话题各抒己见并对不同观点进行探讨。这样，大家可以开诚布公地对各种数据进行分析，消除他们脑海里可能潜藏的任何疑问。

这些故事还指出，科学是一种社会、文化的活动，因此也是人类的活动。故事里的人物在实验调查、讨论和提问过程中经常需要得到他人的启发或帮助。那些人有自己的想法，提出自己的假设，故事里的主人公向他们讨教、跟他们合作或者跟他们激烈争论。我们提倡开展小组合作，在课堂上，学生之间可以取长补短，在家里，兄弟姐妹或家长也可以参与，以家庭小组形式进行辩论。

本书的故事也可以由你念给孩子们听。这样，孩子们获得的信息比他们自己阅读故事所得到的多，因为孩子们能听懂的词汇量往往大于他们的阅读词汇量。他们不熟悉的词汇可以从故事上下文推断出来。或者，你也可以在朗读过程中把新词解释给他们听。我们发现，孩子们在听的过程中就对讨论跃跃欲试，比自己阅读时积极性更高。这样反而更好，因为本书的宗旨就是调动学生的积极性：激励他们在日常生活中积极发现问题、解决问题以及建构科学理念。

在探究中帮助学生

学生钻研科学难题的过程中，你应当提供怎样的帮助？一条很好的经验法则是，只要学生面对的问题没有彻底解决，你就可以提供你认为必要的帮助。换句话说，解决问题应当由学生自己做主导，而不是由你做主导。有时候，即使他们在调查研究过程中按照自己的思路走入了死胡同，也不失为一种人生体验。科学研究总是充满了失败的体验。孩子们阅读流行的大多数科普读物时往往会产生这样的印象：科学家们早晨起床，自言自语“我今天要发现什么？”然后直奔主题，目标明确，思路清晰，在当天晚餐来临之前不费吹灰之力就得出了结论。事实远非如此！但是，我们也需要格外注意，挫折不断很可能会扼杀学生学习科学的热情。碰壁意味着研究者需要重新设计方案，或者换一个角度提出问题。最重要的是，碰壁不应当被看成失败，而更像是给你提供了换一种方式从头再来的机会。教师在这个过程中应当起到平衡作用，一方面安慰学生不要灰心丧气，另一方面鼓励他们继续保持研究兴趣。有时候，让孩子们组成团队进行实验研究，更容易实现目标。当今，科学家们也经常是团队合作，从而能够充分发挥彼此的专长。

科学探索过程除了所谓的*科学方法*之外，还包括运气、个人偏好和情感等因素，而很多人并不懂得这一点。*科学方法*这个术语本身听起来就像是能够确保你取得成功的秘诀。你能给学生提供的最重要帮助是让他们始终保持坚定的信心，充分利用各种方法解决问题。他们可以运用比喻、想象、画图或其他任何得心应手的方法来解答问题。然后，他们可以采用科学的基本模式进行研究，包括简化问题、控制各种变量以及剥离需要求证的变量等。

你还可以帮助学生把实验设计方案进行简化，使每一个步骤便于控制，帮助他们学会使用科学笔记本认真记录研究数据。大多数学生并没有意识到科学笔记本的重要性，哪怕老师再三强调这一点。很多学生认为没有必要收集有用数据，因为他们作为实验新手在这方面还缺乏经验。直到他们发现因数据无法读取或没有记录下来而遇到麻烦，才会明白科学笔记本的作用。问题是他们并没有把这一点当回事。孩子们之所以觉得无须详细记录阴影的长度，是因为他们不知道从现在起一周或一个月内这样做有什么意义。如果你帮助他们认识到收集数据的原因，认识到这些数据将会成为阴影随时间变化而变化的证据，那么他们就会明白，其目的是让他们能够把现在的数据与过去进行比较。这样，他们也就会明白当初需要使用科学笔记本的原因了。

根据我们的教学经验，强迫孩子们使用规定的数据收集表格不仅不能帮助他们理解收集数据的原因，而且在某些情况下会适得其反。有一次，一位观察员看到教室里孩子们正忙着填写实验表格，便问一个女生在做什么，那位女生毫不犹豫地回答“第三步”。我们的目标是，动员学生积极参与探究活动中，所有步骤（包括第三步）都应当由他们自己设计：以符合逻辑、循序渐进、有意义的方式回答自己提出的问题。我们相信，这一点孩子们完全可以做到，但是需要成人耐心指导，并相信他们具备在朋友和导师的帮助下独立从事脑力劳动的技能。

关于数据收集最后再说一句。我自己作为科学家以及与其他科学家共事多年，我留意到我们都有一个共同点，那就是人人都随身携带一个笔记本，每天无数次把自己感兴趣的东西记录下来。科学家可能会碰到一些有趣的数据，虽然当时看来这些数据与他们的研究似乎没有直接关系，但是他们还是记录下来，因为说不定将来哪一天就能用得上。人的记忆是短暂的，往往靠不住。科学家的笔记本都很珍贵，是科学事业不可或缺的组成部分。研究人员不带笔记本是不会出门的。

帮助英语语言学习者

如果你班里的学生来自其他国家，英语语言知识有限，科学研究对这样的学生而言有什么作用？你如何利用科学课程既提高他们的语言水平，又拓展他们的科学技能和知识？

首先，让我们看一看学生在语言水平有限的情况下会面临哪些问题。李(Lee，2005)在对英语语言学习者及其学习科学的研究中发现，那些不是来自于西方主流社会的学生往往对主流社会的原则与规范缺乏了解。他们原先所处的社会并不鼓励学生提出问题(尤其是向年长者提问)，也不支持他们进行探究学习。显然，若要帮助这些孩子摆脱自身所受文化传统的束缚，融入学校的新文化氛围，教师就必须把新文化的原则与规范向他们仔仔细细、形象生动地解释清楚，必须帮助他们主动承担起自己的学习责任。关于这方面的书籍很多，我在本章的论述当然不如它们那么详细。你可以参考 NSTA 最近出版的《英语语言学习者学科学：幼儿园至 12 年级课堂教学策略》(*Science for English Language Learners*: *K－12 Classroom Strategies*)，能够从中找到很多具体帮助。另外一本书《幼儿园至 8 年级课堂上科学与素养的联系》也由 NSTA 出版，尤其要参考的是该书第十二章《英语语言发展与科学素养的联系》。最后，还有《科学和儿童》杂志刊发的一篇文章《向二语习得者讲授科学》[巴克(Buck)，2000]，该文就如何向英语语言学习者讲授科学提出了很多有用的建议。

我将尽最大努力总结一些实用的方法，把它们放在供教师参考的背景材料这一部分中。

专家们认为，扩大词汇量对英语语言学习者而言非常重要。你可以着重帮助这些学生分别用他们的母语以及英语来辨认课堂上将要用到物体的名称，可以让他们把这些词汇记在科学笔记本上。有些教师成功地使用了一种名叫“实用词汇墙”的教具，这是一个标有图表和词汇的墙贴，随着学习进展而不断补充新的内容。如果可能的话，也可以在墙贴上用胶带粘上一些实物或照片。由于它对所有学生(不仅仅是英语语言学习者)都有好处，因此应当放在非常显眼的位置，方便学生温故而知新。

很多教师认为,探究教学中的小组活动能帮助英语语言学习者理解探究的进程和内容。把英语语言学习者和以英语为母语的学生搭配在一起能够促进学习,因为他们往往更乐于接受同学而非老师的帮助。同学之间相互提问也更方便。同学做出的解释效果也更好,因为他们年龄和知识水平相仿,拥有共同语言。

多利用黑板或白板。把词汇与可视教具结合起来。记住,科学依靠一定的语言环境。你不妨把学生家长邀请到课堂上来,让他们亲眼看看你是如何帮助他们的孩子学习英语和科学的。在探究过程中多花一些时间,让英语语言学习者逐渐了解如何控制自己学习科学与解决问题的过程。所有学生都应当像虚心的英语语言学习者一样,把自己当作是科学语言学习者(Science Language Learner),只有这样才能更好地学习科学。

SIOP 模式[埃切瓦里亚(Echevarria)、沃格特(Vogt)和肖特(Short),2000]近来在教师中深受欢迎,他们利用这一模式在英语语言学习者中教授科学课程取得了很大成功。SIOP 是庇护(Shelter)、指令(Instruction)、观察(Obeservation)以及协议(Protocol)四个英文单词的首字母缩略词。该模式强调学生在科学活动中亲自动手、亲自动脑,而这就需要英语语言学习者使用学术英语与同学进行交流。你可以访问 SIOP 研究院的网站 www.siopinstitute.net。虽然我们很难用一句话概括这一模式的精髓所在,但其重点应当是把学术英语与探究教学结合起来运用。我们应当抓住每一个机会把科研活动与探究教学结合起来,应当充分利用语言的各种形式,包括听、说、读、写等。该模型还强调,我们应当鼓励英语语言学习者与以英语为母语的学生结对子,通过这种方式,前者可以从英语水平较高的后者那里学到更多词汇并练习使用。

简而言之,SIOP 模式与大多数其他二语习得(English as a Second Language,简称 ESL)项目的区别在于,SIOP 强调科学学习和语言学习应当密切结合起来,两者相互促进,而不是把它们割裂开来。很多研究项目认为,英语语言学习者因为语言能力匮乏,无法掌握诸多学科的教学内容。而 SIOP 模式认为,只要英语语言学习者具有一定的语言基础,学习各门学科的同时在听、说、读、写等方面获得充分锻炼的机会,就能够把学科内容以及与之相关的学术语言都掌握好。

在课堂管理中,教师们也需要在语言方面多下功夫。教师需要跟学生多交谈,以确保他们能够充分明白教师布置的探究任务,确保他们能够把研究过程和结果用英语表达出来。教师的角色包括:提醒学生把科学研究记录下来,帮助他们用英语对研究发现进行讨论，以此确保他们在研究过程中专心致志。如前所述，不但英语语言学习者需要提高自己在某一学科的学术语言水平，所有学生都需要充分掌握该学科独有的词法或句法等语言内容。所有学生都应当像虚心的英语语言学习者一样，把自己当作“科学语言学习者”（Science Language Learner），只有这样，才能更好地学习科学。

接下来我们要进入故事章节。我希望这些故事能够启发你的学生，激励他们变成积极的探究者，把科学研究当作日常生活的乐趣充分享受。

参考文献

Buck, G. A. 2000. Teaching science to English-as-second language learners. *Science and Children* 38 (3): 38–41.

Calkins, L. M. 2000. *The art of teching reading.* Boston: Allyn and Bacon.

Campbell, B., and L. Fulton. 2003. *Science notebooks: Writing about inquiry*. Portsmouth, NH: Heinemann.

Cervetti, G. N., P. D. Pearson, M. Bravo, and J. Barber. 2006. Reading and writing in the service of inquiry-based science. In *Linking science and literacy in the K–8 classroom,* ed. R. Douglas and K. Worth, 221–244. Arlington, VA: NSTA Press.

Douglas, R., and K. Worth, eds. 2006. *Linking science and literacy in the K–8 classroom*. Arlington, VA: NSTA Press.

Echevarria, J., M. E. Vogt, and D. Short. 2000. *Making content comprehensible for English language learners: The SIOP model.* Needham Heights. MA: Allyn and Bacon.

Fathman, A., and D. Crowther. 2006. *Science for English language learners: K–12 classroom strategies.* Arlington, VA: NSTA Press.

Gee, J. P. 2004. Language in the science classroom: Academic social languages as the heart of school-based literacy. In *Crossing borders in literacy and science instruction: Perspectives on theory and practice,* ed. E. W. Saul, 13–32. Newark, International Reading Association.

Joyce, J. 1922. *Ulysses*. Repr., New York: Vintage, 1990. Page reference is to the 1990 edition.

Keeley, P., F. Eberle, and C. Dorsey. 2008. *Uncovering student ideas in science, volume 3: Another 25 formative assessment probes*. Arlington, VA: NSTA Press.

Keeley, P., F. Eberle, and L. Farrin. 2005. *Uncovering student ideas in science, volume 1: 25 formative assessment probes*. Arlington, VA: NSTA Press.

Keeley, P., F. Eberle, and J. Tugel. 2007. *Uncovering student ideas in science, volume 2: 25 more formative assessment probes*. Arlington, VA: NSTA Press.

Keeley, P., and J. Tugel. 2009. *Uncovering student ideas in science, volume 4: 25 new formative assessment probes*. Arlington, VA: NSTA Press.

Lee, O. 2005. Science education and student diversity: Summary of synthesis and research agenda. *Journal of Education for Students Placed At Risk* 10 (4): 431–440.

Padilla M. J., K. D. Muth, and R. K. Padilla. 1991. Science and reading: Many process skills in common? In *Science learning: Processes and applications*, ed. C. M. Santa and D. E. Alvermann, 14–19. Newark, DE: International Reading Association.

Palincsar, A. S., and S. J. Magnusson. 2001. The interplay of firsthand and text-based investigations to model and support the development of scientific knowledge and reasoning. In *Cognition and instruction: Twenty-five years of progress*, ed. S. Carver and D. Klahr, 151–194. Mahwah, NJ: Lawrence Erlbaum.

Postman, N. 1979. *Teaching as a conserving activity*. New York: Delacorte.

Reiss, M. J. 2002. Reforming school science education in the light of pupil views and the boundaries of science. *School Science Review* 84 (307).

Rosebery, A. S. and B. Warren, Eds. 2008. *Teaching science to English language learners: Building on students' strengths*. Arlington, VA: NSTA Press.

Winokur, J., and K. Worth. 2006. Talk in the science classroom: Looking at what students and teachers need to know and be able to do. In *Linking science and literacy in the K–8 classroom*, ed. R. Douglas and K. Worth, 43–58. Arlington, VA: NSTA Press.

供教师使用的故事和背景材料

物理学矩阵图

基本概念	故事				
	神奇的气球	有人玩地掷球吗？	爷爷的大钟	邻里电话系统	多冷才算冷
能量	×	×	×	×	×
能量转移	×	×	×	×	×
能量守恒		×			×
力	×	×	×		
重力	×	×	×		
热	×				×
动能		×	×		
势能		×	×		
位置和运动		×	×		
声音				×	
周期运动			×	×	
波				×	
温度	×				×
气体定律	×				
浮力	×				
摩擦		×	×		
实验设计	×	×	×	×	×
功		×	×		
状态变化					×
时间		×	×		

基本概念	磁铁比赛	赶时间的意大利面	冰茶	偷颜色的贼	大镜子
力	×				
物质的属性	×	×	×	×	
能量	×	×	×		
状态变化					
热量和温度		×	×		
物质结构			×		
材料的属性	×				
光能				×	×
分子	×	×	×		
状态变化			×		
化学键		×	×		
能谱				×	×
色谱				×	
热力学		×	×		
反射				×	×
折射				×	
能量转移	×	×		×	×
温度		×			

基本概念	发热的衣服?	打滑的玻璃杯	圣伯纳德犬	佛罗里达的汽车	会跳舞的爆米花
力	×		×	×	×
实验设计	×	×	×	×	×
科学研究	×	×	×	×	×
物质的属性	×	×	×	×	×
能量	×	×		×	×
状态变化		×			
材料的属性	×			×	×

续 表

基本概念	发热的衣服？	打滑的玻璃杯	圣伯纳德犬	佛罗里达的汽车	会跳舞的爆米花
热量和温度	×	×			
物质结构		×		×	×
分子	×	×		×	
化学键				×	×
化学变化				×	
热力学	×	×			
能量转移	×	×			
温度	×	×			
重量和质量变化			×	×	
浮力					×
密度					×

基本概念	甜言蜜语	冷静点	融化的聚会	歪斜的秋千	饼干的困境	卡住了！
融化	×		×			
溶解	×					
温度	×	×	×			×
状态变化	×	×	×			
混合物	×	×			×	
溶剂	×					
溶质	×					
热	×	×	×		×	×
热能	×	×	×		×	×
温度计		×				
热量计		×				
传导		×	×			×
平衡		×	×			

续　表

基本概念	甜言蜜语	冷静点	融化的聚会	歪斜的秋千	饼干的困境	卡住了！
导热性			×			×
周期运动				×		
问题解决	×	×	×	×	×	×
模型建构		×		×		
问题分析	×	×	×	×	×	×
创造性				×	×	
系统	×	×	×	×	×	×
化学反应					×	
摩擦						×
静摩擦						×
动摩擦						×
净力						×
力						×
相互作用	×	×	×	×	×	×

第五章
爷爷的大钟

它又高又瘦。自从家人把它从门廊与客厅之间的门搬进房间里之后，它就静悄悄地立在那里，瘦高的个头几乎顶到了天花板。它的脸很可爱，手很灵巧。在某种程度上，它似乎不是家具，看上去宛如一个人，让玛丽(Mary)想到了“美丽”这个词。玛丽的父母把它称作“爷爷的大钟”，然而，据她所知，这钟原本不是爷爷的，而是她父亲最近刚刚过世的一个姑妈留给他们的遗产。玛丽的父母非常兴奋，因为这座大钟已经有200年的历史，而且在他们家族里也传承很久了。大人们似乎认为古老的东西就是酷。玛丽想不明白为什么古老的东西会比崭新的东西酷，但是，管它呢！这座大钟现在就摆在家里一个显眼的位置，背靠着墙，在她家的小房子里看上去真大。

大钟由深色木材制作而成，前部有一扇狭长的窗户。这扇窗户可以打开，里面有一根金属杆从钟的顶部悬垂下来。你伸手能摸到这根金属杆，金属杆底部连着一个茶托大小的铜碟。玛丽的爸妈把这根铜杆叫作钟摆。如果你把钟摆向一边拉起，然后放开手，它就会往复摆动，而钟的顶部就会发出滴答声。如果钟摆能够摆动很久，你就会看到盘面上的指针也在走动。如果想让钟摆一直摆动、指针一直走的话，就需要每周用钥匙给大钟上紧发条。跟现在流行的电子钟不一样，大钟利用指针这种传统方式来显示时间。玛丽觉得，这座大钟能够滴滴答答地工作200年，肯定具有特别之处。她曾经有一个电子闹钟，不到一年就坏了。

两周过去了，玛丽发现一个问题。她对妈妈说："妈妈，爷爷的大钟总是比咱家其他的钟慢。"

"我也发现了，玛丽，"妈妈回答道，"我们每天都要把指针往前拨，可是大钟还是慢，时间总是不准。我们想看看有没有按钮或开关能让它走快点，但是没找到。"

"让钟走动的好像是钟摆，也许我们应该让它摆动速度更快一点，"玛丽说，"但是，怎么才能让它摆动更快呢？"

"也许是钟摆下面的铜碟太重了吧，"妈妈说道，"如果铜碟太重，就会让摆动速度变慢。"

"也可能是因为钟摆从这一侧摆动到那一侧的距离太远。这样的话，每次摆动需要的时间就会很长。如果我们能让钟摆摆动幅度变小，速度就会快多了。"

第二天，玛丽把这个问题告诉了老师帕特尔(Patel)女士。"多漂亮的一个大钟啊，"玛丽说，"可就是不准，那有什么用呢？"

"你怎么不把它调快一点？"帕特尔老师问。

"怎么调？我们找不到任何开关或按钮！"玛丽回答，"我们觉得从钟的顶部垂下来的那根长杆子肯定与钟的快慢有关系，但是没办法调节杆子摆动的速度。"

"那根杆子连同底端的小球合起来被称为钟摆，"帕特尔老师向全班解释说，"钟摆摆动有自己的方式和规律，为了改变钟摆速度，我们有必要好好研究一番。"

"让我们用绳子和垫圈做几个钟摆，"帕特尔老师建议，"我们可以用这些钟摆做实验，看看能否找到办法让钟摆加速或减速。”她一边说，一边在黑板画出一个钟摆，“首先，我们能改变钟摆的哪些部分？我们怎样才能知道，改变这些部分就一定能让钟摆摆动速度变快或变慢呢？”

在学校做完钟摆实验后，当周晚些时候，玛丽回到家把大钟修好了。现在大钟走时很准，即使哪一天它走时不准，玛丽和家人也知道如何修理。真的很简单，问题是你要知道其中的窍门。

目的

在这个故事中，研究钟摆的主要目的是，我们借助某些工具来查找各种相关变量，并通过实验来筛选出能够控制钟摆摆动周期（钟摆往复摆动一次的时间）的变量。关于钟摆的物理学知识对低年级学生而言太过复杂，他们可能需要等到高年级时才能弄明白。其实，影响钟摆摆动周期的唯一变量就是摆线的长度，这一点肯定会令大多数学生感到惊讶，甚至会令一些成人感到惊讶。钟摆摆动周期的定义是，钟摆往复摆动一次所需的时间。

如果可能的话，我建议你找一找 2006 年 10 月的《科学和儿童》杂志，阅读其中的专题论文《黑板上的探究》。海伦・巴特莫（Helen Buttemer）博士的这篇论文指出，使用简单的教具，你可以非常直观地指导学生制订计划、进行实验并分析结果，就如同《爷爷的大钟》这个故事描述的那样。巴特莫把各种变量写在便笺上，然后在着手研究的时候根据需要随时移动便笺，这样就把整个实验过程明白无误地展现在各个年龄段的学生面前，方便他们积极参与实验过程并期待看到实验结果。这种做法肯定会颠覆你的学生对实验设计的固有看法，因此，我强烈推荐。

相关概念

- 周期运动
- 时间
- 变量
- 公平实验
- 分析
- 钟摆摆动周期
- 假设
- 对照实验
- 数据
- 结论

不要惊讶

在这一活动中，学生会把他们错误的前概念和盘托出，其中包括：(1) 钟摆的重量会影响摆动周期；(2) 摆动的幅度会影响摆动周期。研究活动的另一个结果是，学生们发现，他们可以利用钟摆制作一个计时装置。钟摆的重量不会影响其摆动周期，这一结果似乎有悖常理，甚至让学生对他们得出的数据表示怀疑。实验过程必须公开、公平、公正，因为任何偏差都可能成为学生不相信实验结果的借口。学生通常都会有如下错误预期：钟摆摆动的幅度越大，或者钟摆的摆锤越重，摆动周期就越短。

内容背景

玛丽解决大钟走时不准问题的方法其实很简单。为了让钟摆在一定时间内摆动次数更多，我们必须缩短钟摆的长度。实际上，这里的关键词是"周期"，也就是钟摆往复摆动一次再回到原先位置所需要的时间。

如果你认为学生有能力接受新的术语，可以向他们介绍"自变量"（或称"被控变量"，是指那些可以被更改的变量，例如钟摆的长度、摆锤的重量或钟摆的振幅等）等术语。"因变量"（或称"被观测变量"）是指实验人员观测到的可能会发生变化的变量，在这个故事中也就是钟摆的周期。5～8 年级的学生完全有能力接受这类术语。

缩短摆动周期唯一可行的做法是缩短钟摆的长度。在摆钟里，我们把摆锤（钟摆底部的砝码）位置升高即可缩短摆动周期，把它降低则可延长摆动周期。实际上，我们通过这种做法改变了整个钟摆系统的重心，跟改变摆杆的长度效果是一样的。由于钟摆长度被缩短，从而使其摆摆动周期被缩短，也就是说，钟摆系统摆动一个来回的时间被缩短。由于钟摆是与钟的齿轮连接在一起的，在一定时间内钟摆摆动的次数越多，就会导致齿轮转得越快，从而使指针就会走得越快，因此，我们说钟走快了。降低则会取得相反的效果，也就是让钟摆系统变慢，从而让钟走时变慢。测量钟摆长度的具体方法是，测量从钟上部轴心到钟摆下部质心的距离。如果你使用垫圈做摆锤的话，那么质心通常就是垫圈的中心或者在其附近。

钟摆是系统进行周期运动的例子之一。"周期运动"的意思是系统内的物体以一种可预知方式运动，而这种运动本质上通常是周期性的。周期运动还有很多，例如：吉他的弦或音叉等物体振动，月球围绕地球转动，地球围绕太阳转动，地球围绕自己的轴转动，等等。因此，学习周期运动知识，能够帮助我们了解很多自然现象。"周期运动"是一个统括性的概念，在很多情况下可以帮助我们更好地理解各种科学模型,从而帮助我们更好地认识这个世界。在《橡子去了哪里?》这个故事中,影子在一天或一年四季中的运动情况足以说明,太阳从清晨到黄昏在天空中是如何进行周期运动的。在北半球或南半球的天空中,星座的隐现也展现出周期运动模式。有些星座只在冬天出现,而另一些只在夏天出现。由于地球自转的关系,星座在夜空中展现出可预测的运动轨迹。金星和火星等行星的运动也可以预测,因为它们围绕太阳做周期运动。周期运动一个最重要方面在于,它能帮助我们预测宇宙中发生的各种事情并建立相应的模型,从而帮助我们更好地解释万事万物的运动规律。

这里,我想再次强调"系统"这个术语的重要性。系统是一组相互关联、相互作用的各个组成部分(或物体)的集合。在动物体内,有各种器官构成的消化系统、循环系统和神经系统等系统。在植物体内,有各种组织构成的导水系统、叶和根等系统。在宇宙中,有太阳系和银河系等系统。在自然界中,有生态系统等系统。在气候中,有大气等系统。所有这些系统都有一个共同特征:系统是由部分构成的整体,这些系统的运动都遵循一定的规则。一条最重要的规则是,如果你改变系统中的某一个组成部分,整个系统就会在一定程度上做出反应并发生变化。例如,如果生态系统中的某种植物或动物被移除,那么整个系统就会做出某种反应来适应这一变化。如果一个猎食者被移除,那么猎物数量就会相应增加,而它们可能会吃掉更多植物,从而减少其他动物可食用的植物数量。你会发现,把自然界看成一系列不同的系统,对于我们认识它非常有帮助。

从故事中我们显然可以发现,学生需要研究钟摆,考虑应当如何通过改变钟摆这个系统,去改变钟摆在一定时间内的摆动次数(也就是改变钟摆的摆动周期)。如果你在带领学生做这个实验之前自己先尝试一下的话,你首先应当明确需要测试哪些变量。我们从玛丽和妈妈的对话中能够找到线索,即钟摆的长度、摆锤的质量以及钟摆的摆距。在物理学中,钟摆的摆距被称为"振幅"。现在,摆在我们面前的是一组变量,等待我们逐一测试,以期解决故事中提出的问题——如何改变钟摆的周期。"周期"往往被定义为摆锤从一侧开始摆动到另一侧之后返回到原处需要的时间。既然时钟是利用钟摆往复摆动次数来计时,那么我们就必须通过改变钟摆系统来改变其摆动次数。"系统"是指一组相互作用的物体,钟摆系统当然也就包括摆锤和摆杆。如果你想制作钟摆,我建议你使用一片压舌板(从医院或药房都能买到)、一根大约 50 厘米长的细线、一个回形针以及若干垫圈(在工厂车间或五金店都能找到)。图 5.1 显示的是钟摆系统及其部件。

你最好把压舌板割出一条长 2～3 厘米的缝(如图所示)。这样,把细线放进去之后可以很容易来回拉动,根据需要改变线的长度。用回形针串上几个垫圈(可以根据需要增减垫圈的数量),把回形针系到细线底部。然后,用胶带或其他东西把压舌板固定在桌子上,压舌板伸出桌面的部分要足够长,这样,细线就不至于蹭到桌子,而能够自由摆动。

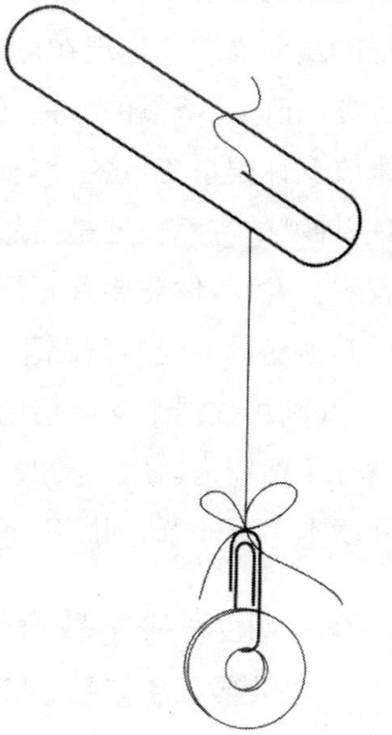

图 5.1　钟摆系统

钟摆制作完成之后,下一步你需要判断各种变量与钟摆摆动周期存在什么关系,从而帮助玛丽解决“如何调整时钟”的问题。这也正是探究的目的所在。你必须找出一种方法,在确保其他变量不变的情况下,对需要测试的变量进行逐一测试。例如,如果你准备测试“摆锤的重量”这个变量,那么,你提出的假设应当是“摆锤的重量大小能够改变摆动周期”,或者是“摆锤的重量大小不能够改变摆动周期”。这就意味着,你在测试摆锤重量大小的时候,应当确保细线的长度不变。你可以让钟摆摆动 15 秒,注意观察它完成的周期数量有多少个。你可能需要把这个实验重复做 5 次以上,才能确保把实验误差减少到最低限度:你可以取 5 次实验数据的平均值,把那些偏差太大的数据舍弃。接下来,你可以增加一两个垫圈来重新进行实验,结果肯定会令你大吃一惊!无论你增加多少个垫圈,对钟摆的摆动周期都没有影响。因此,你的结论应当如下:摆锤的质量不影响钟摆的摆动周期。证据就在实验数据之中,通过对数据进行分析自然就会得出结论。

下一步,你可以试试看钟摆的振幅对周期有没有影响。同样,你应当首先提出假设。在确保垫圈数量和细线长度不变的情况下,你试着从不同的高度松开摆锤。把每一个实验重复做 5 次,然后把结果记录下来。又让你大吃一惊?逻辑上,钟摆要在同样时间里完成一个来回的摆动,那么摆动速度必须更快。这样,需要测试的变量就只剩下一个:细线的长度。你应当首先就“细线长度是否影响摆动周期”提出假设,然后按照上述方式进行实验,把结果记录下来。这一次,你会看到情况有些不同。细线越短,15 秒内钟摆摆动次数就会越多。细线越长,15 秒内钟摆摆动的次数就会越少。通过对实验数据进行分析，你会得出如下结论：细线长度影响钟摆的摆动周期。你现在可以帮助玛丽解决问题，给这个故事续写结局。实际上，你没办法改变“爷爷的大钟”的摆杆长度，不过，你可以通过把摆锤升高或降低的办法来改变钟摆系统，这在本质上跟改变摆杆长度的道理是一样的，因为物理学家发现，钟摆的实际长度是指从钟上部轴心到下部摆锤质心的距离。回顾整个实验过程你会发现，你需要首先把每个变量从系统中分离出来，然后找到一种方法，在确保其他变量不变的情况下对每个变量进行单独测试，接下来是分析数据、得出结论，并利用数据来支撑结论。学生利用新学到的知识来解决故事中提出的问题，也就等于把理论运用于实践之中，这样，就涵盖了探究学习的所有步骤。你可以再次阅读本书第一章，回顾一下探究学习涉及的重要内容。

《国家科学教育标准》（国家研究委员会，1996）的相关内容

幼儿园至 4 年级：从事科学研究需要具备的能力

- 就环境中的物体、生物或事件提出问题。
- 制订简单的调查计划并付诸实施。
- 利用简单的设备和工具收集数据并拓展自身的各种能力。
- 根据数据做出合理解释。
- 把自己的调查结果和科学解释拿出来与他人分享。

5～8 年级：从事科学研究需要具备的能力

- 通过科学调查确定研究课题。
- 制订科学调查计划并付诸实施。
- 利用适当的工具和技巧收集、分析并解读数据。
- 运用批判思维和逻辑思维建立证据和解释之间的关系。

《科学素养基准》（美国科学发展协会，1993）的相关内容

幼儿园至 2 年级：科学研究

- 人们往往单凭仔细观察周围的事物就能够学到一些东西，不过，有时候，人们在对那些事物做些什么之后再进行观察，能够学到更多东西。
- “能够尽量准确地描述事物”在科学研究中非常重要，因为它能够让你把自己观察到的结果与他人观察到的结果进行比较。

· 当人们对同一个事物的描述大相径庭的时候，比较好的做法是，重新进行观察，而不是进行无谓的争论。

3～5 年级：科学研究

· 科学研究的结果很少会一模一样，但如果差异过大的话，就有必要弄明白其中的原因。在研究过程中必须严格按照指令去做并认真做好记录，好处之一就在于，一旦结果出现差异，便于查找哪一个环节出了问题。

· 如果有人声称自己知道某种东西的工作原理，科学家们往往会不屑一顾，除非他能够提供充分的证据，而且他的推理过程符合逻辑。

6～8 年级：科学研究

· 如果在实验中同时发生变化的变量不止一个，那么我们很难弄清楚影响实验结果的是哪一个变量。虽然我们并非一定能杜绝外部变量对实验产生干扰，但是，只要研究人员在实验过程中齐心合力，通常能够解决这类问题。

在幼儿园至 4 年级中使用这个故事

在这个故事中，主要的后续工作是如何制作钟摆并对其进行测试。帕特尔老师建议全班同学制作钟摆并对其进行测试，以帮助玛丽解决问题——让大钟准确报时。关于如何制作一个简单的钟摆，请参阅上面“内容背景”部分。

我向你推荐《国家科学教育标准》中一篇关于钟摆的文章（第 146、147 页），看看一位老师是如何出色完成“钟摆”教学任务的。

然而，我们这则故事主要是解决摆钟走时不准的问题。因为摆钟每天都会慢几分钟，玛丽需要找到一个办法来让钟走快些。她推断出钟摆和报时准确度相关，因此，必须找到一种方法来改变钟摆的摆动周期。

你应当帮助学生辨别故事中列出的几个变量，而线索就在玛丽和妈妈的对话之中。对话中谈到，摆锤的摆距以及摆锤的重量都可能与钟走时不准有关。通过帮助学生观察他们制作的钟摆以及思考哪几个变量可以被改变，他们能够找到第三个变量——钟摆的长度。一旦学生辨别出这三个变量，下一步就可以设计实验方案。如果你能够找到《科学和儿童》杂志刊登的文章《黑板上的探究》，使用探究板（Inquiry Board）可以帮助如何利用各种变量进行对比实验（巴特莫，2006）。

你可以借此机会在教学中使用“科学话语”。学生已经制作出钟摆系统，需要讨论涉及的各种变量，需要进行公平实验，还需要就“使用多长时间对摆动次数进行计数”的问题达成一致。很多学生可能会建议使用时间为 1 分钟，在尝试过一次后，你可以向他们说明 1 分钟太长，短一点时间得出的结果同样精确。你可能需要跟学生谈一谈：实验中容易出现错误(例如，计数时在松开钟摆的同时开始计数)；多少次摆动才算得上真正的“差异”。比如说，如果他们把垫圈数量增加到原来的三倍，结果发现钟摆摆动次数跟原来相差一次，那么，这样的差异算不算有效？你可能还需要跟学生谈一谈，为了取得准确无误的数据，应当把实验重复做几次结果才算有效。当然，你可能需要指导学生如何对每次实验的数据进行记录。如果你认为必要，可以借助组织结构图或工作表等形式。如果你鼓励学生在图表设计过程中积极参与，就可以避免他们在填写图表时生搬硬套，不知其所以然。你应当给学生留下充分时间，并提醒他们注意已经讨论过的各种要点，让他们把这些内容都记在科学笔记本上。

根据我的经验，在这个实验活动中，你最好让学生每四人组成一组。一名学生松开钟摆并说“开始”，第二名学生开始数钟摆摆动的次数，等时间一到，第三名学生就说“停止”，第四名学生负责记录数据。因为实验材料可能放置在教室内不同地方，所以每小组应当专门指定一个人去取，这样就能避免他们在找材料时出现混乱局面。

低年级学生在测量时可能会遇到问题。如果你的学生不会使用直尺或卷尺，你可以利用这个机会教教他们。等学生做好准备工作后，你可以让他们利用事先准备好的直尺或卷尺测量压舌板底部到垫圈中心的距离。我建议，为了得出合理的数据，你最好让学生测量三次，当然，有时候测量两次也足以说明问题。

如果教室墙上有一座旧挂钟，或者，如果你能弄到一座旧挂钟，把它挂在所有学生都能看得见的地方，这样对实验很有帮助。如果学生年龄较小，你可能需要亲自把握时间，以便他们在进行实验时做到步调一致。你也可以先示范一下：让一名学生松开钟摆，而让其他所有学生数一数钟摆摆动的次数。

现在，各个小组已经为实验正式开始做好了准备。如果学生动手能力比较强，你可以让他们在空余时间把三个变量都测试一下。提醒学生在科学笔记本上把关于每个变量的假设记录下来，其中包括结果、结论和证据。如果你的学生不太了解实验流程，你可以指导他们如何去做，例如，全班学生首先测量摆锤重量这个变量，完成这项任务后再测量下一个变量，逐一进行。你可以跟全班学生讨论科学研究的过程：先就每一个变量提出假设，把假设记录在科学笔记本上，进行实验，得出结论，用实验数据支撑自己的结论。如果你不需要替学生掌握时间，就比较自由，可以在各小组来回穿梭，了解他们的实验情况，为那些需要帮助的学生提供帮助。

在学生取得各种实验数据并得出结论之后，你可以组织全班同学一起展开讨论。讨论的重点是：学生应当把各组的研究结果拿出来分享与比较，他们应当有能力根据自己获得的数据判断出玛丽是如何解决大钟走时慢这个问题的。如果学生的实验结果存在很大误差，你可以让那些误差较大的小组重新做实验，让全班其他学生都来做裁判。一般而言，学生能够发现实验结果存在的小问题，最后达成共识。现在，学生已经准备好为这个故事续写结局，并可以充分施展自己的文学才华。在学生描写玛丽如何修好爷爷的大钟的过程中，你应当提醒他们使用具体的科学数据来支撑。你可以让学生写在科学笔记本上，当然也可以采取你认为合适的其他方式。最后，我建议你跟学生一起把整个研究过程认真回顾一遍，帮助他们反思在研究过程中做了哪些事情，学到了哪些科学术语。你还可以给学生布置一项很有挑战性的任务：让学生制作一个 1 分钟恰好能够摆动 30 次的钟摆，也就是说，让他们制作一个时钟。

在 5～8 年级中使用这个故事

我建议你阅读上面关于"幼儿园至 4 年级"的内容，因为高低两个年级在实验步骤上有很多共同点。高年级学生比低年级学生经验丰富得多，能够独立完成实验任务，这样，你的活动余地更大。在学生做实验的时候，你可以通过在一旁观察他们的实验步骤、听取他们的讨论内容，来评估他们的知识发展水平。我建议你把学生每四人分成一个小组，原因如上文所述。高年级学生使用的实验材料和钟摆跟低年级基本相同，而且，高年级学生不仅能够熟练使用直尺或卷尺测量长度，在科学笔记本上记录的实验内容也比低年级复杂。你可以告诉学生，科学家通常测量从钟摆上部轴心到摆锤中心（也就是垫圈小孔的中心）的距离。实验步骤跟低年级那部分内容基本相同，当然，你也可以根据高年级学生的实际水平做一些必要的改动。然而，我发现，如果高年级学生不懂探究式学习，那么他们可能跟低年级学生一样需要你耐心指导，至少在短时间内是如此。你同样需要提醒他们注意控制变量，给他们介绍“自变量”（或称“被控变量”，是指那些可以被更改的变量，例如钟摆的长度、摆锤的重量或钟摆的振幅等）等术语。“因变量”（或称“被观测变量”或“响应变量”）是指实验人员观测到的可能会发生变化的变量，在这个故事中也就是钟摆的周期。5～8 年级学生完全有能力接受这类术语。通过上述活动，学生阅读实验文献的能力必将得到提高。

如果你认为有必要，可以借助组织结构图等图表形式，但是，请务必让学生把实验内容以及他们的所思所想都记录在科学笔记本上。现在，学生可以就玛丽如何修好爷爷的大钟畅谈自己的看法，并为这个故事续写结局。如果你能弄到一个小摆钟的话，就可以让学生在摆钟上检验他们的方法是否可行，例如把钟调快或调慢。除此之外，你可以找一个音乐节拍器，也能取得同样的实验效果。我建议，正如上述“幼儿园至 4 年级”教学建议部分提到的那样，你也可以让高年级学生制作一个能够保持固定摆动频率的钟摆，你可以借此机会评估他们的学习进展状况。

相关书籍和美国科学教师协会期刊文章

Buttemer, H. 2006. Inquiry on board. *Science and Children* 43 (2): 34–39.

Driver, R., A. Squires, P. Rushworth, and V. Wood-Robinson. 1994. *Making sense of secondary science: Research into children's ideas.* London and New York: Routledge Falmer.

Keeley, P. 2005. *Science curriculum topic study: Bridging the gap between standards and practice.* Thousand Oaks, CA: Corwin Press.

Keeley, P., F. Eberle, and L. Farrin. 2005. *Uncovering student ideas in science: 25 formative assessment probes* (vol. 1). Arlington, VA: NSTA Press.

Keeley, P., F. Eberle, and J. Tugel. 2007. *Uncovering student ideas in science: 25 more formative assessment probes* (vol. 2). Arlington, VA: NSTA Press.

参考文献

American Association for the Advancement of Science (AAAS). 1993. *Benchmarks for science literacy.* New York: Oxford University Press.

National Research Council (NRC). 1996. *National science education standards.* Washington, DC: National Academies Press.

第六章
歪斜的秋千

艾伦(Alan)和塞丽娜(Serena)正走在放学回家的路上,突然发现隔壁邻居家院子里新添了一架秋千,这架秋千挂在一棵大树的树枝上。(仔细看图,你就能看出这架秋千的具体模样)两个孩子忍不住想去试一试这架秋千,于是便去找邻居金(King)先生和金太太(这对年迈的夫妇当时正在院子里干活),希望征得他们同意。

金太太露出了慈祥的笑容。

“你们当然可以试一试。不过，我要提醒一句，这架秋千有点问题。你们试一下就知道了。也许你们能帮我们解决这个问题。”

“谢谢你们，我俩会尽力的。”

艾伦坐在秋千一侧，后退几步后收起脚，让秋千摆动起来。

“嘿，我知道问题出在哪里了，”艾伦说，“这秋千摆动起来歪歪扭扭，而不是像正常的秋千那样前后摆动。塞丽娜，如果你也坐上来，两人重量加起来或许能行。”

塞丽娜坐到艾伦旁边，但是没有效果，秋千还是不能前后正常摆动。

“嘿，”她说，“我在想，秋千是不是跟钟摆一样？我们在学校学过钟摆的原理。也许秋千在这方面出了问题。”

“我想到一个办法可以让秋千离地更高一些，我们把链子截短一些，看看行不行。”艾伦说。

“好的。”塞丽娜说。他们就把秋千两侧的链子分别去掉几个环，这样链子就变短了。

“我们再来试一试。”塞丽娜说。

他们试了一下，结果还是那样。

“可恶，”塞丽娜说，“我原以为这样能行。看样子，我还得再好好学习钟摆知识。我以为自己的知识够用了，但这架秋千跟钟摆还是不太一样。也许我们应当按照这架秋千做一个模型，仔细研究一下它为什么摆动起来歪歪扭扭。”

几天后，他们又一次敲开了邻居家的门，对夫妇俩说：“我们已经知道你们家的秋千问题出在哪里了，我们或许能够帮你们修好它。”

[我要感谢南佛罗里达大学的艾伦·费尔德曼(Alan Feldman)博士，是他启发我产生了《歪斜的秋千》这则故事的创意]

目的

这则故事有两个目的:一是要求学生在遇到秋千问题时能够想到自己学过的钟摆知识,二是要求他们利用技术手段解决这一问题。秋千的工作原理遵循周期运动规律,而由于悬挂秋千的那根树枝歪斜导致秋千不能正常摆动,这一问题需要学生利用技术手段才能解决。

相关概念

- 周期运动
- 制作模型
- 创造力
- 解决问题
- 分析问题
- 改进产品

不要惊讶

很多学生可能看不出他们学过的钟摆知识与树枝歪斜导致秋千无法正常摆动这一问题之间存在联系。人们很难看出一个问题往往牵涉它所属的整个系统,秋千就是这样一个系统,因为系统的各个组成部分之间存在联系,解决了其他部分的问题,秋千问题自然也就迎刃而解。

内容背景

为了看出秋千歪斜问题的原因,学生需要具有一定的钟摆知识。秋千是一个由座椅、链子以及树枝组成的系统。本质上,秋千就是一个耦合的钟摆,座椅两侧各是一个简单的钟摆,遵循周期运动的规律。周期运动是指任何重复运动的模式,通常具有相同的时间间隔(周期)。周期是指有规律的重复运动完成一个循环所需要的时间。符合这一定义的运动有很多,其中包括行星围绕太阳的运动、影子在一天中的运动以及爷爷的大钟钟摆的运动等。它还包括水中波浪的运动、一个弹球的弹跳运动或音叉的振动等。显然,它也包括秋千的摆动,就秋千而言,若要秋千前后正常摆动，就必须使两根链子的周期运动保持同步，也就是说，两根链子的长度必须相等。假如秋千一侧的摆动周期与另一侧不同步，那一侧就会比另一侧快或慢，结果就会导致秋千的摆动路线歪斜。

下面我们简要回顾一下钟摆知识。请参阅第五章《爷爷的大钟》，故事中的女孩想要弄明白如何才能让她家的新钟走时准确。在制订“钟摆”教学计划时，该章故事及其背景材料对你具有很大的参考价值。钟摆是一个由摆杆或摆线与上部轴心组成的系统，而摆杆或摆线下端吊有一个名为“摆锤”的重物。当我们把能量施加到钟摆系统之后，钟摆就会沿着一个弧形轨迹前后持续摆动。钟摆系统可以被改变的变量有：摆锤的重量、从轴心到摆锤质心的长度以及钟摆的摆距（振幅）。关键问题在于，这三个变量中哪一个或几个对钟摆的摆动周期有影响？实验结果表明只有摆杆长度对摆动周期有影响。这就是爷爷的大钟或任何摆钟的工作原理。摆锤底部往往附有一个小螺母，可以用来调节摆锤的高度（即改变摆杆的长短），由此改变钟摆的摆动周期，从而改变摆钟的计时机构。摆杆长度增加，摆动周期就会变慢；摆杆长度减少，摆动周期就会变快。

系统是一个非常重要的科学概念，它是指一组相互关联、相互作用的各个组成部分（或物体）的集合。在人体内，有循环系统和呼吸系统等；在宇宙中，有行星系和银河系等系统；在自然界，有土壤系统、植物组织系统以及生态系统等。系统的一个重要特征是，各个组成部分之间相互关联，如果你改变其中一个部分，其影响就会波及整个系统。例如，在大沼泽地国家公园，有人在无意间把外来鱼种带到这里，就会改变这里的生态系统。这些外来鱼种包括奥斯卡鱼、丽鱼、罗非鱼等，扰乱了食物链和生态环境，对当地鱼种构成严重威胁。系统是一个统括性的概念，其组成部分之间相互关联、相互作用，明白这一点很重要，因为它不仅可以帮助学生更好地理解自然科学教学大纲中各种概念之间的联系，同样能够帮助他们更好地掌握政治和金融等非自然科学系统的知识。

系统可以分为两类：开放系统和封闭系统。开放系统是指地球、溶液以及生态系统之类的系统，它允许其他物质进入或离开该系统（这些物质本身也能是单独的系统）。在封闭系统中，系统以某种方式把各个组成部分封闭在其中，使它们无法离开系统，其他物质也无法进入该系统。例如，如果你把一根钉子放入一个内部潮湿的密封罐里，那么所有元素都处在这个封闭系统中。为了帮助学生更好理解系统概念，你可以使用《了解学生的科学想法》（第四册）［基利和塔古尔（Tugel），

2009]中的两个探究案例——“这是系统吗?”和“密封罐里的钉子”。前一个案例有助于学生理解系统是由哪些部分构成的;而后一个案例有助于他们了解封闭系统的定义以及在课堂上的应用,并有助于他们形成正确的世界观。探究案例“密封罐里的钉子”要求学生预测如下一个问题:在一个密封的罐子(封闭系统)里,钉子生锈以后会导致该系统的总重量增加、减少,还是保持不变?在开放的系统中,钉子生锈以后会导致系统重量增加,这是因为外部元素会给钉子增加重量。而在封闭系统中,只有罐子里的物质参加化学反应,因此系统的总重量遵循质量守恒定律,不会发生变化。

《国家科学教育标准》(国家研究委员会,1996)的相关内容

幼儿园至 4 年级:从事科学研究需要具备的能力

- 就环境中的物体、生物或事件提出问题。
- 制订简单的调查计划并付诸实施。
- 利用简单的设备和工具收集数据并拓展自身的各种能力。
- 根据数据做出合理解释。
- 把自己的调查结果和科学解释拿出来与他人分享。

5~8 年级:从事科学研究需要具备的能力

- 通过科学调查确定研究课题。
- 制订科学调查计划并付诸实施。
- 利用适当的工具和技巧收集、分析并解读数据。
- 运用批判思维和逻辑思维建立证据和解释之间的关系。

《科学素养基准》(美国科学发展协会,1993)的相关内容

幼儿园至 2 年级:科学研究

- 人们往往单凭仔细观察周围的事物就能够学到一些东西,不过,有时候,人们在对那些事物做些什么之后再进行观察,能够学到更多东西。
- “能够尽量准确地描述事物”在科学研究中非常重要,因为它能够让你把自己观察到的结果与他人观察到的结果进行比较。
- 当人们对同一个事物的描述大相径庭的时候,比较好的做法是,重新进行观察,而不是进行无谓的争论。

3～5 年级：科学研究

· 科学研究的结果很少会一模一样，但如果差异过大的话，就有必要弄明白其中的原因。在研究过程中必须严格按照指令去做并认真做好记录，好处之一就在于，一旦结果出现差异，便于查找哪一个环节出了问题。

· 如果有人声称自己知道某种东西的工作原理，科学家们往往会不屑一顾，除非他能够提供充分的证据，而且他的推理过程符合逻辑。

6～8 年级：科学研究

· 如果在实验中同时发生变化的变量不止一个，那么我们很难弄清楚影响实验结果的是哪一个变量。虽然我们并非一定能杜绝外部变量对实验产生干扰，但是，只要研究人员在实验过程中齐心合力，通常能够解决这类问题。

在幼儿园至 4 年级中使用这个故事

你可以在黑板上把本章开头的秋千图画出来，或者直接复印出来发给学生，然后要求他们仔细观察秋千的各个组成部分，这样，他们通过仔细观察、认真分析，才能从中找出异常的地方。你可以参考《国家科学教育标准》（国家研究委员会，1996，第 146、147 页）中一篇关于钟摆的文章，看看那位老师是如何出色完成“钟摆系统”的教学任务的。针对年龄较小的学生，你最好让他们首先探索简单的钟摆。在给学生讲述本章内容之前，可以最好先使用《爷爷的大钟》（第五章）这个故事。

对于年龄较小的学生，虽然他们只需要数一数某一时间段内钟摆来回摆动的次数，但是你应当考虑他们是否具备数数以及做记录的能力。小孩子肯定都玩过秋千，而秋千的确属于一种钟摆。你最好准备两架秋千，把其中一架秋千两侧的挂链截短，然后把两架秋千放在一起对比，这样，学生就能看出它们的摆动周期明显不同。然后，学生可以自己尝试制作秋千并研究其属性。（注：橡胶轮胎秋千比较简单，由于它只用一根链子吊在树枝上，所以摆动起来绝不会像双链秋千那样出现歪斜现象）

《科学和儿童》杂志刊登过一篇精彩的文章《黑板上的探究》（巴特莫，2006），能够帮助你指导学生如何设计探究方案，国家科学教师协会会员可以在线阅读该文。巴特莫把各种变量写在便笺上，然后根据所要研究的问题对便笺进行排列组合，最终形成一个合理的实验方案。你可以借此机会引导学生把秋千看成一个系统，并帮助他们了解秋千的各个组成部分。问一问学生，他们能够在改变秋千哪一部分的同时又不至于改变其他部分。这样，学生就会明白应该从何处着手进行调查研究。

我最喜欢的开展探究活动的方式是利用“我们的最佳思维榜”。首先让学生说一说，通过改变哪一个（或哪一些）变量能够改变秋千在一分钟内来回摆动的次数，并让他们给出自己的理由，你把他们的观点和理由都记录在“我们的最佳思维榜”上。接下来，你可以把学生的陈述都改成问题，然后对他们说这些问题都能够通过调查找到答案。你应当帮助学生设计调查方案，注意控制那些不需要测试的变量。学生测试完秋千并把相关数据记录在科学笔记本上以后，你可以问一问他们有哪些科学新发现。让学生把“我们的最佳思维榜”上的内容回顾一遍，看一看他们说过的那些话是否需要根据实验数据予以纠正。这一做法可以帮助学生认识到，无论预测是对还是错，科学家们都能从中学到一些东西，在确凿的实验数据面前勇于改正自己的错误，这是再正常不过的事情。

年龄较小的学生能不能注意到图中树枝是歪斜的，并明白它才是问题的根源，这一点很值得怀疑。然而，教学过程中总是会出现令人惊喜的事情！你可以在操场上用秋千做个示范，把两侧的链子调成一长一短，但是，这样一来，秋千的座椅不能处于水平状态，学生的注意力就会从链子转移到座椅上去。故事中秋千问题的微妙之处就在于，那架秋千跟正常的秋千一样座椅本身是水平的。其实，这恰恰说明两根链子的长短非常重要。

三四年级的学生有能力制作问题秋千的模型，老师应当鼓励他们把模型在科学笔记本上画出来。我手头总是准备好各种材料，比如木块、绳子、垫圈以及胶带等，这些材料通常足够学生在课桌上做模型之用。我发现，你最好让学生分成若干小组来研究秋千问题，因为他们在实验时往往需要几个人分别用手抓住秋千的不同部分。另外，在解决秋千问题的过程中，多人参与就意味着他们需要把各人的想法都验证一下。

在 5～8 年级中使用这个故事

初中生完全有能力看懂图中秋千的问题所在，想办法制作秋千模型并找出解决问题的方案。他们以前在实际生活中可能接触过简单的钟摆，因此，你最好先给他们补上一课，然后再让他们利用钟摆知识解决秋千问题。你可以参考上一节的教学建议，引导学生通过调查找出那个导致秋千摆动周期发生变化的变量。你可能还需要帮助他们补上如何设计调查方案以及控制变量的一课。让学生解决“歪斜的秋千”问题所花时间不会超过一个课时。正如上一节的教学建议那样，让学生把歪斜的秋千在科学笔记本上画出来，然后利用仿真的模型进行研究，这一做法将对他们大有裨益。学生以小组合作形式进行研究似乎效果更好，不仅是因为他们在处理材料的时候需要互相帮助，而且是因为他们需要在小组中讨论各自的看法。

有些学生能够立即看出问题在于悬挂秋千的树枝是倾斜的，然后提出相应的解决方案。学生见过的通常都是走廊里那种从水平天花板悬垂下来的秋千，因此，一些学生可能想要在树枝上制作一个新秋千；另一些学生可能会建议用支架、链子和座椅在空地上制作一架独立的秋千，使它不依附天花板或树枝等；还有一些学生会想出更有创意的方法制作秋千或者让秋千的两根挂链长度相等。你可以鼓励学生利用发散思维想出更多解决方案。一位同事曾经教过我，每当学生提出一种办法时，我应当这样鼓励学生：“好主意！这的确是‘一个’好办法！”这种做法效果的确不错。如果你在设计一个问题时考虑到可以让学生给出多种答案，就会发现他们绝不轻言放弃。你应当尽量对学生的各种答案予以适当鼓励，这样，他们就会从不同角度看待问题，而不是囿于狭隘的管见。

相关书籍和美国科学教师协会期刊文章

Keeley, P. 2005. *Science curriculum topic study: Bridging the gap between standards and practice.* Thousand Oaks, CA: Corwin Press.

Keeley, P., F. Eberle, and C. Dorsey. 2008. *Uncovering student ideas in science, volume 3: Another 25 formative assessment probes.* Arlington, VA: NSTA Press.

Keeley, P., F. Eberle, and L. Farrin. 2005. *Uncovering student ideas in science, volume 1: 25 formative assessment probes.* Arlington, VA: NSTA Press.

Keeley, P., F. Eberle, and J. Tugel. 2007. *Uncovering student ideas in science, volume 2: 25 more formative assessment probes.* Arlington, VA: NSTA Press.

Keeley, P., and J. Tugel. 2009. *Uncovering student ideas in science, volume 4: 25 new formative assessment probes.* Arlington, VA: NSTA Press.

Konicek-Moran, R. 2008. *Everyday science mysteries: Stories for inquiry-based science teaching.* Arlington, VA: NSTA Press.

Konicek-Moran, R. 2009. *More everyday science mysteries: Stories for inquiry-based science teaching.* Arlington, VA: NSTA Press.

Konicek-Moran, R. 2010. *Even more everyday science mysteries: Stories for inquiry-based science teaching.* Arlington, VA: NSTA Press.

参考文献

American Association for the Advancement of Science (AAAS). 1993. *Benchmarks for science literacy.* New York: Oxford University Press.

Buttemer, H. 2006. Inquiry on board. *Science and Children* 34–39.

Keeley, P., and J. Tugel. 2009. *Uncovering student ideas in science, volume 4: 25 new formative assessment probes.* Arlington, VA: NSTA Press.

Konicek-Moran, R. 2008. *Everyday science mysteries: Stories for inquiry-based science teaching.* Arlington, VA: NSTA Press.

National Research Council (NRC). 1996. *National science education standards.* Washington, DC: National Academies Press.

第七章
神奇的气球

这是一个神奇的气球！为了给安迪（Andy）9岁生日派对准备气球，艾比（Abby）和保罗（Paul）争论了至少15分钟，最后才同意购买这个气球，气球两侧都印着由五颜六色焰火图案组成的“生日快乐”字样。气球是聚酯薄膜制成的，充气之后能飘浮好几周时间，但是，如果你松手的话，它就会飞到天上去。

女店员把瘪的气球套在一个气罐上，然后拧一下开关，气球在她手上迅速膨胀起来。银色的气球充满气体以后表面变得非常光滑，没有一丝皱纹。女店员说：

“我给你的气球多充一些气，这样，它就能飘浮很长时间。”

“谢谢，”艾比说，“这是为生日派对准备的礼物。”

“一定要抓紧这根线哦。”女店员一边用漂亮的丝带把气球口部扎起来一边说。

艾比和保罗紧紧握着气球线骄傲地朝购物中心的门口走去，飘浮着的气球就像一条忠实的小狗“紧随”其后。

此时是1月份，最近一周气温都在零度上下，已经出现霜冻。艾比和保罗在商店门口停下，把夹克拉链拉紧，又把滑雪帽拉下来遮住耳朵。今天是姐姐露丝(Ruth)开车带他们过来的，她自己也去买了些东西。露丝和他们按照约定在购物中心出口处汇合，然后在寒风中一路小跑来到冰冷的汽车跟前。

系上安全带以后，露丝发动了汽车。“快打开暖气！”保罗用颤抖的声音命令道。

“天呐！你等一下，这台老发动机需要先预热！”露丝抱怨地说，“这辆老爷车，等我们到家时暖气都出不来。”因为露丝刚刚拿到驾照，所以她父母让她开这辆旧车。这车问题很多，其中一个就是暖气不行，不过，它还能开，而且安全性能也不错。

汽车驶出停车场来到主干道的时候，紧紧攥住气球的艾比抬头看了看。

“糟糕！”她说，“我们买的气球是坏的！它肯定漏气。”在下一个路口等红灯时，露丝回过头看了看，发现气球变得皱皱巴巴，不像原先那样又大又圆。保罗看到气球变成这样也垂头丧气。

“最好现在回去换一个，”他说，“到了晚上我们就来不及再去换了，而明天就要举办生日派对。”

“哦，好吧。”露丝说，非常不情愿地调转车头向购物中心驶去。几分钟后他们回到购物中心，露丝把车停在门口另外一辆车旁边，而艾比和保罗去换气球。此时，气球看起来更瘪了。

两个孩子来到了卖气球的柜台，但是那个女店员不在。他们抬头看看泄了气的气球，然后又看看有没有其他合适的气球可以更换，大约过了5分钟，那个女店员回来了。

“有什么可以帮你们的？”她说。

“我们的气球漏气了。”艾比说。

“是啊，”保罗补充说，“我们想换个新的。”

女店员看了看他们手中的气球说:“哪里漏气？我看很正常啊。”

保罗和艾比抬头一看，惊奇地发现售货员说的没错。气球变得圆鼓鼓的，跟刚买的时候一样。

“可是，可是……”保罗结结巴巴地说，“刚才它还是又瘪又皱，都飘不起来了……”

“你们把气球拿到室外了吧?”女店员打断他的话。

“是啊，我们要把它拿回家。”艾比说。

“我明白是怎么回事了，”女店员对他们眨眨眼说，“相信我，把气球带回家，看看会怎样。你们不会失望的，这个气球很神奇，只要在室内它就变得圆鼓鼓的。”

两个孩子很不情愿地往汽车走去。艾比对保罗说:“我才不信她说的什么魔术呢。这个气球肯定漏气，等我们回到店里它又自己充满了。里面到底有什么东西能让它自动变瘪呢?”

“它看上去确实变瘪了!”保罗迷惑地说，“我们把它拿回家看看会怎样。店员说让我们相信她的话。”

于是，他俩回到车里，露丝开车把他们送回家。他们一路上仔细观察这个气球，晚上也在观察，第二天上午还在观察。

目的

你只要在大街上看到气球飞舞的游行队伍,或者参加过布满气球的庆典活动,就会对这个故事感同身受。飘浮看上去总是具有神奇的魔力,因为它似乎不受万有引力定律约束。充满氦气的气球在天空自由飞翔,让孩子和大人都感到很神奇。这则故事的主要目的是探索温度和气压的关系,不过,对高年级学生而言,你也可以谈一谈浮力和密度等概念。这则故事还引出另一个问题:空气作为一种物质具有质量和体积。基本上,这些内容都涉及查理定律,法国化学家兼物理学家雅克·查理(Jacques Charles)于1787年提出这一定律。我们将会探讨该定律如何解释气球或其他物体能够在空中飘浮的原因,希望它能够激励你的学生就这一现象提出各种问题。一次偶然的机会,雅克·查理乘坐自己设计的氢气球升到了914米高空。当他在巴黎郊外着陆时,惊恐万状的农民捣毁了气球,幸好他本人没有受伤。雅克·查理是一个远远超前于他所处时代的人!

相关概念

- 物质的形态
- 体积
- 密度
- 温度
- 气体
- 飘浮和下沉
- 力
- 能量

不要惊讶

大多数儿童都很难理解气体占据空间并且具有质量,甚至一些成人也是如此。他们似乎明白气球之所以能够飘浮起来,是因为人们用嘴巴吹进空气或用设备充进氦气。但是,很多人不懂他们身边“自由自在的”空气具有质量,因为他们每天生活在空气中,却从未感觉身体受到空气的压力。他们可能相信空气是热的,因为他们经常听人说热空气会上升。

就培养学生语言素养而言,我强烈推荐艾尔伯特·拉摩里斯(Albert

Lamorisse)撰写的作品《红气球》(*Le Ballon Rouge*)。这本书讲述了发生在巴黎孤独小男孩和红气球之间友谊的故事。该书后来被改编成一部无声电影短片。《红气球》这个故事以隐喻手法表现了友谊和孤独。在给孩子们讲述这个故事的时候,无论你把故事读给学生听,还是让他们观看电影,都会引起学生热烈讨论。小说本身和电影都堪称经典。

内容背景

如果你跟故事中两个孩子有过同样的经历,那么你肯定注意到气球在不同温度环境中会发生变化。如果没有,你也可以在自家厨房亲自试验一下,以便了解学生在听完这个故事之后可能会提出哪些问题。无论你给气球充入什么气体(甚至用嘴巴吹气),只要你把气球拿到冰箱里放置一会儿,就会注意到气球占据的空间变小了,也就是说,气球经过冷却之后体积变小了。如果是氦气球的话就更有意思,因为这种气球能飘浮,给你增添了一项观察内容。此外也多了一个性质让我们去观察。冷却后的气球不再像原来那样拽紧线绳向上飞,而是显得皱皱巴巴,因为气球中空气占据的空间变小。考虑到教室一般都没有冰箱,你最好把这一节课放在寒冷季节,这样室外寒冷天气能够起到冷却效果。大多数学生都会问及气球里的气体问题,由此反映他们在这方面的前概念水平如何,而它们多半与科学解释背道而驰。例如,学生在试图解决故事中提出的问题时,往往会考虑到气体发挥了什么作用,因为他们能够亲眼看到气球形状发生变化。除非他们接受"气体具有质量和体积"的概念,否则无法充分解释他们观察到的这些现象。

高年级学生可能感兴趣的话题是:氦气球为什么能飞起来?它能吊着多重的物体飞到天花板上?还有一些学生可能想看看,他们能否让气球吊起足够重的物体在空中飘浮,却又不至于让它飞到天花板上去。能做到这一点吗?你可以试试看。

试想一下,气球中充满气体分子,而这些分子不断撞击气球内壁,使气球进入膨胀状态。当气球被置于不同温度环境中时,这些气体分子的运动量发生变化。例如,当气球中气体温度升高时,气体分子运动速度越来越快,撞击气球内壁的力量不断加大,而由于气球具有弹性与柔韧性,所以不断膨胀。相反,当气球中气体温度降低时,气体分子运动越来越慢,撞击气球内壁的力量逐渐减小,所以气球相应收缩。故事里两个孩子把气球拿到寒冷的室外碰到的恰恰就是这种情形。当他们把气球拿回温暖的店内等待店员的时候,气球自然又恢复了原状。

学生们可能还想知道,为什么充入氦气的气球能够飞起来?与气球膨胀大小相关的因素还有一个:如果充入气球的气体密度比空气小,那么它就会受到周围空气施加的浮力,使其向上飞升。密度是指一个物体的质量与体积比率。密度是任何物体都具有的属性。一个物体无论尺寸大小,其密度是均匀的,例如铅。一个物体如果体积很大,质量显然也大,但是其质量与体积的比率(密度)保持不变。我们可以把气球和其中的氦气看成一个封闭系统。没有任何东西进入气球或者从气球里出来,但是里面的气体能够对具有弹性的气球施加更大的压力,让气球膨胀,从而占据更大的空间。同样,里面的气体也可以给气球施加更小的压力,让其收缩,从而占据更小的空间。当气球这个封闭系统的尺寸变小,里面的气体密度就会相应变大,因为气体的质量没有变化,但是占据的空间变小了。因此,气球受到向上的浮力变小,不足以抵消重力的作用。这跟物体在水中漂浮或下沉的原理相同。如果你试过把一个充了气的气球往水里按的话,就能明显感觉到水把气球向上推的力量。气球在空气中飘浮,空气就会把它往上推,道理是一样的。球越大,你感觉到的推力越大。试想一下,你把一个很小的网球和一个很大的沙滩球往水里按会有什么不同?秘密就在于物体的质量和体积关系以及物体漂浮在什么样的"液体"之中。

大多数氦气球中的氦气都会从聚酯薄膜中慢慢漏掉,等到氦气含量减少到一定程度,气球就无法继续飘浮。这一现象几乎人人都见过,不过与我们的故事没有直接联系。

热气球也遵循同样的原理。当热气球中的空气被加热,它会因为气压增加而膨胀,逐渐把热气球充满。热空气分子给热气球壁施加的压力也相应增加,迫使热气球鼓起,从而占据更大的空间。到了一定时候,热气球受到的浮力超过重力,就能够飞起来。为了让热气球待在空中,驾驶员必须不断燃烧驾驶舱或吊篮中的燃料,以此保持热气球中的空气始终处于高温状态。一旦热气球中的空气变冷、气压变小,热气球就会慢慢地向地面飘落。实际上,当驾驶员想要着陆的时候,他们会打开热气球顶部的一个阀门,以释放一些空气来减小其体积。

如果有些读者希望进一步深入探索气体定律等物理学知识,可以从以下网站中找到相关资料:www. chm. davidson. edu/ChemistryApplets/Gaslaws/Gasconstant. html。

《国家科学教育标准》(国家研究委员会,1996)的相关内容

幼儿园至 4 年级:物体和物质的属性

• 物体具有很多可见的属性,包括尺寸、重量、形状、颜色、温度以及与其他物质产生反应的能力。我们可以利用直尺、天平或温度计等工具对这些属性进行测量。

• 物质以不同形态——固态、液态和气态存在。加热或冷却可以使一些常见物质从一种形态变为另一种形态,例如水。

5~8 年级:物质的属性和属性变化

• 物质都具有各自的属性,例如密度、沸点或溶解度等,这些属性和样本的数量无关。

《科学素养基准》(美国科学发展协会,1993)的相关内容

幼儿园至 2 年级:物质的结构

• 我们可以借助物体的构成材料(黏土、布或纸等)及其物理属性(颜色、大小、形状、质量、质地或韧性等)对物体进行描述。

• 我们可以通过某些方式改变物质的属性,但是,不同物质对这些方式的反应不尽相同。

3~5 年级:物质的结构

• 加热和冷却能够引起物质属性发生变化。温度越高,很多变化速度越快。

6~8 年级:物质的结构

• 相同体积的不同物质往往重量不同。

• 原子和分子处于永恒运动之中。温度增加意味着平均运动能量增加,因此大多数物质受热时会膨胀。

在幼儿园至 4 年级中使用这个故事

低年级学生通常对“密度”这个概念还不太懂,但是他们能够注意到在不同温度环境中聚会用气球的形状和大小存在差别。你可以使用氦气球,也可以使用充

入空气的普通气球。如果你那里碰巧是秋天或冬天，室内外温度存在明显差异的话，就可以借此机会来讲述这个故事。否则，你可以把气球拿到冰箱或冰柜里放置一会儿，也能取得同样的效果。可能有学生会问：把气球再加热结果会怎样？把气球拿到一个较热的地方放置一会儿，也能取得同样的效果。你用电炉给气球加热的时候务必小心（一定不能靠得太近！），或者，你也可以把气球放在热水下面冲一冲。虽然低年级学生不能理解空气具有质量和体积，但是他们懂得气体能使气球鼓起来，而且这些气体存在气球之中。使用三梁天平去称一只气球充气前和充气后的质量是可能的，但是很困难。气球充气前后质量差异很小，但是确实存在质量差异，因为气球被充入了空气。你可以根据这个年龄段学生的接受能力向他们提出如下问题：你们认为，瘪气球跟鼓气球相比重量是变小、变大还是保持不变？他们可能会惊讶地发现，这个封闭系统的质量并没有发生变化。有些学生可能会意识到，因为没有任何东西进入气球或者从气球里出来，那么气球质量在冷却前后是一样的。如果你使用的是氦气球，实验结果将会更明显，不过，就气球变大或变小而言，普通气球的反应也是一样的。你需要调查的变量可能包括：冷却时间，气球大小，制造气球的橡胶厚薄，气球颜色，温度差异，你可以分别使用冷柜与冰箱冷却，进行比较。实验过程中控制不同变量的机会很多，而且，深入探讨实验设计方案也是非常有意义的学习体验。如果你使用的是氦气球，那么你可以记录气球从地板飞到天花板的时间有什么不同。为此，你需要用到秒表。别忘了让学生在科学笔记本上认真记录。

我建议你阅读比尔·罗伯特森（Bill Robertson）在《科学和儿童》杂志发表的文章《为什么气体加热时会膨胀以及为什么热气球能飞？》。

有人可能对制造气球的乳胶过敏，所以你务必要谨慎，最好事先向学生家长发通知，了解一下情况，以确保学生在做实验时安全无虞。

在5～8年级中使用这个故事

高年级学生问的很多问题可能会跟低年级学生相同。气球对不同温度反应非常敏感，能够让学生即刻看到实验反馈效果。他们应当把主要精力用在讨论气体体积与温度之间的科学关系以及如何设计实验等问题上。如果他们能够掌握气球在冷却前后的周长,那么你应当要求他们把相关内容用图画出来。有些教师的做法很成功,他们使用一个长纸条把气球裹起来,当气球被冷却后,纸条就会从气球上掉下来,而当气球被加热后,气球膨胀到一定程度就会把纸条撑断。绘制的图应当能够反映出气球冷却时间与周长变化(纸条或线绳)的关系。还有,如果冷柜和冰箱里有温度计的话,绘制的图还应当反映出不同温度与气球周长变化的关系。当然,你还可以给气球加热,测量不同温度与气球周长变化的关系。同样,我再次建议你阅读比尔·罗伯特森在《科学和儿童》杂志发表的文章《为什么气体加热时会膨胀以及为什么热气球能飞?》。

接下来一个问题:气球受到的浮力如何超过自身重力,从而能够在空中飘浮?对很多学生而言,密度是一个难懂的概念,主要是因为它同时涉及某一物质的两种不同属性——体积和质量。学生不仅要知道该物质的质量和体积,而且还要知道它所处介质的质量和体积。你可以让学生把空气想象成一种"液体",而气球在这种"液体"里漂浮。假设体积相同,如果气球的质量与体积比小于室内空气的质量和体积比,气球就能飘浮,如果气球的质量与体积比大于室内空气的质量与体积比,气球就不能飘浮,后一种情况可能是因为温度下降引起气球体积变小,或者因为时间太长气球漏气。如果你用手向下按氦气球,就能够感觉到它强大的反作用力,这种感觉跟你在水中把一个空心皮球向下按是一样的。很多学生对物体的这种动能都深有体会。虽然水的反作用力由于密度关系比空气大得多,但是两者给人的感觉是相似的,因此大多数学生很容易明白这一点。

你如果想在课前给学生介绍探究案例,可以参考基利、埃伯尔和塔古尔合著的《了解学生的科学想法》(第二册,2007)一书中的"立方体比较"或"高飞和低飞"。使用其中一个案例或者两个一起使用,都能够让你了解学生对"密度"这一概念的已有知识水平。

你的学生可能很想知道,一个气球能够把多重的物体从地面吊起来,以及气球体积大小与吊起物体重量之间存在什么关系。这是一个相当间接的了解气球体积的方法,不过,你可以把加热气球吊起物体的能力与冷却气球吊起物体的能力加以对比,这样做非常容易,而且直观形象。

相关书籍和美国科学教师协会期刊文章

Burns, J. 2007. Bubbles on a soda can: A demonstration of Charles Law. *Science Scope* 30 (5): 60–64.

Driver, R., A. Squires, P. Rushworth, and V. Wood-Robinson. 1994. *Making sense of secondary science: Research into children's ideas.* London and New York: Routledge Falmer.

Keeley, P. 2005. *Science curriculum topic study: Bridging the gap between standards and practice.* Thousand Oaks, CA: Corwin Press.

Keeley, P., F. Eberle, and L. Farrin. 2005. *Uncovering student ideas in science: 25 formative assessment probes* (vol. 1). Arlington, VA: NSTA Press.

Keeley, P., F. Eberle, and J. Tugel. 2007. *Uncovering student ideas in science: 25 more formative assessment probes* (vol. 2). Arlington, VA: NSTA Press.

Robertson, B. 2006. Why does air expand when you heat it and why does hot air rise? *Science and Children* 44 (1): 60–62.

参考文献

American Association for the Advancement of Science (AAAS). 1993. *Benchmarks for science literacy*. New York: Oxford University Press.

Keeley, P., F. Eberle, and J. Tugel. 2007. *Uncovering student ideas in science: 25 more formative assessment probes* (vol. 2). Arlington, VA: NSTA Press.

Lamorisse, A. 1956. *Le Ballon Rouge* (*The Red Balloon*) Films Montsourise.

National Research Council (NRC). 1996. *National science education standards.* Washington, DC: National Academies Press.

Robertson, B. 2006. Why does air expand when you heat it and why does hot air rise? *Science and Children* 44(1): 60–62.

第八章
有人玩地掷球吗?

利奥(Leo)喜欢玩地掷球,该游戏已经拥有 7 000 年历史,据说,古埃及人使用打磨过的圆石头玩这个游戏。利奥家的后院有一块平整又可爱的绿色草坪,全家人每周都要在这里玩上几次。这个游戏的规则是,大球 4 个为一组,称为“博西”;小球 1 个,称为“巴里诺”。玩家需要把大球朝小球掷去,掷出的球距离巴里诺最近者得分。当然,关于游戏和得分还有具体规定。地掷球直径约为 4.5 英寸(11.4 厘米)，重量约为 3 磅(1.26 千克)，而巴里诺的直径只有 1.75 英寸(4.5 厘米)。首先，裁判从球场线一端把巴里诺向远处掷出，然后，各个玩家从同一位置把博西向巴里诺滚去，距离巴里诺最近者胜出。每一局开局时，裁判都会把博西重新掷出，而博西落下的地点会有不同。

利奥有一个要好的朋友名叫保罗，他也非常喜欢玩地掷球。但是，他们遇到了一个难题，因为保罗的情况比较特殊，他需要坐轮椅，手脚不灵便。利奥很想跟保罗一起玩地掷球，但是保罗没办法把球滚出去。利奥和保罗每天放学后或周末都会在一起玩几个小时，那么，到底怎样才能玩地掷球呢？两个孩子陷入了沉思。

一天，在利奥练习完地掷球的时候，他们想到了一个好主意。如果不需要用手来滚球，而是利用斜坡让球自己滚动呢？他们能不能利用斜坡并对斜坡加以改造，让地掷球能够滚动不同的距离？这样能不能行得通？只有亲自动手尝试一下，于是，他们从车库里找来一张胶合板，用几块砖头支撑起来做成一个斜坡，然后从斜坡最高处把地掷球放下去。

“这样我也能做到，”保罗想，“因为我够得着胶合板顶端，让博西朝着巴里诺滚下去。”他们商定了一条规则：他们从胶合板(现在他们正式称之为斜坡)的顶端放下博西，不允许用手推球，而让球自己滚到草地上，并且，他们必须以同样的方式使用同一个斜坡。如果需要的话，利奥可以按照保罗的要求，对斜坡坡度或方向进行适当调整。

但是，现在他们又遇到另外一个问题。他们都没有使用斜坡滚球的经验，需要搞明白发球时怎样瞄准目标，怎样能让球离开斜坡后滚得更远。还有，保罗的表妹艾米(Amy)想要给保罗弄一些专用的博西，它们肯定比利奥用的球重一些，事情变得更复杂了。保罗自然也想弄一些自己专用的博西。这样会对比赛产生影响吗？想知道答案的话，唯一方法就是亲自尝试。说做就做，他们解决了上述各种问题，在一起玩了几个小时。保罗和利奥发挥得都很好，在比赛中两人赢的次数大体相等。我很想知道，他们究竟发现了什么，他们是如何控制球滚动的方向和速度的？

目的

滚动的物体总是会吸引孩子的注意力，而这个故事让他们有机会发现物体沿斜坡滚下的运动方式。我们看到了伽利略(Galileo)的影子！伽利略是第一个做此类实验的人，而他却被当时的“自然哲学家”讥讽为“闹着玩”。伽利略开启了科学调查的新纪元。

相关概念

- 力
- 动能
- 重力
- 斜坡(简单机械)
- 速率
- 摩擦力
- 势能
- 功
- 动量
- 速度
- 加速度
- 惯性

不要惊讶

物理教科书在描述“运动”这一术语时往往会加上一个条件“在理想状态下”。而在现实世界中，要创造出理想状态往往是不可能的，因此，如果我们想要重现根据那些物理定律得出的结果时需要格外谨慎。但是，这并不妨碍我们重温艾萨克·牛顿(1642～1727)爵士提出的几个运动定律，并根据这些定律得出自己的结论。很多学生都存在一个常见的错误认识：球体沿着斜坡滚落的时候，重球要比轻球滚出去的距离远。如果某些表面比较光滑、摩擦力比较小的斜坡上，滚落的球体(在离开斜坡之后)确实如此。学生可能还存在一个错误认识：重球由于从斜坡滚落时速度比轻球快，因此会率先滚到斜坡底部。而这自然又会使我们想起另一个常见的错误认识：如果两个质量不同的物体从相同高度落下(假设不存在空气阻力差异)，重的物体比轻的物体先着地。

如果你把轻重两个球同时抛下的话，它们将会同时着地。然而，在学生利用实物亲自做实验得出结论之前，你千万不要把秘密泄露出去！当故事中两个男孩开始让地掷球沿着斜坡滚下的时候，结果肯定会令他们大吃一惊，而你的学生也会如此。他们在这个游戏中将会遇到很多问题，需要通过实验加以验证，足够他们忙上一阵子的了。

内容背景

艾萨克·牛顿曾说过："一个物体将会保持原来的状态，除非有什么东西去改变它，这个东西就是我们所说的'力'。"牛顿的原话实际上是"任何物体都会保持匀速直线运动或静止状态，直到外力迫使它改变运动状态为止"。不过，前一种表述更便于记忆。这就是牛顿第一运动定律，有时候也称"惯性定律"。惯性是一切物体固有的属性，表现为物体阻止其运动或静止状态被外力改变。任何物体的惯性大小取决于其质量。一个物体质量越大，迫使它开始运动、改变运动方向或者使它从运动状态停下来需要的力就越大。一个物体无论是静止还是高速运动，只有通过某种力才能改变它的位置或运动状态。一个物体能够做什么，主要取决于其位置。如果你手里拿着一个球，然后把手松开，那么这个球和地球由于重力作用而互相吸引，又因为地球的质量特别大，所以这个球会朝着地心方向坠落。幼儿坐在高脚椅①里喜欢拿着胡萝卜糊往下扔，就是想看它落地的情景，我们小时候几乎都有过这种经历。聪明绝顶的牛顿看透了这种现象背后的机理，归纳出一些普遍规律，给力下了定义并描述了力如何发挥作用。力由推、拉、踢、吹以及击打等动作产生。有些力通过直接接触发挥作用，有些力间隔一定距离（不经接触）也能发挥作用。踢足球就是直接接触的例子，而重力和磁力是间隔一定距离也可发挥作用的例子。因此，学生会认为力和能量是同义词。

许多人（包括大多数孩子）都认为：物体在外力作用下进入运动状态后，例如，把球抛到空中，为了保持物体始终处于运动状态，需要持续不断地向其施加作用力。这其实是一个常见的错误认识。物理学家喜欢对各种东西进行量化，于是想出了"动量"这个词。实际上，一个物体一旦处于运动状态，便具有动量。动量与物体的质量和速度有关，一个物体质量越大或者速度越快，它的动量就越大。假设一

---

① 高脚椅是幼儿进食时坐的椅子，带小饭桌。——译者注

列火车和一个网球运动速度相同，如果你想让它们停下来，会有什么不同？同样，如果你想让一颗正在高速飞行的子弹停下来，结果会怎样？这两种情形都涉及质量和速率（某一个方向的速度），一颗高速飞行的子弹具有的动量巨大，能够对任何阻挡它运动的东西造成非常严重的后果。如果你伸手去接一只运动速度飞快的球，就会感到手被撞得很疼。球的质量很小，但是速率很大，所以会撞疼你。

你可能会问：惯性与动量有什么区别？惯性主要由物体的质量决定，这一点反过来可以解释物体为什么会阻止外力改变其运动状态。质量越大，阻力越大。动量是指具有一定质量的物体朝着某一方向运动的趋势，等于物体的质量乘以速率。例如，如果一个人踢足球，那么足球就有了速率和质量。守门员扑救的时候就能够感觉到球的动量。当足球被守门员接住或弹回的时候，足球的质量不会发生变化，唯一发生变化的是动量。

放在斜坡顶部的地掷球会受到重力作用，由此使得球沿着斜坡向下滚动。然而，还有一种力也在发挥作用，这就是摩擦力。球向下滚动时需要从空气中穿过，因此受到空气的摩擦力，同时也受到斜坡表面的摩擦力。摩擦力的大小取决于球的光滑程度，当然也取决于斜坡的光滑程度。在这个故事中，还有两种能量也在发挥作用，即势能和动能。势能是指，球由于位置处于斜坡顶部，并且由于球在被拿到斜坡顶部的过程中需要克服重力，这两个因素使球具有了做功的潜在能力，从而使球具有势能。当球沿着斜坡滚下来的时候，势能就被转化成了动能——运动的能量。

然而，物理学是建立在理想法则之上的。按照物理学的说法，地掷球无论质量大小，在离开斜坡后滚出去的距离都是相同的。（摩擦是一种力，因为它能改变物体的运动状态）在教室里，你可以让学生在斜坡底部的地面分别铺上地毯或光滑的木板，然后拿两个质量不同的实心球沿斜坡滚落，观察球在离开斜坡之后还能滚出多远。质量大的球在地毯上受到的摩擦力比较大，因此，大小两个球滚出去的距离基本相等。然而，如果球是在油毡、瓷砖或木地板这样光滑的表面上滚动，那么它们受到的摩擦力就会很小，因此，质量大的球滚出去的距离可能比小球更远。光滑表面比地毯表面的摩擦力小，这两种表面能够明显展示出摩擦力的不同效果，以及摩擦力对滚动或滑动物体的影响程度。

伽利略在 16 和 17 世纪最先做了斜坡滚球实验，因为这种实验可以帮助他解释落体的具体情况，结果发现，自由落体和斜坡滚球的原理是一样的。利用斜坡滚球，伽利略更容易控制球滚动速度的快慢，方便测量球的运动状况。自由落体和斜坡滚球同样受到重力影响，从高处向低处运动，它们遵守着后来牛顿提出的重力定律。

我在本书无法详尽解释关于运动的全部物理知识。如果你真想寻找该主题的相关资源，我建议你阅读比尔·罗伯特森著、NSTA出版社出版《不要不懂装懂！》(*Stop Faking It*！)(2004，2005)系列丛书中的两本《力和运动》和《能》。这些书能够帮助你成为这方面的专家，在教学中更加自信。

《国家科学教育标准》(国家研究委员会，1996)的相关内容

幼儿园至4年级：物体的位置和运动

· 我们可以通过一个物体相对于另一个物体的地点或该物体所处的背景，对其位置进行描述。

· 我们可以通过跟踪并测量一个物体在单位时间内的位置变化，对其运动状态进行描述。

· 我们可以通过推或拉等动作改变物体的位置和运动状态。改变程度的大小取决于推或拉等力量的强弱。

5～8年级：运动和力

· 我们可以通过物体的位置、运动方向和速度对该物体的运动状态进行描述。我们可以对物体的运动状态进行测量并用图表表示。

· 一切物体在没有受到外力作用的时候，总保持匀速直线运动或静止状态。

· 如果沿直线运动的物体同时受到多个力共同作用，根据这些力的方向和大小，它们将会互相叠加或相互抵消。不平衡的力将会导致一个物体的运动速度或方向发生变化。

《科学素养基准》(美国科学发展协会，1993)的相关内容

幼儿园至2年级：运动

· 物体的运动方式多种多样，例如直线、之字形、绕圈、来回、快速或缓慢等。

· 改变物体运动的方式是给它施加推力或拉力。

3～5年级：运动

· 运动的物体可能会持续运动下去或改变方向。外力越大，改变物体运动状态的幅度就越大。物体的质量越大，外力对物体的作用就越小。

• 物体运动的速度千差万别。有些物体运动速度极慢，一段旅途需要花很长时间；而有些物体运动速度极快，甚至让人无法看见。

6～8 年级：运动

• 在没有阻力（例如摩擦力）的情况下，物体将会保持原有的运动方向和速度。只要我们看到一个物体加速、减速或改变方向，就可以断定它受到了不平衡力的作用。

在幼儿园至 4 年级中使用这个故事

跟其他章节一样，你把这个故事读给全班同学听以后，可以向他们提出如下问题："你们认为地掷球离开斜坡之后能够滚出去多远？"然后，把学生给出的答案写到"我们的最佳思维榜"上。他们可能还没等你提出建议，就会想到使用不同质量的球来做实验。做实验用的球最好在其他方面相同，唯有质量不同，例如，最好使用直径相同的金属球和木球（或玻璃球）。你可以利用这一机会跟低年级学生探讨公平实验的问题，帮助他们识别并控制实验涉及的诸多变量。有些老师采取一种行之有效的方式：故意向学生展示"错误的"实验方法，问他们这样做是否公平。例如，你用力向前推一个球，却只是简单地把另一个球松开，或者，你先松开一个球，然后再松开另一个球，孩子们马上就会说"犯规"。你应当控制斜坡的高度或长度，然后问学生斜坡高度或角度不同会产生什么样的结果。如果你能找到肯德尔/亨特（Kendall/Hunt）出版社出版的《洞察计划》（*Insights Program*），我建议你阅读该书的"球和斜坡"单元，以便事先了解学生可能会提出什么样的实验建议。这一单元第 11～13 课都与我们的故事有关，而且是专门为 1 年级学生设计的。你和学生在探索"运动"这一物理现象的旅程中能够走出多远，要看你打算跟学生一起解决哪些问题，以及学生的好奇心有多强。请记住，你应当给学生留出充分的时间把实验结果记录在科学笔记本上，并让他们拿出一定的时间来对实验结果进行讨论。你可以根据学生的具体情况，决定是否给他们讲授一些新术语。在实验过程中向学生介绍新术语，有助于他们把这些词汇与具体语境结合起来记忆。

我建议你把下面关于“在 5～8 年级中使用这个故事”的内容也阅读一下，虽然在低年级学生中可能暂时用不着这些知识，但是它们有助于你更充分地了解“运动”这个物理学概念。

在 5～8 年级中使用这个故事

我建议你阅读上面关于“在幼儿园至 4 年级中使用这个故事”的内容。在给学生读完这个故事以后，你可以让他们两人分成一组，讨论故事中两个男孩通过什么方法才能让球滚落到他们想让它去的地方。把讨论结果写在“我们的最佳思维榜”上，如果可能的话，把这些陈述句改成疑问句。高年级学生很可能会嘲笑故事里两个孩子太天真，如果这样的话，你应当让学生说一说他们的亲身经历或者提供充分证据来支持自己的观点。通过两人一组进行讨论，并把讨论结果记录在“我们的最佳思维榜”上，学生肯定能够从中发现一些问题，促使他们通过实验加以验证。这个故事的重点是惯性和动量。在滚落过程中，球在斜坡不同地点受到的作用力有哪些？你可能想要知道学生对这个问题有什么看法。一些学生会认为对球发挥作用的力有：把球往下拉的重力、球与斜坡接触时的摩擦力，甚至还有空气的阻力。大多数学生会认为，球滚到斜坡底部之后其“内部”依然还有力存在。这也是一个常见的错误认识，即使一些成人也不例外。然而，我们知道，球此时受到的力只有摩擦力，摩擦力开始改变球的运动状态并最终使它停下来。借用牛顿的话：一个物体只有在力的作用下才会改变运动（或静止）的状态。球在斜坡底部具有的是“动量”，这个词是物理学家创造出来的，用以解释球为了保持继续运动而利用势能克服使它减速的摩擦力。

学生都知道，要想让一个运动的保龄球停下来比让一个运动的网球停下来难得多。他们也知道，要想让保龄球运动起来比让网球运动起来难得多。物理学家把物体的这种性质称为“惯性”。惯性是物体保持其原有状态的趋势，无论该物体是放在沙发上静止不动，还是以每小时 1 000 英里的时速在运动。这自然就涉及那个著名的公式“$F=ma$”，其中，F 表示力、m 表示质量、a 表示加速度。加速度的定义为“物体的运动或方向发生变化”。根据这个定义，对物理学家而言，减速或加速都是加速度。这就是科学中语言不严谨的现象。日常生活中同样存在这种现象，例如，司机把油门踏板称为加速器，因为它能让车跑得更快，而加速度有时也表示方向改变，因此，你在弯道上行驶也被称为“加速”。

让我们回到上面所说的公式 $F=ma$。如果你做一下简单的数学运算，即，把等式两边同除以 m，就会得出 $a=F/m$，也就是说，一个运动着的物体加速度大小与作用在它身上的力大小成正比，与它的质量大小成反比。简单地说，这就意味着，假设你给物体施加的推力相同，如果物体质量较小，那么推力产生的加速度就会很大，而如果物体质量较大，那么加速度就会很小。这一点可以解释上面提到的保龄球和网球现象。

再次提醒，你最好使用两个直径相同但质量不同的球。当球滚落到斜坡底部时，质量大的那个球动量较大，因此，当它在地板上滚动的时候，受到的摩擦力相应较大。质量小的球动量较小，因此，在地板上滚动的时候受到的摩擦力也较小。球在地板上滚动时给地板施加的压力越大，它受到的摩擦力也就越大。但是，由于地毯厚实粗糙，所以其表面的摩擦力比光滑地板大得多。重的球因为质量较大，所以受到的摩擦力较大，而轻的球因为质量较小，所以受到的摩擦力较小。这样的话，两个球在离开斜坡以后滚出去的距离应该大体相等。尽管有牛顿的“理想物理定律”存在，但是木质地板等光滑表面的摩擦力比地毯小得多，而质量大的球具有的动量较大，因此会比质量轻的球滚出去更远。保罗和利奥通过调节斜坡以控制地掷球滚动速度和方向的时候，必须考虑这些因素，而且，他们还要考虑草地表面的摩擦力大小。

整个教学过程大体上可以概括如下：你让学生就如何让球运动起来畅所欲言，以便从中了解他们的前概念水平；你帮助学生设计实验方案，通过实验验证他们的假设正确与否；学生得到实验结果，在全班进行公开讨论；你从物理学家的角度解释各种力的概念；学生把自己的实验结果与牛顿的运动定律结合起来考虑，然后，通过控制不同的实验变量来加深他们对新知识的理解。通过增加斜坡的高度和坡度，能够增强球的势能，这是因为你必须把球的位置摆放高。与斜坡底部相接的平面使用不同材料，其表面产生的摩擦力大相径庭。学生验证了自己的假设，然后从老师那里学到了相关的物理定律。学生通过学习新知识并利用实验加以验证，这样，他们必然会抛弃以前的迷思概念，欣然接受新学到的科学知识。

学生可能会注意到重的球和轻的球同时到达斜坡底部，对此感到迷惑不解。

不过，他们很可能无视这样的“平局”，而更关心其中一个球是否会比另一个球略微早一点到达底部。你应当让学生把“平局”当成数据记录下来。任何年龄的学生都喜欢把这一活动看成比赛，把注意力放在“输赢”上，却无视上面所说的事实：“平局”已经告诉他们，这场比赛实际上没有输赢。这就意味着，学生需要进行多次尝试，或许需要 10 次，以便积累充分的数据供他们分析。

我们只可能得出如下结论：无论球的质量大小如何，一旦我们松开手，它们都会在重力作用下同时滚到斜坡底部。无数次实验反复证明了这一点。如果你不信，可以亲自试一试。为什么会这样？我喜欢用惯性来解释。质量大的球比质量小的球克服的重力更大，这是因为，如果我们想让质量大的球运动起来，就需要克服更大的惯性或阻力。本质上，两种力相互抵消，因此，两个球同时滚到斜坡底部。当然，整个过程实际上比这要复杂得多，但是，考虑到学生的实际水平，引导他们去思考这个看似奇怪实则正常的现象就足够了。与此同时，学生肯定会对“力和运动”有了更深的认识。

你还可以给学生额外增加一项活动，让他们利用球和斜坡来玩类似故事中的游戏，也可以在斜坡下方放置一些靶子。当然，学生也许会想出其他一些游戏方法，不管怎样，他们都可以借此机会把学到的知识应用于实践之中。

相关书籍和美国科学教师协会期刊文章

Adams, B. 2007. Energy in motion. *Science and Children* 44 (7): 30–35.

Education Development Center. Balls and ramps. *Insights.* Kendall/Hunt: Dubuque, IA.

Keeley, P. 2005. *Science curriculum topic study: Bridging the gap between standards and practice.* Thousand Oaks, CA: Corwin Press.

Keeley, P., F. Eberle, and L. Farrin. 2005. *Uncovering student ideas in science: 25 formative assessment probes* (vol. 1). Arlington, VA: NSTA Press.

Keeley, P., F. Eberle, and J. Tugel. 2007. *Uncovering student ideas in science: 25 more formative assessment probes* (vol. 2). Arlington, VA: NSTA Press.

King, K. 2005. Making sense of motion. *Science Scope* 28 (6): 22–26

McCarthy, D. 2005. Newton's first law: A learning cycle approach. *Science Scope* 28 (5): 46–49.

Robertson, W. C. 2002a. *Energy: Stop faking it! Finally understanding science so you can teach it.* Arlington, VA: NSTA Press.

Robertson. W. C. 2002b. *Force and motion: Stop faking it! Finally understanding science so you can teach it.* Arlington, VA: NSTA Press.

Robertson, W. C. 2007. What exactly is energy? *Science and Children* 44 (7): 62–63.

Science on Display. 2000. Roller coasters: Thrilling physics. *Science Scope* 24 (1): 56–57.

Stroup, D. 2003. Balloons and Newton's third law. *Science Scope* 27 (5): 54.

Van Hook, S., and T. Hoziak-Clark. 2007. Spring into energy. *Science and Children* 44 (7): 21–25.

参考文献

American Association for the Advancement of Science (AAAS). 1993. *Benchmarks for science literacy.* New York: Oxford University Press.

National Research Council (NRC). 1996. *National science education standards.* Washington, DC: National Academies Press.

Robertson, W. C. 2002. *Energy: Stop faking it! Finally understanding science so you can teach it.* Arlington, VA: NSTA Press.

Robertson. W. C. 2002. *Force and motion: Stop faking it! Finally understanding science so you can teach it.* Arlington, VA: NSTA Press.

第九章
冷静点

一个周末下午，胡安(Juan)和埃斯特班(Esteban)坐在餐桌前写作业。跟平常一样，胡安习惯性地把题目大声读出来。“如果你有半杯装在泡沫塑料杯里的25℃的水，把这半杯水倒入另外半杯装在泡沫塑料杯里温度相同的水，那么这一整杯水的温度是多少?”他停下来想了一会，“你知道，斯蒂夫(Steve)，如果你把相同温度的水加到杯子里，杯子里水的温度肯定会保持不变，这是个常识问题。但这似乎太简单了。”

“你说得对，这里面肯定有陷阱。你知道，老师都爱耍这些令我们防不胜防的小把戏。”埃斯特班说。

“也许你应该把两个温度加起来，这样结果就是50℃。”

“也许是这样。但是50℃似乎太热了！好像有点不对劲。我知道怎么给可可饮料降温，加凉牛奶就行了。但是牛奶和可可的温度不一样，因为凉牛奶是从冰箱里拿出来的。”

“嗯，”胡安说，“你只需要加一点凉牛奶，就能让热可可饮料降温。”

“现在，看看下一个问题。题目要求我们预测，把温度相同但数量不同的水混合以后水温会怎样？”埃斯特班说，“这似乎跟上一个问题一样，但是我们需要考虑水的数量。”

“我能想象得出，这些问题肯定会越来越难的！你瞧，下一个问题要求我们预测，把数量相同但温度不同的水混合以后温度会怎样？我明白出题人的意图了！”

“那么，水的数量多少究竟有没有影响呢？”胡安问，“我认为温度肯定是有影响的，而现在又要考虑水的数量，我的脑袋简直要爆炸了。”

“也许我们可以把水混合在一起，用温度计测一下不就知道了吗？”

“好主意，伙计！”埃斯特班说，“正好厨房里什么都有，我们肯定能找出问题的答案。我们可以从中找出一定的规律，不必每一个问题都去做实验，也能预测它们的答案！我认为，这一点我们还做得到。我跟你说怎么办，你用那些铝杯，我用这些玻璃杯，把水混合起来就知道答案了。可是我们没有泡沫塑料杯，但那又有什么关系呢？”

目的

这则故事有两个目的。一是帮助学生学习热能转移的动力学；二是让学生了解如何对实验结果进行预测，以及如何收集实验数据并把它们绘制成图表。

相关概念

- 热
- 热能
- 热量计
- 均衡
- 温度
- 温度计
- 传导
- 绘图

不要惊讶

你的学生可能无法区分“热量”和“温度”这两个概念。人类用了 2 000 多年才弄明白两者之间的区别。所幸的是，学生有你这样的老师悉心指导，还有数百年来人类在该领域坚持不懈研究的智慧结晶，他们应该不难学会分辨两者的区别。学生可能也不明白，热传递是较热物体与较冷物体之间的一种能量转移。完全有可能的情形是，即使是在中学阶段，很多学生并不知道科学界再三强调的一个事实：热量总是从较热物体向较冷物体转移，而反过来则不成立。

儿童对热量和温度存在很多错误认识，一个典型的例子是，儿童可能会认为热量是那些能够给我们保暖的物体散发出来的，比如说手套或毯子等，参见沃森和科尼赛克(1990)撰写的一篇关于这一迷思概念的文章，网址为 www.exploratorium.edu/ifi/resources/workshops/teachingforconcep.html。

内容背景

有些学生一心只想着如何“搞定老师”，而不是“搞定问题”，故事中的两个孩子就是典型代表。实际上，当学生遇到包含许多数字的问题时，往往就会把这些数字相加(减、乘或除),而不是认真思考题目给出的具体条件。如果学生认为热量和温度是一回事,那么他们就没办法解决作业中的问题。

热量

很多儿童和成人都认为热量只不过是一个数字:数字大意味着热,数字小就意味着冷。实际上,热和冷是两个不同的东西,它们一旦在某种物质中相遇,就会拼个你死我活,直至一方胜出为止。我们经常让别人把门关上,目的是"把寒冷关在门外",而实际上我们应该说"把热量关在门内"。这就是日常语言不严谨给人们造成认知错误的一个例子。我们在本章故事需要探讨的是热力学定律,"热力学"这个名字听起来高深莫测,其实浅显易懂。热传递的定义是"动能从较热物体向较冷物体转移的过程"。热量通常被称为"热能",是一切物质都具有的属性,因为物质的分子永远处于运动之中。物理学家告诉我们,当一个物体不能被提取出任何热量时,他们就说它达到了绝对零度,尽管如此,这个温度即使在实验室也不可能达到。他们已经非常接近绝对零度,但是还差那么一点点。

我们都听说过热力学第一定律,"能量既不能凭空产生,也不能被毁灭",这话很有道理。不过,能量可以从一种形式转化为另一种形式,也可以从一个地方转移到另一个地方,主要方式有三种:传导(物体直接接触)、辐射(太阳或电暖器等辐射体向外辐射能量)以及对流(能量通过水流或气流等在液体或气体中流动)。

就传导而言,一种物质中运动着的原子和分子猛烈撞击、推搡另一种物质中运动着的原子和分子传递,在这一过程中把能量传递给对方。直到能量在"给予者"和"接收者"之间达到均衡时,传递过程方告结束。实际上,这种传递永远不会真正结束,因为不同物体的温度时刻处于变化之中,所以能量传递过程始终会继续下去。

如果你站立在阳光下或火炉旁,就会感受到红外能量波向你袭来,使你感到辐射热的存在。一切物体都在不同程度上向外散发辐射热能,不需要空气作为介质来转移热能。太阳是一个有力的证据,因为作为辐射热源的太阳能够通过几乎为真空的太空把热能传递到地球上。

为了更好地理解对流,你可以考虑下面一个例子。假设你有一锅水,你把它放在燃气灶上,然后打开燃气灶开关,锅底就会从灶火吸收热能,而锅底通过对流方式把热能转移到水中。锅底的水逐渐升温后密度变得比其他部分的水密度低,因此就会上升到锅的上部。原先在锅上部相对较凉的水就会下沉到锅底，而这部分水在升温之后又会上升到锅的上部。与此同时，原先上升的热水温度有所下降，因此又会下沉到锅底，然后再次升温。整锅水就这样一直循环运动下去，直到一锅水获得的热能达到均衡。在一个房间里也会发生同样的事情，因为物理学家认为，空气的行为跟液体一样。固体不能发生对流现象。

温度

温度是人们用来测量热能变化的数值。温度是一个人为确立的概念，我们现在使用的主要有三种温度测量标准：华氏、摄氏和开氏温度，均以其发明者的名字命名，以大写的人名首字母来表示。

- 华氏温度是加布里埃尔·华伦海特1719年制订的测量温度标准（水的沸点为212°F，冰点为32°F）
- 摄氏温度是安德斯·摄尔修斯1742年制订的测量温度标准（水的沸点为100℃，冰点为0℃）
- 开氏温度是苏格兰的开尔文勋爵威廉·汤姆森1848年制订的测量温度标准［绝对零度为0K（－273℃），水的沸点为373℃，冰点为273℃］

注："绝对零度"被定义为一个物体不能被提取出任何热量时所处的温度，或者按照某些科学家的说法，物体在其所有分子运动停止时所处的温度。如前所述，这一温度在实验室条件下尚无法达到。

1596年，伽利略发明了验温器。1611年，桑托里奥·桑托里奥（Santorio Santorio）在验温器的基础上增加了刻度，此后，这种测量温度的仪器才逐渐流行开来。这种仪器只能根据浸泡它的液体膨胀程度，显示出温度是上升还是下降。在接下来的几个世纪里，又有一些被称为"温度计"的仪器问世，然而，除非科学家们采用某种公认的刻度或者标度标准，否则这些温度计测量的结果毫无用途。1724年，华伦海特以人们都比较熟悉的事物为基础，并框定几个参照点（比如水的冰点和沸点），制订了华氏温度标准，这一标准在几个国家依然沿用至今。摄氏温度则把水的冰点规定为零度，沸点规定为100度，这样计算起来比较容易，1948年被确定为标准温标。开尔文勋爵在制订温度测量标准时把绝对零度也考虑进来。因此，温度计和温度测量工具算不上是一种发明，它们只是多年来经过一系列改造与改良，逐渐“进化”出来的人造物品。

假设有一锅开水，如果你想测量水温，只能把温度计放在某一个位置，测出的并不是整锅水的热能总量，而只是在那一位置撞击温度计的水分子的平均动能。还以水为例，一杯开水（100℃）和这杯水中任意一滴水的温度是一样的，尽管如此，我可以允许你把一滴水滴在我的手上，但是我绝不允许你把整杯水倒在我的手上。这是因为一杯水由无数滴水组成，它的热能总量比一滴水大得多，整杯开水的热能肯定会给我的手造成严重伤害，而一滴开水只会让我感觉如针刺一下。因此，我们测量热能时最好使用卡路里或焦耳等单位，详见下文。（**警告**：千万不要让学生做这样的尝试！你可以把它当作一个教学范例，但是绝不能让学生玩任何沸腾的液体。可能会造成严重后果！）

儿童（甚至还有很多成人）经常会把热量和温度搞混，因为一种物质中的热能（或动能）发生变化，其温度也随之发生变化。但是温度测量的只是物质的动能，而热能测量的是该物质的全部能量，其中包括势能（详见下文）。直到1761年苏格兰科学家约瑟夫·布莱克澄清了热量和温度是两个不同概念，科学才得以继续发展。如果科学家不能区分这两个概念，他们就无法解释与此相关的很多问题。约瑟夫·布莱克的理论给热力学发展铺平了道路。

测量热能

首先，我再次重申，一切物质都是由永远处于无规则运动之中的分子和原子构成的，这意味着一切物质都具有动能（动能就是运动的能量）。你看不见分子和原子，同样也看不见这些分子或原子的运动，但是根据流行的理论，一切物质都是由这些运动粒子构成的，也就隐含着能量。运动越剧烈，热能就越多。

我们通常所说的热量其实是指“热能”。热能是指任何一种物质内部所有能量的总和，其中包括分子和原子中的动能以及物质的势能（这个问题非常复杂，我们就此打住）。我们通常说物质含有热量，这种说法其实并不确切，物质并不“含有”热量，它只是含有不断运动的分子，而分子具有动能以及分子间相互作用而产生的势能。热能从一种物质向另一种物质流动，在此过程中被传递的是动能。这似乎有些吹毛求疵，但是热力学讲究的是准确。当两个物体相互接触的时候，热能总是从动能多的物质向动能少的物质流动，换句话说，热能总是从较热物体向较冷物体转移。这种热能转移过程会一直持续下去，直至两个物体所有部分的温度相同为止，这时，我们就说两个物体温度达到了均衡。

测量热能的公认单位是卡路里（用小写字母 c 表示），卡路里的定义是“把 1 克水升高 1 摄氏度所需要的热量”。如果你看到卡路里用大写字母 C，则表示“千卡”，也就是把 1 千克水升高 1 摄氏度所需要的热量。你可能也见过有人采用英制热量单位（British Thermal Units，简称 btu's）测量热能，这一单位的定义是“把 1 磅水升高 1 华氏度需要的热量”。（有趣的是，焦耳现在被公认为国际热量单位，美国除外。1 焦耳是指“1 牛顿的力把物体移动 1 米所做的功”，焦耳也可以用来指能量。这个问题也非常复杂，我们就此打住，但是你有必要对常用术语有所了解。）

你可能比较熟悉用来测量食物所含热量的单位卡路里。任何食物都有可能释放热能，尤其是这些食物在燃烧中或是在你的血液中跟氧气结合的时候。我们把不同食物放在热量计（热量计测量的是 1 卡热量能够把多少克水升高 1 摄氏度）中燃烧，可以测定它们含有的热量值，也许你可能更在意的是，食物中的热量又让你体重增加了多少。

大家都知道，当我们在一个房间里触摸不同物体的时候，就会感觉有些物体比其他物体更热或更凉，这是因为一些物体比另一些物体导热性更好。如果这些物体在室内放置了很久，那么它们的温度应该已经达到均衡。当我们触摸一个导热性好的物体（比如金属）时，热量很快从我们的手传导到那个物体，因而我们感觉它比导热性差的物体（比如木头或布）更凉一些。换句话说，我们的手非常容易被欺骗，不适合当温度计。同理，如果你想通过利用自己的手触摸额头来看看自己有没有发烧，肯定行不通，因为你的手和额头温度可能相同，两者之间没有热传导。即使你的手比额头凉，热量也会从额头流动传导到手上，因此你无法弄清楚自己真正的体温是多少。

另一个关于导热性能好坏的例子是冰箱。铝杯比玻璃杯中的果汁冷却速度快得多。物理学家说，铝比玻璃的比热（简单地说，比热是指物体升温或降温时吸收或散发的热量）低。铝杯允许热量轻易离开果汁，而玻璃杯不允许热量那么迅速离开，反之亦然。一旦你把铝杯和玻璃杯装的果汁同时从冰箱里拿出来，那么前者吸收热量速度也更快，因而其温度很快就会比后者高。

水因为需要吸收大量热能才能提高自身的温度，所以其比热非常高。同理，水的散热速度也非常慢，装在热水袋里的水需要很久热量才能散发出去，因此适合用作保暖工具。

无论属于哪一种情况，热力学都是你日常生活的一部分。热能及其流动方式在很多方面都非常重要，我们需要对此深入了解，利用所学知识节约我们的金钱和能源。

《国家科学教育标准》（国家研究委员会，1996）的相关内容

幼儿园至 4 年级：物体和物质的属性

• 物体具有很多可见的属性，包括尺寸、重量、形状、颜色、温度以及与其他物质产生反应的能力。我们可以利用直尺、天平或温度计等工具对这些属性进行测量。

• 物体是由一种或多种材料组成的，例如纸、木材以及金属等。

• 我们可以借助构成某物体的物质属性对其进行描述，也可以利用这些属性对一组物体或物质进行区分或归类。

幼儿园至 4 年级：光、热、电和磁

• 热的产生有多种方式，例如燃烧、摩擦或两种物质的混合等。热可以从一个物体转移到另一个物体。

5～8 年级：能量转移

• 能量是很多物质的属性之一，与热、光、电、机械运动、声音、核能或化学变化的性质有关。能量转移有多种方式。

• 热量转移具有可预见性，总是从较热物体向较冷物体转移，直到两者达到相同的温度。

《科学素养基准》（美国科学发展协会，1993）的相关内容

幼儿园至 2 年级：能量转化

• 太阳给大地、空气和水带来温暖。

3～5 年级：能量转化

• 把较热物体和较冷物体放在一起，前者失去热量，后者吸收热量，直到两者达到相同的温度。较热物体可以通过直接接触或相隔一定距离使较冷物体变暖。

- 有些物质的导热性能比其他物质好。不良导体能减少热量损失。

6～8 年级：能量转化

- 热量可以通过原子碰撞在物质之间转移，或者通过辐射在空间中传播。如果是液态物质，其内部会产生对流，有助于热量转移。
- 能量以不同形式存在。热能是分子的不规则运动。

在幼儿园至 4 年级中使用这个故事

我通常会使用《了解学生的科学想法》（第二册）（基利、埃伯尔和塔古尔，2007）一书中的探究案例“混合的水”，让学生把自己对“把不同温度的液体混合起来会出现什么结果”之类问题的看法说出来。该案例要求学生预测，把两杯数量相同但温度不同的水混合以后温度会出现什么变化。你可以借机了解学生是只知道玩数字游戏，还是知道混合后水的温度应当介于原来那两杯水的温度之间。

针对幼儿园至 2 年级学生，你可以把这个案例的问题稍微改动一下：混合后水的温度是否会跟原先两杯水的温度都不同？你可以使用两杯温度在室温上下的水（这样对学生没有危险），问一问学生两杯水混合以后温度会怎样。你可以借机向学生介绍“热能”这个概念，并告诉他们“热能从一杯水向另一杯水转移”。由于混合后水的温度要比原先较凉的那杯水温度高，你可以引导他们得出“热能从较热的水向较凉的水转移”这样一个结论。

你可以问一问学生，他们在日常生活中见过哪些物体温度升高或降低，背后的原因是什么，然后把他们的陈述列举出来。根据我们的教学经验，这份清单大致如下：

- 水在太阳下温度会上升。
- 沙子在太阳下温度会上升。
- 我们的房子在太阳下温度会上升。
- 金属在太阳下温度会上升。
- 物体在冰箱里温度会下降。
- 有些东西比其他东西升温或降温速度快。

你可以很容易把学生的陈述变成需要调查的问题，例如：水在太阳下温度会上升吗？有些东西是否比其他东西升温或降温速度更快？这样，学生就可以围绕这些问题进行预测、做实验并得出结论。我建议你读一读《科学和儿童》杂志的一篇文章《加热，冷却》[达蒙特(Damonte)，2005]，深入了解教师如何指导学生积极参与科学研究活动。该文作者以沙子和水等常见的东西为例，就教师如何指导学生对热能(尤其是比热差异)进行科学探究提出了很多实用建议。

三四年级的学生通常都懂得如何读取温度计，因此能够用具体数字记录实验中的各种温度变化。你如果有带探头的数显温度计，就能够把温度变化的数值存储在温度计中，方便一一读取；如果没有，使用简单的温度计并让学生在科学笔记本上把数值逐一记录下来，同样能够激发学生展开热烈讨论。你还可以利用这个机会向学生介绍如何把实验结果用曲线图表示出来。在下一节“在5～8年级中使用这个故事”中，我会详细谈一谈如何绘制曲线图的问题。你甚至还可以让三四年级的学生尝试一下下一节描述的如何使用热量计做实验的活动。

在5～8年级中使用这个故事

不久前，我与马萨诸塞州斯普林菲尔德市一群才华横溢的中学教师们共同度过了难忘的一天，共同探索了热能和热传递的话题。他们对一些探究活动和理念很感兴趣，有意在自己的课堂上付诸实施，而我便是为此而来。初中生有能力收集实验数据并把结果用曲线图画出来，然而，他们在这一过程中可能会遇到一些困惑不解的地方，此时他们最容易听得进老师的话，我们应当充分抓住这一“难得的”机会给他们答疑解惑。

在学生再现故事中提到的几个情景之后，你可以问一问他们是否清楚热能流向了什么地方。下面一个简单的热量计实验活动能够测量出热能从一个绝缘容器转移到另一个绝缘容器的数量。图9.1帮助你如何制作实验设置，该实验所需材料有：

- 两个绝缘(泡沫塑料)杯子，各配一个废泡沫塑料制成的盖子。你需要在每个盖子上挖两个小孔，把温度计从一个孔插入，把下文提到的铝棒从另一个孔插入。

- 用铝箔卷成一根比较长的“铝棒”，使它的两端能够分别伸入两个杯子的水里。
- 两个比较长的温度计，使温度计探头一端能够伸入杯子的水里，而另一端不用从杯盖处向上拔出就能够读取度数。
- 两杯容积各为 100 毫升的水，温度分别是 60℃和 30℃。
- 一张表格，每隔两分钟在表格上分别记录两个温度计的读数。
- 每个学生一份实验说明书。
- 每组学生一份实验设置图。

你将需要把水加热到大约 60℃，倒入其中一个杯子里；向另一个杯子倒入室温（大约 25℃到 30℃）的水。我建议你把学生每 3 到 4 个人分成一个小组。一切准备妥当之后，让学生把水倒入如图 9.1 所示的两个杯子中，然后盖上盖子，并把铝棒和温度计分别插入相应的小孔中。首先让学生把两个杯子里水的初始温度测量一下，然后每隔 2 分钟读取每杯水的温度，并把数据记录在表格上，以备后来画曲线图时参考使用。

在实验之前，你需要给学生解释一下他们将要做什么、观察什么以及用曲线图画什么。你应当告诉学生，他们需要观察一杯水的热能是否能够通过连接两杯水的铝棒（简称“铝桥”）来影响另一杯水的温度。然后，在学生开始实验之前，你可以先让他们尝试一下我设计的另一个实验（参见图 9.2）。该实验要求学生预测，他们使用曲线图把实验结果画出来大致是什么样子。你可以让学生进行预测并给出理由，然后组织他们就此展开讨论。

那些有经验的学生通常会选择 B，因为他们预测温度较高的那杯水将会把热能沿着铝桥传递给温度较低的那杯水，使其温度升高。他们可能会对 B 中的两条曲线为什么不相交而感到迷惑，然而，一旦他们做这个实验，他们的手很可能会触碰到铝桥并感到铝桥发热，这部分热能就会流失到空气中，而不会传递到温度较低的那杯水中。这就意味着，温度较高的那杯水的热能不可能全部传递到温度较低的那杯水中，因此，两杯水的实际温度达到均衡后处在两条曲线稳定后之间的某个水平，不再发生变化。假设热能没有流失，两杯水达到均衡后的温度应该在 45℃左右。该实验还表明，由于学生能够感觉到铝桥是热的而不是凉的，所以他们应当明白热传递过程中传递的是热能。这里，组织学生进行课堂讨论非常重要，因为它能给那些抱有误解的学生提供机会表达自己的观点，并听取别人的意见。我发现，与老师的意见相比，学生更容易听进去同龄人的意见，然后改正自己的错误观点。

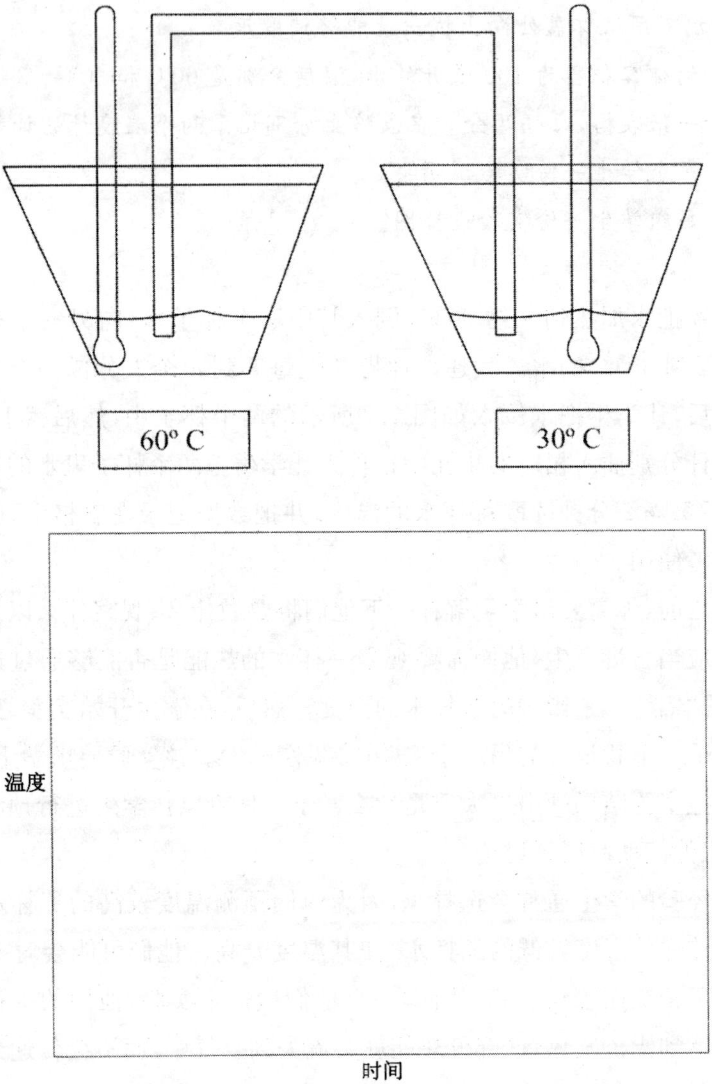

图 9.1 热量计实验设置。用铝箔卷成一根铝棒。用泡沫塑料或其他绝缘材料制作两个杯盖，并在每个杯盖上挖两个小孔。把铝棒和温度计从杯盖的小孔插入水杯中。

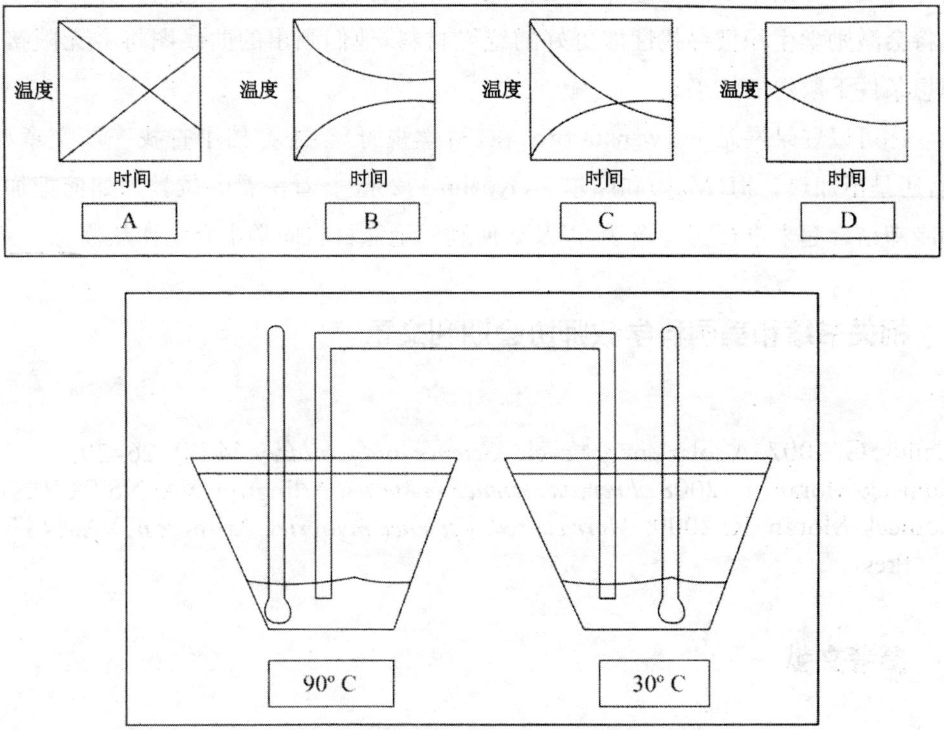

图 9.2　四名学生使用两个泡沫塑料杯制成的热量计，观察热能是如何从一个杯子传导至另一个杯子的。两杯水的容积均为 100 毫升，但是其中一杯水温为 90℃，另一杯水温为 30℃。他们用一根铝棒将两个杯子以及杯里的水连接起来，并在每杯水中插入一个温度计来测量温度。他们每隔 2 分钟把温度计的读数记录下来，最后把结果绘制成曲线图，曲线图横坐标为时间、纵坐标为温度。上面 4 幅图是实验 30 分钟后可能会出现的结果。你认为其中哪一幅图符合学生的实验结果？把你认为正确的选项勾出来并给出理由。

你将会注意到，正确答案是两条曲线在水温达到均衡后一直处于稳定状态，即四个选项中的 B。其他选项都是错的。选项 A 和 C 中的两条曲线相交，而两杯水温度达到均衡后只可能无限接近平均值，但是永远不可能相交。选项 D 显示两杯水初始温度相同，然后以相同的速度失去或获得热能，这同样是不可能的。

这一实验既有助于学生加深对热能转移概念的理解，又有助于他们提高制作曲线图并予以解读的能力。这样，他们就可以根据自己得出的水混合以后温度变化的结论，为故事续写结局。我预测，有些学生可能会建议，在没有铝棒的情况下把两杯水混合起来温度会发生怎样变化。

如果你想要继续进行调查研究，可以向学生提出挑战：他们能否重新设计一套更好的设计方案来取代上述那套效率低下的设备，从而减少热能流失率。这一挑战将会激励学生积极寻找性能更好的绝缘材料，他们画出的曲线图将会无限接近理想条件下取得的结果。

你可以登录网站 www.nsta.org，在《科学视野》杂志存档中查找一篇文章《加热，还是不加热》[梅(May)和库尔宾(Kurbin)，2003]，看一看一位教师如何把加热和冷却结合起来进行实验教学，以及如何利用绝缘材料向学生介绍比热概念。

相关书籍和美国科学教师协会期刊文章

Childs, G. 2007. A solar energy cycle. *Science and Children* 44 (7): 26–29.

Konicek-Moran, R. 2008. *Everyday science mysteries*. Arlington, VA: NSTA Press.

Konicek-Moran, R. 2009. *More everyday science mysteries*. Arlington, VA: NSTA Press.

参考文献

American Association for the Advancement of Science (AAAS). 1993. *Benchmarks for science literacy*. New York: Oxford University Press.

Damonte, K. 2005. Heating up, cooling down. *Science and Children* 42 (9): 47–48.

Keeley, P., F. Eberle, and J. Tugel. 2007. Mixing water. In *Uncovering student ideas in science, volume 2: 25 more formative assessment probes*, 83–89. Arlington, VA: NSTA Press.

May, K., and M. Kurbin. 2003. To heat or not to heat. *Science Scope* 26 (5): 38–41.

National Research Council (NRC). 1996. *National science education standards*. Washington, DC: National Academies Press.

Watson, B., and R. Konicek. 1990. Teaching for conceptual change: Confronting children's experience. *Phi Delta Kappan* 71 (9): 680–685.

第十章
发热的衣服?

“穿上暖和的衣服，戴上手套。”伊恩(Ian)正准备出门去学校，妈妈在客厅里喊道。伊恩知道跟妈妈顶嘴也没有用，况且外面确实寒风凛冽。于是，伊恩来到衣柜跟前，拿出了羊毛内衬夹克和羊毛手套，另外，他还拿出了滑雪帽，也是羊毛的。

“就算我穿得像个学龄前儿童那样臃肿，但还是暖和一点好啊。”伊恩想。

当他在门厅处穿上夹克、戴上手套的时候，却感到夹克和手套都很凉。

“我想，它们可能需要过一些时间才能暖和起来，”伊恩想，“也许真正冷的时候，它们才能够开始产生热量吧。”

伊恩向校车停靠站走去。因为他今天出门比平时早，所以不用着急，到了停靠站，他和其他几个孩子一起站在那里等车。他很高兴地发现，其他孩子都跟他一样穿得很暖和。孩子们饶有兴趣地看着从自己嘴巴和鼻子里呼出的气体在冷风中变成白色的云雾。

此时，伊恩注意到他的手已经很暖和。尽管凛冽的寒风顺着街道从他们等车的地方吹过，他感觉到身体其他部位也都变得暖和起来。

“我想我是对的。”伊恩对站在身旁的保罗(Paulo)说。

“什么是对的?”保罗问。

“外套和手套在你穿戴好之后，需要经过一段时间才能散发热量。它们在衣柜里的时候非常凉，我穿戴好之后过了一段时间，现在就能感觉到它们发热了。”

“手套和外套散发热量？你在胡说什么呀，哥们?”保罗说，“你的手套是电加热的，还是什么样的?”

“都不是，就是普通的羊毛手套，跟大家的一样。”伊恩解释说。

“那你说手套会发热，是怎么回事啊?”

“是这样，妈妈让我戴上手套，她说这些东西能‘保暖’。我猜，它们肯定能产生大量的热而让我感到暖和。”

“也许放学后你把手套放在炉子里，就能烤出馅饼来。”保罗戏谑道。

“别傻了。不过，经你这么一说，我在想，手套到底是从哪弄来的热量呢？它们一直在衣柜里，我拿出来的时候还是凉的。等我戴上之后，它们就开始产生热量，让我感到暖和起来。”

保罗笑了笑，说道：“我可以告诉你手套的热量是从哪来的，不过，你最好还是自己去找出答案。”

伊恩到了学校之后便去向老师请教，这位老师平时对学生的问题都是一副爱理不理的样子，不过这次却很积极，他问伊恩能否设计一个实验来看看手套以及其他“暖衣”是否真的能够产生热量。

“好哇，我觉得我能做到。”伊恩说。

目的

你的学生是否认为羊毛之类的绝缘物质能够产生热量？我们的研究表明，很多学生都会这样认为，尤其是低年级学生。这个故事旨在鼓励学生把自己的想法向老师和盘托出，并鼓励他们在教室里通过实验验证想法是否正确。你的学生尽管可能会相信衣服不会给温度带来变化，但是仍然坚持认为暖和的衣服能产生热量。只有经过很长时间，只有经过不断积累经验，他们最终才能明白过来。这个故事的目的就是给学生提供机会去获得这样的经验。

相关概念

- 热
- 能量
- 绝缘
- 温度

不要惊讶

我们发现，至少 4 年级以下的学生都会认为手套、夹克或外套、睡袋、地毯、毛毯以及其他用来保暖的东西能够产生热量。这一错误观点很难纠正，因为他们相信，只要时间足够长，这些东西最终肯定会产生热量。他们可能会设计一个实验方案来比较放在衣服里的温度计和放在室温环境下的温度计，并且期待看到两者存在明显差异。当他们看到两者并无差异时，便会认为实验方案设计不合理，然后通过改变变量来重新进行实验。要想让学生认识到他们的身体才是热量来源，非常困难。你可以参考沃森和科尼赛克(1990)发表在《卡潘》(*Phi Delta Kappan*)杂志上的一篇文章，看一看那位教师是如何处理这一棘手问题的(www.exploratorium.edu/FI/resources/workshops/teachingforconcept.html)。

内容背景

热能从较热物体向较冷物体流动。热源是指那些自身能够以辐射形式散发热能的物体，而辐射是指物体以电磁波或粒子的形式把能量散发到周围环境的一种现象。热源有很多，例如太阳、灯泡、炉子、放射性材料以及能够进行新陈代谢的生物（包括人）等。如果一种物质比周围其他物质含有的热能高，那么它也可以被称为热源。

热能进入某个固体以后，就会导致该固体分子运动速度加快，使其温度升高。这就是为什么一壶水在太阳直射下或是放在点燃的炉子上温度会升高。水分子振动速度开始加快，如果你把温度计插入水中，就会看到温度计显示的温度升高。

在很多情况下，我们需要把热能留住，或者阻止热能进入某一物质或领域。我们的住房往往是以“绝缘”材料建造而成，旨在减少热能在室内与室外之间流动或者避免激活热分子的运动。绝缘材料包括石棉瓦、泡沫塑料以及空气等。你可以想一想常见的泡沫保温箱，关键在于能量或热的运动，而保温箱的作用是不让热能轻易进入箱内或从箱内散发出来。绝缘材料可以让我们的房间冬暖夏凉。

手套、外套、围巾、睡袋以及内衣保暖的原理跟上述绝缘材料相同，它们都被用来降低热量转移的速度。我们之所以穿衣服，是因为衣服能够阻止身体的热量流失到空气中（当然，衣服还有遮羞蔽体的作用）。在较冷的气候环境中，手套和外套非常必要，因为它们能够防止宝贵的身体热量流失，避免造成身体不舒服或更可怕的后果。一个人处在寒冷的环境中或浸泡在冰冷的水中，如果他没有穿衣服或其他绝缘材料的话，那么体内的热量就会以很快的速度离他而去。这样就容易引发“低体温症”，即体温降到非常低的程度，以至于身体机能也变得很慢，甚至停止，也就是接近死亡的边缘。

有些衣服确实能够发热，但是这些衣服要么是配备供电系统（通常使用充电电池作为能源），要么是使用化学能量包。然而，在通常情况下，手套不会产生热能，它只能起到绝缘作用。手套截留了手部产生并散发的热能，而这部分热能把手与手套之间一层薄薄的空气加热。如果你在手套与手之间插入一个温度计，测出的温度将会跟戴手套的人体温非常接近。由于会有一些热能流失，因此这层空气的温度跟戴手套的人体温不可能完全一样，但是这样的温度足以让人感到舒适。

经常会有人建议我们冷天要多穿几件衣服。这样做不仅方便我们可以根据外界温度变化而适当增减衣服，而且每两层衣服之间有一层空气，由于空气是一种很好的绝缘体，所以这层空气能够充分发挥绝缘作用。

《国家科学教育标准》(国家研究委员会,1996)的相关内容

幼儿园至 4 年级:光、热、电和磁

· 热的产生有多种方式,例如燃烧、摩擦或两种物质的混合等。热可以从一个物体转移到另一个物体。

5~8 年级:能量转移

· 能量是很多物质的属性之一,与热、光、电、机械运动、声音、核能或化学变化的性质有关。能量转移有多种方式。

· 热量转移具有可预见性,总是从较热物体向较冷物体转移,直到两者达到相同的温度。

《科学素养基准》(美国科学发展协会,1993)的相关内容

3~5 年级:能量转化

· 机械工具和电动工具能够产生热能,两个物体之间相互摩擦也能产生热能。

· 把较热物体和较冷物体放在一起,前者失去热量,后者吸收热量,直到两者达到相同的温度。

· 不良导体能减少热量损失。

6~8 年级:能量转化

· 能量既不能凭空产生也不能被毁灭,只是从一种形式转化为另一种形式。

· 能量以不同形式存在。热能是分子的不规则运动。

在幼儿园至 4 年级中使用这个故事

一旦你给学生读完故事之后,就会发现他们认同伊恩的观点,并且准备设计实验方案加以验证。你可以把学生分成伊恩派和保罗派两个派别。你可以使用《了解学生的科学想法》(第一册)[基利、埃伯尔和法林(Farrin),2005]一书中的探究案例“手套问题”了解学生的想法。这样做其实并非特别有必要,因为本章故事完全可以帮助你引出学生的观点。然而我们发现,在有些班级中,该探究案例可以激

发那些平时课堂表现不太积极的学生的探索热情。跟往常一样，我建议你使用"我们的最佳思维榜"来记录学生的各种观点。

大多数学生将会同意把一个温度计放在一件衣服里面，把另外一个温度计放在衣服旁边，等到过了（学生商定好的）一段时间之后，来比较这两个温度计的读数。一旦实验开始，学生就会发现衣服（或手套等其他用来做实验的物品）中的温度计读数没有发生变化，他们肯定会对这一现象迷惑不解，从而不断修改计划并继续进行实验，这样，一个实验演变成一系列实验（注意，我这里强调是"系列实验"）。你对此一定要有心理准备。你可以帮助他们设计公平实验，确保两个温度计在实验开始之前的读数是相同的。

学生在实验中肯定会把各种物品都尝试一遍，比如手套、睡袋、外套、地毯或羊毛帽子等，所以你最好把这些东西都备齐。学生甚至可能坚持让你把这些东西放在塑料袋子里，为的是"阻止寒气（或寒流）进入袋子"。

当然，这一切措施都无济于事。做实验的地点也不会对最终结果有什么影响，因为两个温度计是紧挨着的。请注意，偶尔也可能会出现一度左右的微小差异，你可以跟学生讨论什么叫"明显差异"，而一度的差异是不是因为程序或设备问题造成的。毕竟，那些认为手套会发热的学生期待看到的温度差至少是两位数。

你班里也可能会有一两个学生像保罗那样对科学概念懂得比较多。其他有些学生可能认为，手套能够把温度计与室内环境隔离开来，然而，经过一段时间之后，他们预想的情形并没有出现。你甚至可以让学生进行长期实验，过很长一段时间之后再去读温度计的读数。那些使用过老式口腔体温计的学生可能会重点关注时间这个因素，根据他们的经验，要把温度计放在嘴里至少 3 分钟，因此他们会觉得"时间是一个重要因素"。我们曾遇到一些学生，他们固执地认为，如果他们把温度计放上一年，结果肯定会不同。

正如我在上文建议的那样，你最好读一读沃森和科尼赛克合著的一篇文章《为转变观念而教学》(1990)。该文讲述一名教师如何花了好几天时间给学生上这一课，然后才给他们介绍新概念"手套能够阻止体温散失"。正如文中所说，学生想到可以把温度计放在帽子底下测试，他们甚至连"出去休息的时候帽子底下还带着实验"。

放在衣服里以及放在衣服旁边的温度计读数始终都是相同的。虽然学生最终都会不情愿地接受这样一个事实,但是他们仍然不明白结果为什么会是这样。你可以问一问学生哪些东西能够产生热量,然后把话题引向人体这个热源,你可以点拨他们一下,接着问一问他们能否看出他们所做的实验与人体之间有没有联系。一些学生可能还会有抵触情绪,不过,这也很正常。要让他们把这些概念关联起来,明白他们所穿的衣服(绝缘材料)能够阻止身体热量散发出去,可能需要相当长一段时间。至少,你已经为学生的好奇心打开了一扇门,让他们获得了一些亲身经历,他们最终将会欣然接受科学的结论。

在5~8年级中使用这个故事

高年级学生比低年级学生老练得多,他们可能不会轻易相信暖和的衣服能够通过发热方式给人体带来温暖,不过,仍然会有一些学生对这个问题似懂非懂。你可以把学生分成伊恩派和保罗派,向他们讲明白,双方需要找出证据来证明对方是错的,你可以时不时地为双方提供某些能够扭转局势的关键证据,以使辩论更加激烈一些。你甚至可以考虑采取舞台剧的形式,让学生分别扮演伊恩和保罗等角色进行辩论(一定要注意礼貌)。学生必须拿出具体证据来支撑自己的观点,而这就需要他们去做实验。你可以让学生分组设计实验方案并付诸实施。

即使全班所有学生都相信衣服内外温度计读数是相同的,但是各人的理由可能有所不同。你可以深入了解一下学生是否真正弄明白了以下几个问题:热是如何产生的,绝缘是怎么一回事,为什么人体也是一种热源,等等。只要一种物质比周围其他物质含有的热能高,那么它就可以被称为热源。你可以问一问学生:冰块能否成为热源?(如果周围环境温度比冰块低,冰块当然可以成为热源!)一切物质都含有热能。你抛出这个话题,肯定会引发学生热议。我们通常都是用冰块来吸收饮料中的热能,然而,实际上冰块也可以成为热源,把热能辐射到周围的环境中,从而让周围的环境的温度增加。如果学生能够理解这一点,那么他们肯定也能够理解热力学第二定律。

相关书籍和美国科学教师协会期刊文章

Damonte, K. 2005. Heating up and cooling down. *Science and Children* 42 (9): 47–48.

Driver, R., A. Squires, P. Rushworth, and V. Wood-Robinson. 1994. *Making sense of secondary science: Research into children's ideas.* London and New York: Routledge Falmer.

Keeley, P. 2005. *Science curriculum topic study: Bridging the gap between standards and practice.* Thousand Oaks, CA: Corwin Press.

May, K., and M. Kurbin. 2003. To heat or not to heat. *Science Scope* 26 (6): 38–41.

参考文献

American Association for the Advancement of Science (AAAS). 1993. *Benchmarks for science literacy.* New York: Oxford University Press.

Keeley, P., F. Eberle, and L. Farrin. 2005. *Uncovering student ideas in science: 25 formative assessment probes, vol. 1.* Arlington, VA: NSTA Press.

National Research Council (NRC). 1996. *National science education standards.* Washington, DC: National Academies Press.

Watson, B., and R. Konicek. 1990. Teaching for conceptual change: Confronting children's experience. *Phi Delta Kappan* 71 (9): 680–684. *www.exploratorium.edu/IFI/resources/workshops/teachingforconcept.html*

第十一章
融化的聚会

凯尔西和朋友们准备举办聚会——一次非常盛大的聚会！她们准备了很多薯片、蛋糕、可乐以及汽水等，参加聚会的将有 12 个女孩，她们会在一起尽情欣赏音乐、打闹嬉戏。凯尔西和露西(Lucy)一整天都在忙着制作冰块，准备放在饮料里使用。她们把周围邻居家的制冰模具都借了过来，装满水之后放进冰箱里冷冻，等女孩们陆续到达的时候,冰箱里的冰块就能够冷冻成形了。凯尔西和露西把家里的碗都找了出来,这些碗各式各样,有金属的,有塑料的,也有玻璃的,等等。她们把冰块放到碗里,然后又把这些碗放到冰箱里以防冰块融化。

凯尔西正在厨房里把一碗碗冰块从冰箱里拿出来,这时伊丽莎白(Elizabeth)把一张新买的贾斯丁·比伯(Justin Beiber)的歌曲光盘放进光盘播放器。贾斯丁的声音刚一响起,大家都兴奋地尖叫起来,冲进客厅随着歌声舞动起来。凯尔西当然也不甘落后,忙乱之中把两碗冰块遗忘在了厨房的岛台上。

过了许久,女孩们需要更多饮料和冰块,便来到厨房,她们发现被遗忘的两碗冰还放在那里。

"哎呀,一只碗里还有一些冰,而另一只碗里全是水,一个冰块也没有,"尼克尔(Nicole)大声嚷道,"我敢打赌,你肯定忘记把这个金属碗放到冰箱里了。"

"不可能,"凯尔西回答,"这两只碗是我同时从冰箱里拿出来的,去跳舞的时候被忘在了这里!"

"拜托!"尼克尔说,"真是那样的话,为什么一碗冰块化成了水,另一碗冰块还剩一半?别瞎扯了,凯尔西!"

"算了吧!"凯尔西说,"赶紧拿上剩余的冰,回到聚会上去吧。"

第二天,凯尔西、露西和萨拉(Sara)在收拾房间的时候,发现那两只碗还在厨房岛台上静静地放着。凯尔西就把前一天晚上事情的经过告诉了露西。

"哦,"露西说,"在冰箱中,塑料碗里的冰块比金属碗里的冰块要变得更冷些,因此,它们融化起来也就会慢一些。"

"胡说八道,冰块的温度应该都是一样的,"萨拉说,她一向很有主见,"金属碗闪闪发光,而有光泽的东西往往比塑料等暗淡的东西温度高。由于金属碗的温度较高,所以冰块融化速度较快。你们家所有的炊具都闪闪发光,你觉得这只是巧合吗?"

"金属的东西自然容易变热,"凯尔西说,"这跟有没有光泽毫无关系!你还记得金属制品被太阳暴晒后会变得有多热吗?金属碗是从房间空气中吸收了热量,然后使冰块融化。"

"管他呢!"露西笑着说,"咱们赶紧刷碗,然后离开厨房!"

她们干完活之后就离开了,但是这个问题一直萦绕在凯尔西的脑海里。谁的说法对?有没有人说的对?谁的说法更有道理?

目的

这则故事的一个目的是让学生认识到，不同物质吸收或散发热能的速度不同；另一个目的是让学生弄明白，由于热能在人的手与不同物体之间的传导速度不同，所以你会感觉两个温度相同的物体摸起来温度似乎不同。

相关概念

- 热
- 热能
- 传导
- 导热性
- 温度
- 状态变化（融化）

不要惊讶

学生往往会把注意力放在物体看得见的属性上，例如金属的光泽，而不去关注物体实际是由什么物质构成的。很多学生可能会站在露西这一边，持有如下一个错误观点：虽然冰块同样都是放在冰箱里，但是塑料碗里的冰块会比金属碗里的冰块温度更低。学生持有自相矛盾的观点而不自知，并非个别现象。

内容背景

热以能量（热能）形式经由以下三种方式从较热物体向较冷物体转移：传导、对流或辐射。本章故事主要讨论的是“传导”。传导是指一种物质的分子或原子与另一种物质的分子或原子之间相互接触。在本章故事中，女孩们争论不休的冰块跟塑料碗以及金属碗都有接触，而当碗的表面跟室内空气接触的时候，便出现了另一个传导过程。

各种物质的导热性能千差万别。例如，金属比非金属的导热性能更强，因为我们说金属的“导热性”高。热能的传导需要物体之间直接接触。较热物体分子比较冷物体分子含有的能量更多，因此运动速度更快。当较热物体分子与较冷物体分子发生碰撞的时候，较热物体分子中的一部分能量转移到较冷物体分子中，使其运动速度加快。较冷物体中的这部分分子与邻近温度更低的分子发生碰撞，由此把部分能量依次传递给它们，直至所有分子的能量达到均衡状态为止。我们可以用温度计来测量或是用身体来感觉这个热活动的平均值，也就是我们所说物体的"温度"。因而，温度是一个系统所含能量的平均值，而不是总值。

这种能量转移形式是日常生活中加热或冷却的基础。热能总是从较热的物体向较冷的物体转移，直至两者达到均衡（或者说温度相同）。你可能已经注意到，我之所以没说它们含有的能量数量相同，是因为这取决于两个物体质量大小。一个常温游泳池的热能会比一杯开水的热能要多得多。游泳池的温度虽然比开水的温度低很多，但是因为它的质量比开水大得多，所以它含有的热量总值要比开水多得多。

我们还可以换一个角度看待质量与温度的关系。以一杯开水和水中的热能为例，你可能不会介意我把一滴开水滴在你手上，但是，如果我把一杯开水都倒在你手上，你肯定不会答应。一滴开水和一杯开水的温度是相同的，但是一杯开水的能量要多得多，如果一杯开水都倒在你手上，由此造成的伤害非常严重。一滴开水可能会让你感到疼一下，却不至于造成严重伤害。

在本章故事中，女孩们把冰块装在不同的碗里之后放入冰箱，我们可以认定冰箱里的温度是恒定的。如果这些碗在冰箱里放置了一定时间之后，冰箱里的空气、冰以及碗等所有东西都应该达到相同的温度。女孩们把这些碗从冰箱拿出后放置在厨房岛台上，它们也就暴露在房间的空气中。由于热能是从较热物体向较冷物体转移的，我们可以推断，房间里空气的热能通过传导转移到碗上，然后又通过传导转移到碗里的冰块上。

这时，我们就需要用到"导热性"的概念。金属碗的导热性比塑料碗好得多，这意味着金属碗中的分子传导热能的效率要比塑料碗中的分子高得多，因此，金属碗以及碗中冰块的热能要比塑料碗以及碗中冰块率先达到均衡。结果，塑料碗中还有冰块，而金属碗中的冰块已经融化成了水。

日常生活中有一件事情非常令人迷惑不解：我们用手触摸房间里的一件金属物品，就会感觉它比木头或者塑料物品要凉一些。由于这些物品在房间里已经放置了很长时间，所以它们的温度应该相同，然而，金属摸上去确实更凉一些。继续阅读下文之前，请思考一下这是为什么。

因为温度存在差异，所以热能会从你的身体向金属或木头流动。你的体温比室温要高（除非你碰巧是在桑拿房里），当你接触金属时，热能从身体转移至金属的速度要比转移至木头要快，因此，金属摸上去要凉一些。你的身体使你误以为金属较冷，而实际情况并非如此。

你有没有注意到一个有趣的现象：两个物体的温度差异越大，它们之间温度达到均衡的速度越快。这一温差通常用ΔT（德尔塔 T）表示。一杯茶如果温度很高，它的冷却速度要比温度低时冷却速度更快。这种说法完全符合逻辑，因为能量越高，分子运动速度就越快，就更容易把热能从茶的表面带走。

在我小时候，沙克疫苗①还没有问世，家长们最担心的事情就是怕孩子患上小儿麻痹症。每次孩子出现发烧症状，父母就会焦急万分。我的父母就曾无数次用前额来触碰我的前额，试试看我有没有发烧。如果我的体温比他们高，那么他们通过前额就能够明显感觉出来。温度计的工作原理也是如此：如果我们将温度计放在某一个地方，它就会从周围吸收热能或者向周围散发热能。如果周围温度比温度计高，温度计中的液体就会通过传导而膨胀；如果周围温度比温度计低，温度计中的液体就会因为散热而收缩。由此可见，热传导现象随时随地都会发生，可以用来解释日常生活中的很多谜团。

《国家科学教育标准》（国家研究委员会，1996）的相关内容

幼儿园至 4 年级：物体和物质的属性

• 物体具有很多可见的属性，包括尺寸、重量、形状、颜色、温度以及与其他物质产生反应的能力。我们可以利用直尺、天平或温度计等工具对这些属性进行测量。

• 物体是由一种或多种材料组成的，例如纸、木材以及金属等。

• 我们可以借助构成某物体的物质属性对其进行描述，也可以利用这些属性对一组物体或物质进行区分或归类。

① 沙克疫苗：又称“去活化脊髓灰质炎疫苗”，是脊髓灰质炎疫苗的一种。——译者注

幼儿园至4年级:光、热、电和磁

· 热的产生有多种方式,例如燃烧、摩擦或两种物质的混合等。热可以从一个物体转移到另一个物体。

5~8年级:能量转移

· 能量是很多物质的属性之一,与热、光、电、机械运动、声音、核能或化学变化的性质有关。能量转移有多种方式。

· 热量转移具有可预见性,总是从较热物体向较冷物体转移,直到两者达到相同的温度。

《科学素养基准》(美国科学发展协会,1993)的相关内容

幼儿园至2年级:能量转化

· 太阳给大地、空气和水带来温暖。

3~5年级:能量转化

· 把较热物体和较冷物体放在一起,前者失去热量,后者吸收热量,直到两者达到相同的温度。较热物体可以通过直接接触或相隔一定距离使较冷物体变暖。

· 有些物质的导热性能比其他物质好。不良导体能减少热量损失。

6~8年级:能量转化

· 热量可以通过原子碰撞在物质之间转移,或者通过辐射在空间中传播。如果是液态物质,其内部会产生对流,有助于热量转移。

· 能量以不同形式存在。热能是分子的不规则运动。

在幼儿园至4年级中使用这个故事

低年级学生也能够理解物态变化,例如,水从液态变成固态(冰)或气态(水蒸气),反之亦然。我喜欢给学生每人发一个放在塑料盘子里的冰块,然后让他们进行一场冰块比赛,看一看谁能够在不触碰冰块的情况下先让冰块尽快融化。亲眼看到物质状态的变化对于孩子们在长大后理解这个概念是最重要的。低年级的孩

子们似乎永远都不会厌倦去观察物质状态的变化,因而正好可以给他们介绍热能这个概念在这一过程中发挥的作用。

如果你采用这一游戏,最好让学生选择不同材质的盘子盛放冰块,你就能够从中了解到,哪些学生已经明白什么材料制成的盘子是热的良导体,对冰块融化速度至关重要。如果他们选择了这样的盘子,无论后来使用什么方法加快冰块融化的速度,他们从一开始就已经领先了一步。

国家科学教师协会会员可以从该协会网站上找到一篇文章《加热,冷却》(达蒙特,2005)。该文主要探讨沙子、水和土壤三者的比热差异问题。比热是指单位质量物体改变单位温度时吸收或散发的热量。任何物质都有自己的比热。例如,同等质量的水和沙子上升到同样温度,前者需要吸收的热量是后者的 5 倍,同理,水散热的速度也要比沙子慢五倍。如果你在热天赤脚走在沙滩上,就能够明显感觉这一点。因为沙子升温速度比水快得多,其中的热能经过传导迅速转移至你的脚上,令你感到很烫,此时你最想做的恐怕就是赶紧跑到水中!

三四年级的学生听完故事后肯定想"情景再现",他们通过自己动手实验会发现故事中的问题确实存在。你可以让学生使用不同材质的容器,观察其中的冰块融化速度有什么不同。当然,你需要帮助他们把各种可能的结果逐一列举出来,并教他们如何控制各种变量。

为了取得立竿见影的效果,迅速吸引学生的注意力,你可以把一个金属杯(或易拉罐)和一个塑料杯(使用泡沫塑料杯效果更好)分别倒扣在桌子上,然后在杯底各放一个冰块。你最好把杯子外壁的纸质标签清除干净,这样杯子与空气接触的表面积更大。金属杯从空气中吸收热量的速度要比塑料快得多,因此金属杯底的冰块立即开始融化,而塑料杯底的冰块需要很长一段时间才能融化。随后的讨论将会使学生明白一个事实:盛放冰块的两个杯子材质不同。你可以向学生提出如下一个问题:"如果你们用双手去握住杯子,结果会怎样?"你可以借此机会向学生介绍"热能"和"传导"等术语,因为这些术语恰好跟眼下的实验相吻合。你的学生解开了两碗冰块的谜题,便可为故事续写结局了。

在 5～8 年级中使用这个故事

初中生可能也想通过“情景再现”验证故事的内容。不过，在做这个活动之前，你最好先组织学生充分讨论一番，以便你从中了解他们对热能和热量转移等概念懂得多少。注意倾听学生的讨论，是你了解他们观点的一个好办法，能够为你开展下一步教学做好充分准备。你可以借鉴上一节提到的教学建议，也可以参考达蒙特的文章，以便引导学生更好地理解相关概念。由于这个年龄段的学生对温度计非常熟悉，搞清热能和温度的区别对他们而言应该不是难事，你也可以给学生讲一讲“内容背景”部分提到的一滴开水与一杯开水相对比的内容，这样他们就会对两者的区别印象更深。

上一节提到的使用金属杯和泡沫杯融冰实验肯定也会引发高年级学生展开激烈争论。不过，这个故事本身嵌入的问题就需要学生动手实验，然后才能为故事续写结局。学生可以把故事中几个女孩提到的内容都尝试一下，例如，金属制品有光泽，塑料没有光泽，冰块放在冰箱里会变得有多冷，等等。如果你在制冰模具里的水结冰之前在其中放置一个温度计，就能够知道冰块的内部温度是多少。学生将会发现，无论把什么容器放入冰箱里，容器内冰块的温度与其周围空气的温度都是一样的。这就否定了露西和萨拉的说法，而肯定了凯尔西的说法。

加鲁丝(Galus)在《科学视野》发表一篇文章《科学采样器：太阳灶》(2003)，通过一些生动有趣的实例指导我们如何把热以及热传导知识应用于实践。该文作者要求她的学生根据刚刚学到的热传导知识，使用常见材料设计出一些太阳灶，利用太阳灶把苹果片烤熟。这类活动能够帮助学生通过理论联系实际来巩固他们学到的知识。

2010 年，有人发起了一个研究项目“国际沸点项目”(International Boiling Point Project)，世界各地学生纷纷把各自对“哪些因素将影响水的沸点”问题的实验结果提交给该项目的数据库。尽管这个项目不大可能长期进行下去，但是该网站已经集聚了大量信息，可供你在讲授热能、热传导以及物态变化等概念时参考，网址为 www.ciese.org/curriculum/boilproj/。

相关书籍和美国科学教师协会期刊文章

Keeley, P. 2005. *Science curriculum topic study: Bridging the gap between standards and practice.* Thousand Oaks, CA: Corwin Press.

Keeley, P., F. Eberle, and C. Dorsey. 2008. *Uncovering student ideas in science, volume 3: Another 25 formative assessment probes.* Arlington, VA: NSTA Press.

Keeley, P., F. Eberle, and L. Farrin. 2005. *Uncovering student ideas in science, volume 1: 25 formative assessment probes.* Arlington, VA: NSTA Press.

Keeley, P., F. Eberle, and J. Tugel. 2007. *Uncovering student ideas in science, volume 2: 25 more formative assessment probes.* Arlington, VA: NSTA Press.

Keeley, P., and J. Tugel. 2009. *Uncovering student ideas in science, volume 4: 25 new formative assessment probes.* Arlington, VA: NSTA Press.

Konicek-Moran, R. 2008. *Everyday science mysteries: Stories for inquiry-based science teaching.* Arlington, VA: NSTA Press.

Konicek-Moran, R. 2009. *More everyday science mysteries: Stories for inquiry-based science teaching.* Arlington, VA: NSTA Press.

Konicek-Moran, R. 2010. *Even more everyday science mysteries: Stories for inquiry-based science teaching.* Arlington, VA: NSTA Press.

May, K., and M. Kurbin. 2003. To heat or not to heat. *Science Scope* 26 (5): 38–41.

参考文献

Damonte, K. 2005. Heating up, cooling down. *Science and Children* 42 (9): 47–48.

Galus, P. 2003. Science sampler: A slice of solar. *Science Scope* 26 (8): 56–57.

International Boiling Point Project. 2010. *www.ciese.org/curriculum/boilproj/*

第十二章
多冷才算冷

克里斯汀(Kristin)从冰箱里拿出冰块放入玻璃杯中,直到把杯子堆满。她往杯里倒了一些柠檬汁,然后坐下来开始喝饮料。那天天气闷热、潮湿,克里斯汀很快就把饮料喝光。喝完饮料后,她把剩下的几乎满满一杯冰块都倒进水池。

克里斯汀的爸爸在旁边目睹了这一切。"克丽丝[1],你其实用不着浪费那么多

① 克丽丝是克里斯汀的昵称。——译者注

冰块。你干吗要在杯里放那么多冰块?”他说。

“柠檬汁越凉越好,”克里斯汀回答,“我放入的冰块越多,柠檬汁就会越凉。”

“你确定吗?”爸爸问。

“当然啦,”克里斯汀回答,“冰块越多就会让冷饮,嗯……更冷。肯定是这样。”

“也许是吧,”爸爸说,“冰块越多也许能让饮料冷却速度更快,但是,它们真能让饮料变得更冷吗?瞧!那些被扔掉的冰块几乎原封未动。”

“柠檬汁已经很凉,所以我就喝光了。我等不及所有冰块都融化。况且,如果我等到所有冰块都融化,柠檬汁就会变得太凉,最后可能没法喝了。冰块中有很多‘冷能’能够进入饮料,因此,冰块越多,给饮料降温的‘冷能’就越多。”

“我不懂,”爸爸喃喃地说,“这里面好像有什么地方不对劲。柠檬汁会变得比冰块温度还要低吗?”

“嗯,我认为是这样,也可能不是这样,”克里斯汀谨慎地回答,“我也不太清楚。只要冰块没融化完,就会一直给饮料降温,难道不对吗?”

“我们需要做一些实验,”爸爸说,“我们需要首先提出一两个假设。这件事似乎牵涉至少两个问题。”

目的

对儿童而言，“热”和“冷”这两个概念往往很难理解。首先，我们日常使用的语言不严谨，容易让儿童产生错误的认识，例如，他们会认为“冷”是一种可以从一个地方移动到另一个地方的东西。我们经常让别人把门关上，目的是“把寒冷关在门外”（而正确的说法是“把热量关在门内”）。不严谨的日常语言往往会强化“冷能”这个迷思概念，而实际上，被科学界接受的唯一正确观点是，热能是指能量从较热物体向较冷物体转移，冷不过是“热”的缺失。

其次，这个故事旨在为学生搭建一个讨论与探究的平台，让他们研究温度和热量的性质，懂得热交换是造成“相变”（所谓“相变”是指物质由液体变成气体或者由气体变回液体等）的原因。实质上，这可能是学生第一次接触热力学定律。

这个故事其实来源于我和家人在非洲生活时发生的一件真事。当时，我们家那台价格昂贵的旧冰箱每天在43℃的高温下依然顽强地工作着，为我们提供冷藏食物。用这台冰箱制作冰块太奢侈，因此一家人都只好节约使用，唯一的例外是我那十几岁的女儿，也就是故事中克里斯汀的原型。女儿偏要在饮料中放入大量冰块，多次造成父女俩关系紧张，两人之间对话跟故事中的描述相差无几。

相关概念

- 能量
- 温度
- 热能
- 冷却
- 固体
- 相变
- 能量转移
- 热
- 融化
- 结冰
- 液体
- 物理变化

不要惊讶

你的学生可能会认为，“冷”能够从较冷的地方移动到较热的地方并把那里变冷。"空调往外吹冷风"这一现象强化了他们的错误观念。他们可能会认为"冷"是一种实实在在的东西，能够像风或其他东西一样移动。谁又能去责怪他们呢？毕竟，我们日常使用的语言不严谨，对他们的错误观念往往起到了强化作用。很多学生认为，冰块越多，进入柠檬汁的"冷能"就越多。正因为如此，克里斯汀认为，往杯里添加的冰块越多，柠檬汁就会变得越凉。当学生最终发现，一旦加冰块的饮料到达某个温度之后，即使继续添加冰块也不能使饮料温度下降，他们肯定会感到惊讶。

内容背景

如果你曾经往杯里加冰块给饮料降温，就会注意到饮料从不会变得"太凉而没法喝！"哪怕你把饮料放在那里之后忘了这件事，等你想起来时发现冰块几乎全部融化，饮料也不会凉得没法喝。当然，饮料会因为冰块融化而被稀释，喝起来会觉得有些淡，但是温度依然会让人感到非常适宜。这怎么可能？你可能会想：冰块中有很多"冷能"能够进入饮料，因此，冰块越多，给饮料降温的"冷能"就越多。难道那么多冰块不会继续把"冷能"传递到饮料中，使饮料变得越来越凉吗？

你是不是可以反过来想一想：不是冰块里面的"冷能"进入了饮料里面，而是饮料里面的"热量"进入了冰块里面？冰块融化是不是这个原因造成的？如果饮料比较烫，冰块融化的速度会变快吗？你可以把这些疑惑变成需要探究的问题，然后通过实验加以验证。在给你的学生讲述这个故事之前，我建议你阅读海森和特利菲尔合著的《科学问题》(1991)一书的第二章关于能量的内容。该章对能量(就我们的故事而言是指"热能")的解释会令你受益匪浅，让你信心十足地引领学生进行探究实验。以下是该章的主要内容。

对科学家而言，"热能""温度"和"热量"是三个完全不同的概念。"热能"是指一个物体中所有动能的总量，也就是构成物质的分子运动与碰撞而产生的"动能"总和。假设有一锅开水，如果你想测量水温，只能把温度计放在某一个位置，测出的只是那个具体位置的分子热能，而不是所有水分子的热能。然而，你可以推断，无论你把温度计放在水里哪个地方进行测量，得出的读数都是一样的。

温度是一个人为确立的概念，其标准也是人为制订的，例如华氏、摄氏或开氏温度，用以测量各种不同物体之间的热能差异。

每种物质都含有热能，除非它奇迹般地达到绝对零度，而这个温度即使在实验室也几乎不可能实现。当一个物体不能被提取出任何热能时，我们就说它达到了绝对零度。物体越大，含有的热能越多。同等大小的两个冰块所含热能是一个冰块的两倍！你可能会愿意让人把一滴开水滴在你手上，但是绝不会让人把一锅开水浇在你手上。为什么？这是因为，尽管一锅开水和一滴开水的温度相同，一锅开水中的热能总量却要大得多！这就是热能与温度的区别。这些概念似乎有违人们的直觉，但是千万别让它们把你吓跑，相反，你应当主动接近它们，逐渐培养对物理学的兴趣。

热能由物体中的原子运动产生。原子运动越剧烈，产生的热能越多；原子运动越缓和，产生的热能越少。因此，如果你加热或冷却某个物体，就等于改变它的原子运动水平。记住，热量是指热能从一种物体转移至另一种物体。通过给物体添加能量，它含有的热量会升高。太阳、电、火炉或附近的高能量源等散发热量的物体可以把能量传递给接收热量的物体。从较热物体到较冷物体的热传递方式有三种：传导、辐射和对流。如果你把勺子放进一杯热水中，摸一下勺子，就能感受到"传导"的结果。热能通过原子的撞击从水传导至勺子，再传导至你的手。如果你站立在火堆、电暖气或电灯旁边，就会感受到辐射的热能。热能以红外线能量（光谱的一部分）的形式散发，刺激你身体的热传感器，让你感到热的存在。就对流而言，液体或气体中的原子形成一股上升或下降的原子流，最终使整个液体或气体达到相同的温度。这一切都可以归结为热力学定律，就本案例而言，属于热力学第二定律。热力学第二定律可以表述为：热量可以自发地从较热的物体传递到较冷的物体。关于传导的一个有趣现象是，某些物质的热传导能力较强。例如，如果你触碰某种金属，就会感觉它比室内其他物体凉，这是因为你身体的热量传导至金属的速度较快，所以感觉比较凉。如果该金属已经在室内放置了很久，那么它和室内其他物体的温度其实是一样的，你的身体使你误以为金属较冷，而实际并非如此。

克里斯汀对"能量"产生的错误认识包括两点。首先，她认为"冷"是一种能量，可以从一个地方转移到另一个地方。第二，她认为冰块里的"冷能"能够源源不断地进入饮料，一直给饮料降温，直到所有冰块完全融化为止。在她看来，冰块里面的"冷能"会逐渐进入饮料，直到它全部被用光。如果真是这样，饮料的温度最终完全有可能变得比冰块本身的温度还要低。而根据我们的经验，这种观点是不对的。实际情况是，饮料里的热能逐渐转移到冰块里，让冰块融化。饮料的温度绝不可能变得比冰块的温度低。由于热能只能够从较热物体转移到较冷物体，因此冰块温度跟饮料温度变得相同以后，就不再发生热能转移。只有当饮料温度比冰块温度高的时候，热能转移才会继续进行。换句话说，只有当两个物体存在温度差异的时候，热能才会在它们之间转移。

我们可以借助温度计和冰水来验证这一点。饮料把热量转移给冰原子，促使冰块融化，从而使冰块发生从固态到液态的相变。请注意，只要冰块没有完全融化，它们的温度就不会变化，但是，饮料的热能最终将会使冰块从固态变成液态（水）。饮料的温度绝不可能低于其中任何一个冰块的温度。饮料的热能转移到冰块之中，最终，饮料温度和冰块温度达到均衡，一旦达到均衡之后，温度就不会继续下降。实质上，当冰块和饮料达到相同温度之后，就不再发生热能转移。否则，热力学第二定律"热量可以自发地从较热的物体传递到较冷的物体"就会被打破（至少会被废止）。迄今为止，这样的事情还不曾发生。我完全可以预料，你和学生的实验也绝不可能打破这一定律。

《国家科学教育标准》（国家研究委员会，1996）的相关内容

幼儿园至 4 年级：物体和物质的属性

• 物质以不同形态——固态、液态和气态存在。加热或冷却可以使一些常见物质从一种形态变为另一种形态，例如水。

幼儿园至 4 年级：光、热、电和磁

• 热的产生有多种方式，例如燃烧、摩擦或两种物质的混合等。热可以从一个物体转移到另一个物体。

5～8 年级：能量转移

• 能量是很多物质的属性之一，与热、光、电、机械运动、声音、核能或化学变化的性质有关。能量转移有多种方式。

• 热量转移具有可预见性，总是从较热物体向较冷物体转移，直到两者达到相同的温度。

《科学素养基准》（美国科学发展协会，1993）的相关内容

幼儿园至 2 年级：物质结构

• 加热和冷却能够引起物质属性发生变化。温度越高，很多变化的速度越快。

3～5 年级：能量转化

• 把较热物体和较冷物体放在一起，前者失去热量，后者吸收热量，直到两者达到相同的温度。较热物体可以通过直接接触或相隔一定距离使较冷物体变暖。

6～8 年级：能量转化

• 热量可以通过原子碰撞在物质之间转移，或者通过辐射在空间传播。如果是液态物质，其内部会产生对流，有助于热量转移。

• 能量以不同形式存在。热能是分子的不规则运动。

在幼儿园至 4 年级中使用这个故事

幼儿园至 4 年级的学生听了这个故事之后可能会感同身受，因为故事中并没有刻意提及克里斯汀的年龄。根据《国家科学教育标准》和《科学素养基准》，我们对幼儿园至 4 年级学生的要求是：能够分辨热的物体和冷的物体；能够认识到，如果热的物体和冷的物体放在一起，热的物体会变冷，而冷的物体会变热。这一教学要求还暗含一点：学生需要知道物质能够从一种状态转变为另一种状态。

实际上，无论你的学生处于哪个年级，你都可以从他们的讨论中洞察到他们对“热能”和“热能转移”的前概念水平如何。尽管如此，与一二年级相比，这个故事在三四年级学生中使用效果可能更好。大多数孩子到了上学年龄都会对冰、结冰以及融化等现象具有一定的了解，也会对这一过程中发生的种种事情形成一些零散的概念。一个比较好的方法是，你可以让一二年级的学生关注冰块的融化过程，从中了解他们对这一现象的认识程度如何。你可以组织他们进行一场冰块融化比赛，这样能够充分调动他们的积极性。给每名学生分发一个冰块，把冰块放在盘子上，然后，让他们想办法使自己的冰块融化得越快越好。比赛规则是，不允许学生用身体的部位接触到冰块，也不允许他们把冰块拿到教室其他地方，除此之外什么招数都可以用。有些学生可能会用嘴对着冰块吹气，有些学生可能会用手当扇子给冰块扇风，还有些学生可能会用铅笔或钢笔把冰块来回拨动。你可以在教室里来回巡视，问一问他们为什么要那样做。

你也可以参考《了解学生的科学想法》第一册或第二册（基利、埃伯尔和法林，2005；基利、埃伯尔和塔古尔，2007）中的探究案例来做冰块融化实验。第一册的案例为“袋子里的冰块”，第二册的案例为“冰冷的柠檬汁”。低年级学生可能还看不懂温度计，因此，要让他们做关于温度的研究还有一定难度。你可以向他们展示并为他们读取温度计的度数，但是，这对学生而言就变成了“二手的”科学调查。因此，你可以让学生使用简单、直观的数显温度计，教他们如何学习掌握温度变化的知识。当然，千万不要忘记让学生在课堂上就这个故事展开讨论，你可以借机了解他们对热能、结冰以及融化等的看法。

三四年级的学生如果会使用温度计，就能够通过实验对故事中克里斯汀和她爸爸提出的问题进行验证。学生应当能够发现，一旦杯里的饮料和冰块达到相同温度，它们之间的温度也就达到了均衡，此后，无论杯里还剩下多少冰块，温度都会保持不变，这是因为，如果两个物体之间没有温差，那么热能转移现象就不再发生。由于房间内的热能会转移给饮料，所以饮料将会把热能转移给冰块，而冰块为了保持温度的均衡状态，将会持续不断地吸收这部分热能。因此，当所有冰块融化以后，饮料的温度将会朝着室温变化，学生将会注意到，饮料温度在这个过程中逐渐上升。你可以让学生就这些现象给出科学、合理的解释，并就具体问题跟他们充分交换意见，这样，师生双方都能从中受益。你可以问一问学生饮料温度最终会发生怎样的变化，由此提醒他们关注室温对饮料温度的影响。你需要让学生把这些实验结果、结论和解释等都记录在科学笔记本上。现在，他们肯定知道如何为这个故事续写结局了。你不妨问一问学生：克里斯汀在做完实验之后会对爸爸说些什么？他们就能够根据自己通过实验掌握的数据替克里斯汀回答这个问题。

在5～8年级中使用这个故事

初中生肯定已经知道如何使用温度计，但是，你不要指望他们真的懂得温度计显示的温度与“热能”这个抽象概念之间的差异。这是因为，在日常生活中，我们通常是借助温度来体现不同物体之间能量差异的，而实际上能量和温度完全是两个不同概念，因此，学生往往会把这两者搞混。两份国家标准文件建议，我们没有必要花那么多时间和精力去教学生辨别两个概念的差异。总而言之，学生需要学习掌握的重点是：热量总是从较热的物体传递到较冷的物体，而且，转移的是热能而不是所谓的“冷能”。在这里，我想补充一点：要让固体变成液体或者让液体变成气体，就需要一定的能量，而能量并不一定会改变所涉及物质的温度。也就是说，你给水增加热能，一旦水沸腾的话，它的温度就不再升高，始终维持在100℃。继续增加能量，只会让水不断从液态变成气态，直至水全部变成气态为止。

对5～8年级学生而言，我建议你利用这个故事激发他们讨论的热情，并鼓励他们通过实验设计为克里斯汀答疑解惑。把学生讨论的结果写在“我们的最佳思维榜”上，并把他们的陈述句改成问句，然后再改成假设句。教师的作用主要是帮助学生把精力放在实验设计上，用实验来回答这些问题，或者用实验来证实或推翻这些假设。

例如，学生们可能会建议把温度计分别放在几个盛水的杯子里，然后给每个杯子加入数量不等的冰块，这样，他们就能在冰块融化时监控水的温度变化。所有容器是否应当选用同一材质？所有冰块是否应当大小相同？所有冰块是否都应当取自同一个盘子(容器)？应当如何记录数据？是否应当把这些数据制成图表形式？实验什么时候结束？是等一个冰块、一些冰块融化，还是等所有冰块融化？实验设计应当建立在假设的基础之上，而你也应当帮助学生在实验过程中尽可能做到公平。学生拿到实验数据以后会发现，不同小组的数据之间可能存在一定的误差，有些学生会认为误差很重要。你应当问一问学生：多大的误差才算重要？举个例子，一名学生在一个杯里放入5个冰块，而在另一个杯里放入1个冰块，然后这名学生提出假设：放入5个冰块的杯子水温会降得更低一些。根据温度计测量结果，放入5个冰块的杯子水温只比放入1个冰块的杯子水温低1度。按理说，如果两者温度有差异的话，应该不止1度。那么这1度的差异是从哪来的？可能是温度计有问题，也可能是在测量之前这名学生没有把两个温度计调整为同样的度数，或者，也可能是读取温度计度数的时间不对。解决问题的合理办法是，把所有这些可能性都认真考虑一番之后，当着全班同学的面把实验重新做一遍。记住，这本书以及书中故事都是关于科学研究的，而科学研究的道路从来就不平坦。让学生围绕着探究问题畅所欲言，将会使他们受益匪浅。还有，全班学生意见不可能完全一致，这也是科学发展的组成部分。我建议你阅读沃森和科尼赛克(1991)合写的文章《为转变观念而教学》，看看文中那位老师是如何处理此类问题的。在讨论过程中，无论哪个学生提出自己的看法，你都务必让他拿出证据来。科学注重证据，而不是注重看法，你的作用就是要提醒学生注意这一点。你也许拥有一整套能够自动收集并处理实验数据的计算机程序，可以非常准确地测量温度，甚至可以利用图表把温度变化情况在屏幕上实时显示出来。我并不反对你这样做，但是，我想请你认真考虑一下，怎样才能让你的学生从自己动手收集数据以及绘制图表中受益。你可以把计算机程序当作辅助工具，帮助学生巩固、强化他们学到的新概念，学生可能会说，计算机程序得出的结果“跟我们的结果完全一致”。你能看出这两者之间的微妙差别吗？

我坚信，经过实验与讨论之后，你的学生（甚至可能包括你）将会对“热量转移”概念本身以及如何获得这一新知的过程产生更明确的认识。

相关书籍和美国科学教师协会期刊文章

Ashbrook, P. 2006. The matter of melting. *Science and Children* 43 (4): 18–21.

Damonte, K. 2005. Heating up, cooling down. *Science and Children* 42 (9): 47–48.

Driver, R., A. Squires, P. Rushworth, and V. Wood-Robinson. 1994. *Making sense of secondary science: Research into children's ideas.* London and New York: Routledge Falmer.

Keeley, P., F. Eberle, and L. Farrin. 2005. *Uncovering student ideas in science: 25 formative assessment probes, volume 1.* Arlington, VA: NSTA Press.

Keeley, P., F. Eberle, and J. Tugel. 2007. *Uncovering student ideas in science: 25 more formative assessment probes, volume 2.* Arlington, VA: NSTA Press.

Line, L., and E. Christmann. 2004. A different phase change. *Science Scope* 28 (3): 52–53.

May, K., and M. Kurbin. 2003. To heat or not to heat. *Science Scope* 26 (5): 38.

Purvis, D. 2006. Fun with phase changes. *Science and Children* 43 (5): 23–25.

Robertson, W. C. 2002. *Energy: Stop faking it! Finally understanding science so you can teach it.* Arlington, VA: NSTA Press.

参考文献

American Association for the Advancement of Science (AAAS). 1993. *Benchmarks for science literacy.* New York: Oxford University Press.

Keeley, P. 2005. *Science curriculum topic study: Bridging the gap between standards and practice.* Thousand Oaks, CA: Corwin Press.

Keeley, P., F. Eberle, and L. Farrin. 2005. *Uncovering student ideas in science: 25 formative assessment probes, volume 1.* Arlington, VA: NSTA Press.

Keeley, P., F. Eberle, and J. Tugel. 2007. *Uncovering student ideas in science: 25 more formative assessment probes, volume 2.* Arlington, VA: NSTA Press.

National Research Council (NRC). 1996. *National science education standards.* Washington, DC: National Academies Press.

Watson, B., and R. Konicek. 1990. Teaching for conceptual change: Confronting children's experience. *Phi Delta Kappan* 71 (9): 680–684.

第十三章
会跳舞的爆米花

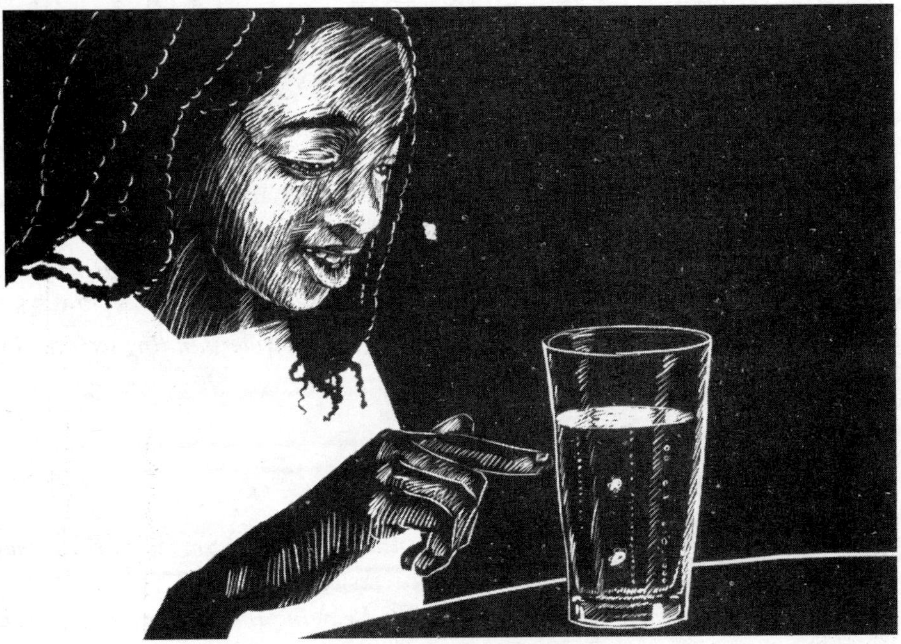

山蒂达丝(Shantidas)正在阅读一本科学杂志,突然,她发现一篇的文章标题很有趣——“会跳舞的爆米花”,该文只是给出了实验的具体步骤,却没有说会出现什么结果。这可有点不同寻常,因为这类文章往往都很有趣,而且会把事情的来龙去脉告诉读者,不需要读者费尽心思瞎猜。然而,山蒂达丝喜欢自己动脑筋。她喜欢科学,喜欢做一些有挑战性的研究,不希望看到问题后面附有现成的答案。

《会跳舞的爆米花》一文指出,你可以准备一杯清澈的碳酸饮料,例如雪碧或七喜等，把几颗爆米花放到汽水里，然后注意观察会发生什么事情。山蒂达丝按照实验说明一步步做好，然后坐在那里开始观察。爆米花径直沉到杯底，但是它们周围很快泛起很多气泡。

过了一会儿，爆米花开始浮到汽水表面，然后又快速沉到杯底。然后，这一过程又重新开始。

“好吧，”山蒂达丝想，“肯定是爆米花周围的气泡使它们变得更轻。气泡比汽水要轻，这就是汽水中的气泡总是浮到顶部的原因。”

就在这时，山蒂达丝的哥哥鲍里斯(Boris)走进厨房，他问山蒂达丝在干什么。山蒂达丝向他解释了事情的前因后果，然后问他是否知道爆米花为什么“会跳舞”。

“我觉得这跟救生衣一样。救生衣让你变得更轻，所以你会浮到水面。如果你把救生衣脱掉，就会沉到水里。”

“但是，我不明白为什么爆米花增加了东西反而变轻，增加东西应该变重才对啊。我也不明白救生衣那么重，反而能让人变轻。”

“是这样，气体又没有重量，所以它不会让爆米花变重的，而只会让爆米花浮起来，”鲍里斯说，“关于救生衣的事，我得重新考虑一下。”

“我认为，我们需要非常仔细地观察，鲍里斯，每一个细节都不放过。”

后来，他们又在思考：使用爆米花以外的其他东西，能否得到同样的结果呢？

目的

也许你们中有人还记得多年前加利福尼亚的一则“会跳舞的葡萄干”广告。当然,爆米花跟葡萄干跳的舞不一样。这个故事旨在鼓励学生努力解开物体为什么能够在碳酸饮料中上下跳动的谜题。低年级学生只需要了解一下漂浮现象即可,而高年级学生则需要学习密度和浮力知识。

相关概念

- 浮力
- 密度
- 系统

不要惊讶

学生可能会从几个角度来思考漂浮或浮力问题。他们会想到物体的材质、形状,空气,液体的深度以及其他因素等。他们可能会认为任何有洞的物体都会下沉,而任何有空气的物体都会漂浮。长的物体不如短的物体那样容易漂浮。他们可能会对你说大的物体容易漂浮,过一会儿之后又对你说小的物体容易漂浮,完全忘记自己说的话前后矛盾。不过,学生在谈到浮力时经常提到的一点是,给一个正在下沉的物体注入空气能够让它浮起来。这种说法有一定道理,大多数学生认为空气没有重量,这也难怪,因为他们看到任何液体中的气泡总是能够浮起来。在他们看来,这跟我们用氦气球把重物吊起来的道理是一样的。

内容背景

浮力令很多人感到非常神奇,因为我们通常认为,只要一松手,物体就会掉下去,而浮力偏偏不是这样。看到氦气球或热气球腾空而起令我们欢呼雀跃,躺在水中漂浮设备上自由徜徉令我们感到逍遥自在。

浮力是液体或气体中物体受到竖直向上的力。2 200 多年前,西西里岛锡拉库扎市的天才阿基米德说:“任何物体,无论是部分还是全部浸入溶液中,都会受到向上的浮力,而浮力大小等于物体排开液体的重量。”听起来不错,但他的话究竟是什么意思?

这主要跟密度(物体的质量与体积的比值)有关。如果你拿保龄球和排球作比较,就会发现它们的大小(体积)虽然相同,但是保龄球要比排球重得多。因为保龄球单位体积内的质量较大,所以我们说它的密度较大。如果把这两个球同时放到水池里,你很容易猜出结果会怎样。学生会说,因为排球充满空气,所以能够浮起来。在某种程度上,这种说法是对的,然而,并不是因为排球内的空气本身起到了作用,而是因为这部分空气尽管占据了很大空间,却没有给排球增加多少重量。

密度是物质的一种属性。这意味着,即使我们把某个物体分成一大一小两块,它们的密度也是一样的(记住,因为密度是物体的质量与体积的*比值*)。当然也有一些例外情况,比如说树木或其他一些生物制成品,它们各个部分之间的密度可能会略有差异。然而,铁、铝或其他元素构成的纯净金属密度就是一个恒量。

让我们再回过头来说说阿基米德。他得出下面一个结论:浸在液体里的物体受到该液体向上的浮力作用。根据他的计算,浮力的大小等于被该物体排开液体的重量。如果你试着把一个沙滩球或排球从水面往下按的话,就能够真真切切地感受到这种力。即使你想把小小的乒乓球往水里按的话,也能够感受到这种力。这些例子讲的都是有浮力的情况,那么,如果没有浮力又会怎样呢?

实际上,你可以以一种不同的方式感受到浮力的存在。每年春天,我和妻子都会把我们家鱼塘里一盆盆盛开的睡莲挪挪地方。我们通常都是趁着鱼塘里有水的时候去搬动这些盆盆罐罐,因为借助水的浮力搬起来比较容易。如果池塘里没有水,我们就会觉得这些盆盆罐罐如同灌了铅一样沉重。我们能够轻易把这些盆盆罐罐从水里搬到水面,然而,一旦它们离开水面,重量似乎突然急剧增加。实际上,它们的重量丝毫没有增加,只是水向上的浮力无法再继续帮助我们。你可以在弹簧秤下方挂一块石头(或重物),然后把石头浸入水中来测量浮力。弹簧秤显示的石头重量比其实际重量要轻一些。石头的重量本身并没有改变,但是水向上的浮力部分抵消了地球施加给石头向下的重力。

因此,物体在空气或水中同时受到两个力的作用:物体自身向下的重力和它排开的那部分空气或水向上的浮力。如果向上的力大于向下的力,这个物体就会飘浮(或漂浮),反之,该物体就会下沉。物体沉浸在水中或者气球飘浮在空气中,其道理是一样的。阿基米德算出，物体排开的水量越大，它受到向上的浮力就越大。这一点能够帮助我们弄明白爆米花为什么会漂浮到水杯的顶部。

当饮料中二氧化碳气泡开始在爆米花周围形成的时候，“爆米花—气泡”系统的体积开始增大。我们应当把爆米花和气泡看成一个系统，因为它们互相作用并结合起来构成一个整体。根据阿基米德的理论，因为爆米花—气泡系统排开的水量很大，所以受到向上的浮力也很大，足以把该系统托举到水的表面。（请注意，气泡使“爆米花—气泡”系统的重量和体积都有所增加，但是，如果你拿气泡质量与其所占的空间相比，就会发现它的质量可以忽略不计。）爆米花上升到水的表面以后，你会看到气泡破裂，所以爆米花—气泡系统体积变小。由于该系统及其受到的浮力不复存在，所以爆米花就会再次沉到水底，然后这一过程重新开始。实质上，这就等于我们给爆米花穿上了一件体积很大但质量很小的救生衣，爆米花系统的体积急剧膨胀，而其质量仅仅增加了一点点。

请让我说一件真事，也许它可以帮助你了解浮力。在三年级某一个班里，我准备把水果放到水里，首先要让学生预测哪些水果会沉下去、哪些水果会浮起来。有一名学生建议把一个浮在水面上的橘子剥掉，结果，橘子被剥掉皮之后沉到了水下。一名 8 岁的学生说：“我觉得，橘子皮就是橘子的救生衣。”他用这个比喻表明自己对浮力的理解，你认为怎么样？

如果你想了解学生对浮力问题的掌握程度，可以使用《了解学生的科学想法》（第二册）（基利、埃伯尔和塔古尔，2007）一书中的四个探究案例：“立方体比较”“漂浮的原木”“高飞和低飞”及“固体和小孔”。你也可以从本章结尾处列出的国家科学教师协会出版社出版的相关书籍和期刊文章中找到一些有用的资料，以帮助提高自身的知识水平。

《国家科学教育标准》（国家研究委员会，1996）的相关内容

幼儿园至 4 年级：物体和物质的属性

- 物体具有很多可见的属性，包括尺寸、重量、形状、颜色、温度以及与其他物质产生反应的能力。我们可以利用直尺、天平或温度计等工具对这些属性进行测量。

5～8 年级:物质的属性和属性变化

· 物质都具有各自的属性,例如密度、沸点或溶解度等,这些属性和样本的数量无关。我们往往可以利用一种或几种属性,把混合在一起的不同物质还原成它们原来的样子。

《科学素养基准》(美国科学发展协会,1993)的相关内容

幼儿园至 2 年级:物质的结构

· 我们可以借助物体的构成材料(黏土、布或纸等)及其物理属性(颜色、大小、形状、质量、质地或韧性等)对物体进行描述。

幼儿园至 2 年级:稳定和变化

· 事物能够以某种方式发生变化,也能够以某种方式保持原样。

· 事物能够以不同方式发生变化,例如尺寸、重量、颜色或运动等。

3～5 年级:稳定和变化

· 一个事物即使有些特征发生变化,另外一些特征依然会保持不变。

6～8 年级:物质的结构

· 相同体积的不同物质往往重量不同。

在幼儿园至 4 年级中使用这个故事

这个故事鼓励学生自己动手做实验。如果你手头没有汽水,在半杯水中放入半片泡腾片也能获得同样的效果。泡腾片迅速溶解,所含物质引起的化学反应会产生大量气泡,足够爆米花跳上很长时间。再配上一段舞曲怎么样?

让学生认真观察杯子里发生的现象,并在科学笔记本上如实记录下来。当你进行到"我们的最佳思维榜"这一环节时,他们记录的内容就派上了用场。让学生谈一谈爆米花能够跳舞的原因是什么,然后再让他们把各自的疑问列举出来。

如果你使用的是泡腾片,学生的疑问可能会集中在气泡以及产生气泡的原因上面。由于这个问题对低年级学生而言太过复杂,所以你最好一笔带过,只需要说泡腾片跟水混合后发生化学反应产生气泡即可。如果你使用碳酸饮料,就不会引发这个问题,因为学生的注意力都会集中到碳酸饮料中的气泡。你应当尽量引导

学生关注那些气泡有什么作用，以及它们对爆米花有什么影响。你可以让学生把观察到的现象按先后顺序整理一下，这样，他们或许能够看出附着在爆米花周围的气泡与爆米花上浮下沉之间存在一定关系。

学生往往会问：如果不使用爆米花，换成别的东西会怎样？你可以让他们摸一摸爆米花，然后说一说自己的感受。有的学生可能会用“粗糙”或“有很多棱角”等字眼来描述爆米花。你可以问一问学生，像爆米花这样的东西还有哪些？他们通常会提到葡萄干、扁豆或豌豆等。你应当给学生提供充分机会让他们自己动手试一试，看看这些东西会不会沉下去，周围会不会产生气泡。请注意，在这个试验中，物体的表面形状很重要。在学生列举出一些可用于实验的东西之后，你可以把这些东西改成需要调查的问题，例如：葡萄干会像爆米花一样跳舞吗？附着在爆米花周围的气泡数量会影响它的上浮速度吗？不同种类汽水对爆米花的行为有影响吗？通过这种方式，你就可以引导他们踏上货真价实的科学探索之路。你放心，他们不会建议你拿出价格不菲的年份香槟来做实验。

至于这一现象背后的原因，你可以让学生把他们曾经经历过的水下活动与爆米花的沉浮现象挂起钩来。学生也可能建议使用金属物体，他们将会发现，就算表面粗糙的金属物体周围有气泡产生，它们也不能浮起来。金属与爆米花有什么不同？你可以提请学生注意，在同等大小情况下，金属要比爆米花重得多。他们就会明白，需要同时考虑大小和重量这两个因素。

我喜欢在上课的时候带一件救生衣。我请一名学生把救生衣穿在身上，这样全班同学都能看出救生衣具有一定的重量，而且人穿上救生衣后所占据的空间增大。面对低年级学生，我对密度概念的讲解到此为止。然而，这一番经历将会对他们今后深入学习这一概念大有帮助。如前所述，让学生预测哪些水果能够漂浮、哪些能够下沉，这一活动肯定会妙趣横生。他们会发现，大多数去核的水果（李子、桃子或樱桃等）都会下沉，而没去核的水果则不会下沉。关于橘子去不去皮的问题，将会引发学生就水果大小、所占空间、漂浮以及下沉等方面展开热烈讨论。

在5～8年级中使用这个故事

我认为，在做这个实验时，让学生有机会近距离观察非常重要。你应当在每一位学生（或至少每两位学生）面前摆放一套实验设备。请参考上一节的教学建议，看看需要准备哪些实验材料。

高年级学生通常对密度概念已经有所了解,并且能够做一些必要的测量对结果进行验证。然而,如果这个年龄段的学生能够认识到,在清水中只有两种方法能够让漂浮的物体下沉或者让下沉的物体浮起来,即改变物体的体积或者改变物体的重量,那么我就会对他们的表现感到非常满意。由于密度是一个比值,所以学生务必要留意如下一点:任何时候,都需要把物体的体积和质量这两个属性放在一起考虑。

这对有些学生而言可能有些难度。你可以使用《了解学生的科学想法》(第二册)(基利、埃伯尔和塔古尔,2007)一书中的三个探究案例——"立方体比较""漂浮的原木"及"高飞和低飞",根据学生给出的答案来了解他们对漂浮、下沉和密度等概念的掌握情况。

实际上,液体的密度也是一个重要因素。然而我发现,在学生还没有搞懂漂浮或下沉物体本身的密度问题之前,你又介绍这一新内容,只会给他们添乱。虽然公式 $D=M/V$(密度等于质量除以体积)最终将会帮助学生弄明白密度是如何计算出来的,但是在他们进行数学计算之前,最好还是让他们多积累一些实际经验。

你班里很多学生可能会认为,水的深度对物体沉浮也会产生影响。这一点很容易通过实验加以验证。

国家科学教师协会面向中学教学的会刊《科学视野》有几篇文章可以帮助你深入探索与教授密度概念。它们是:

- 《从不同角度看密度》[彼得森-钦(Peterson-Chin)和斯特林(Sterling),2004]
- 《密度的卑鄙行为》[肖(Shaw),2003]
- 《洗发精、酱油和王子的吊坠》[钱德拉塞卡(Chandrasekhar)和利瑟兰(Litherland),2006]

如果你登陆国家科学教师协会网站(www.nsta.org),在"科学视野"栏目中搜索"密度",能够找到更多关于这一概念的文章。

最后再提醒一点:绝大多数学生都认为密度这个概念很难掌握,而浮力概念又进一步给它增加了难度,他们往往要在多年以后才能彻底"搞定它"。上述调查和实验活动将会为学生最终理解密度奠定坚实的基础。有时候,学生思维的“电灯泡”会意外熄灭,而你当时可能并不在场。没关系,你已经为他们接通了闸刀开关。

相关书籍和美国科学教师协会期刊文章

Driver, R., A. Squires, P. Rushworth, and V. Wood-Robinson. 1994. *Making sense of secondary science: Research into children's ideas.* London and New York: Routledge Falmer.

Keeley, P. 2005. *Science curriculum topic study: Bridging the gap between standards and practice.* Thousand Oaks, CA: Corwin Press.

Keeley, P., F. Eberle, and C. Dorsey. 2008. *Uncovering student ideas in science: Another 25 formative assessment probes, volume 3.* Arlington, VA: NSTA Press.

Keeley, P., F. Eberle, and L. Farrin. 2005. *Uncovering student ideas in science: 25 formative assessment probes, volume 1.* Arlington, VA: NSTA Press.

Keeley, P., F. Eberle, and J. Tugel. 2007. *Uncovering student ideas in science: 25 more formative assessment probes, volume 2.* Arlington, VA: NSTA Press.

Konicek-Moran, R. 2008. *Everyday science mysteries.* Arlington, VA: NSTA Press.

Konicek-Moran, R. 2009. *More everyday science mysteries.* Arlington, VA: NSTA Press.

Shaw, M. 1998. Diving into density. *Science Scope* 22 (3): 24–26

参考文献

American Association for the Advancement of Science (AAAS). 1993. *Benchmarks for science literacy.* New York: Oxford University Press.

Chandrasekhar, M., and R. Litherland. 2006. Shampoo, soy sauce, and the prince's pendant: Density for middle-level students. *Science Scope* 30 (2): 12–17.

Keeley, P., F. Eberle, and J. Tugel. 2007. *Uncovering student ideas in science: 25 more formative assessment probes, volume 2.* Arlington, VA: NSTA Press.

National Research Council (NRC). 1996. *National science education standards.* Washington, DC: National Academies Press.

Peterson-Chin, L., and D. Sterling. 2004. Looking at density from different perspectives. *Science Scope* 27 (7): 16–20.

Shaw, M. 2003. A dastardly density deed. *Science Scope* 27 (5): 18–21.

第十四章
偷颜色的贼

珍妮(Jenny)喜欢为学校做各种项目。实际上,她最喜欢的是为项目计划书设计封面。她喜欢各种各样的颜色和图案,在封面上花的时间赶上在项目本身上花的时间了。

这一天,珍妮刚刚完成一项为科学课程设计的项目书。项目主题是“气球”:氦气球、热气球以及能够引起气球升空飘走的原因等。珍妮最喜欢热气球,也许因为它们总是色彩斑斓、图案绚丽、形态万千。珍妮住在一片山谷里，几乎每天早晨和晚上都有热气球从天空飞过。驾驶员操纵热气球爬升的时候，她甚至能听到火焰的“咆哮”声。

这个项目很有趣，珍妮花了很大篇幅解释这些充满热空气的大袋子如何能够在乡间飘浮那么远的距离。现在到了最有趣的环节——为项目书制作一张绚丽多彩的封面。

在封面上画什么？这对珍妮来说根本不成问题。

“我要画一个巨大的热气球，上面有一颗由绿色、紫色和蓝色等钻石组成的星星。”她对妈妈说，然后便开始绘制图案并着色。

“我有一些漂亮的彩色透明塑料文件夹，”妈妈说，“你可以把项目书放进去，这样会显得既别致又多彩。”

“真棒！”珍妮一边说，一边继续给图案上色：红色、黄色、蓝色、紫色，还有绿色等。

太棒了！简直就是杰作！珍妮对项目书本身和封面都感到特别自豪，当然，最自豪的还是封面。

“妈妈！”她喊道，“你刚才说的那些彩色文件夹在哪里？”

“我放在厨房的桌子上了，”妈妈在客厅里说，“你自己去挑吧，大概有五六种不同颜色。”

餐桌上果然放着一些文件夹，有绿色、红色、黄色、蓝色、蓝绿色以及无色等。选哪一种好呢？珍妮陷入了沉思。红色怎么样？红色应该能让项目书封面的颜色看起来更亮丽。

她把项目书封面放进那个透明的红色文件夹里，凑到台灯跟前想好好欣赏一番。可是……

“糟糕！”珍妮喊道，“文件夹把我的颜色偷走了！”

妈妈走了过来，想知道珍妮在嚷嚷什么呢。

“‘偷走了你的颜色’？这话是什么意思？”

“快看。”珍妮把文件夹和项目书举给妈妈看。

“真是的呢！”妈妈惊呼道，“有些颜色变成了……**黑色**，其他颜色都不见了！怎么会这样？我还以为红色能让所有的颜色都看起来更漂亮一些呢。我们来试试其他颜色的文件夹。”

她们试了试其他颜色，结果却令她们更吃惊。后来，珍妮只好把项目书放进无色的文件夹，慢慢欣赏自己的作品。但是，她仍然没弄明白那些彩色文件夹是怎么把颜色偷走的。她想，能否重新制作一个项目书封面，即使放到彩色文件夹里封面颜色也不会发生变化？

目的

这则故事向读者提出的谜题是：光、颜色，以及人如何看见颜色。它还提出了一个问题："颜色是什么？" 学生在研究颜色和滤镜之后应当能够明白，白光是由可见光谱中的各种颜色组成的，眼睛和大脑一起参与了人"看见"颜色的过程。

这则故事还有第二个目的，涉及范围更广：帮助学生理解，无论一个物体是明亮还是暗淡，我们之所以能够看见物体，是因为物体反射的光线进入了我们的眼睛。这个概念是教学的难点之一。我希望，这则故事以及与故事相关的实验能够帮助学生更好地理解人们是如何看见物体的。

相关概念

- 能谱
- 颜色
- 反射
- 衍射
- 混色
- 三基色

不要惊讶

很多儿童和成人都认为视觉源于眼睛。常言道，"情人眼里出西施"，但这不是科学意义上的视觉。根据科学的说法，我们之所以看见物体，是因为物体反射的光线进入我们的眼睛。因此，没有光的话，我们什么都看不见。很多学生都认为，只要眼睛在黑暗中有足够时间适应环境，也能看见其中的东西。这样说来，"我们因为反射光才能看见物体"这个概念有违人们的直觉。在哈佛史密森科学传媒集团出品的影片《私人宇宙》中，8 年级学生凯伦在完全漆黑的房间里静坐 15 分钟后，说她能看见眼前桌子上一块积木的黄色那一面。当测试者告诉她积木的黄色面已经被调转方向背对着她时，她还是坚持认为，只要给予足够的时间，她的眼睛就能适应。尽管完全没有光，她至少能看到积木的轮廓。

学生不相信光能从一个地方传播到另一个地方，而是相信光能够把一个空间（例如房间）"充满"。由于光的传播速度很快，我们不难明白这种错误认识是如何形成的。《了解学生的科学想法》(第一册)(基利、埃伯尔和法林,2005)中的两个探究案例"它能反射光吗?"和"黑暗中的苹果"都是为了发现学生对"光"这个概念抱有什么想法。

内容背景

首先,我必须强调一下,我们对颜色的感知过程如下:我们利用眼睛、大脑以及所学知识来辨别颜色。换句话说,我们之所以能够"看见"光和颜色,是因为眼睛某些细胞与大脑发挥它们的功能,再加上我们运用所学知识,这些因素共同作用产生的结果。由于我们对亲眼所见的东西都"信以为真",这种想法有可能会让我们对光的真正属性产生错误认识,久而久之,就会让这种错误认识变得根深蒂固。

光的性质非常复杂,本书无法面面俱到。如果你想要系统、详尽地了解各种波的知识,《科学问题》(海森和特利菲尔,1991)这本书能为你答疑解惑。劳伦斯科学馆(Lawrence Hall of Science)出版的"数学和科学大探索"(Great Explorations in Math and Science,简称 GEMS)系列教材中有一本《颜色分析仪》(*Color Analyzers*)[埃里克森(Ericson)和维拉德(Willard),2005],该书花很大篇幅对光进行了详尽解释。你还可以参考比尔·罗伯特森(Bill Robertson)的著作《光:不要不懂装懂!彻底理解科学才能进行科学教学》(*Light: Stop Faking It! Finally Understanding Science So You Can Teach It*,2003),书中设计的很多活动将会令你大开眼界。你不一定需要拥有物理学硕士学位才能讲好本章的故事,但相关的背景知识能帮助你从容应对学生提出各种意想不到的问题,它能帮你找准问题的重点和难点并对学生做出正确的形成性评价,从而使他们带着全新认识重新回到调查研究中。还有,你即使不明确告知学生如何去做,他们也完全有可能掌握研究技巧。

本章故事涉及光和颜色的性质。光是一种电磁干扰的结果。我们不妨把这些干扰看作电磁波。这种情形就像你把一块石头扔进池塘,能看到石子在水中激起一圈圈的涟漪(波纹)。我们也可以把光波跟声波作比较,声波是物体震动时干扰其周围空气分子而产生的。光波的干扰源有:太阳;人类数千年来发明的各种产生光的工具,包括火、电、手电筒、蜡烛等。

光波有不同的波长(相邻两个波的波峰到波峰或者波谷到波谷之间的距离)。

人类已经为几种可见波长的光命名，红、橙、黄、绿、蓝、靛、紫。人类能够看到的光数量有限，而这几种光都在可见光光谱范围之内，被称为“白光”。

“ROYGBIV”（发音像人名“Roy G. Biv”）是上述几种颜色英语单词的首字母缩写，我们可以利用它记住太阳光的所有颜色，字母顺序也就是它们在彩虹中的顺序。彩虹是由白光在另一种自然现象“衍射”的作用下被分解造成的。可见光谱只是整个光谱家族中的很小一部分，这个家族还包括很多无法被人类感知的光，包括红外线、紫外线、无线电波、伽马射线以及X射线等。

可见光由于波长和能量水平各异，很容易被水滴、棱镜或一种名为“衍射光栅”的仪器（详见下文）等分离开来。这种使波发生弯曲并发散的现象被称为“衍射”。在可见光谱中，每种波的弯曲程度不同，易于分辨，被称为色谱。此外，每当波进入不同密度的介质，如水或玻璃，就会在不同程度上发生弯曲并发散的现象，这也是衍射的一个例子。

人眼睛的视网膜里有数百万个能感知颜色的细胞，因为其形状如圆锥，所以被称为视锥细胞，另外还有形状如杆子的视杆细胞，但它们只负责辨别明暗。视锥细胞只有在亮光下才能被激活，所以在月光等昏暗光线中我们无法感知颜色。科学家认为，视锥细胞有三类，每一类感知不同波长的光，即红、绿、蓝，被称为光的“三基色”。这三种颜色以相同强度混合时，就形成我们看见的白光。请注意此处措辞，我说我们“看见”白光。这一点很重要，因为正如我前面提到的那样，颜色是我们感觉出来的。红、绿、蓝三色还可以按其他各种方式合成产生几乎任意一种颜色。彩色电视机或电脑显示器便是利用三基色生成屏幕上的彩色图像。

“等一下！”你可能会说，“你打错字了吧？黄色才是基色，不是绿色！”的确，黄色在颜料色中是基色，在光色中不是。我们应当把注意力放在“光色”上，这样才便于理解事物为什么会具有我们看到的颜色。这个区别很重要。在撰写这一部分内容的时候，我承认，经过这么多年我才终于明白人们为什么能看见颜色！本质上，我们之所以能够看见颜色，主要是这些基本的光色。在继续讲述下列内容时，请始终牢记这一点。

由于可见光实际上是由彩虹中那些不同颜色的光构成的，当它接触某种物体的时候，物体便会吸收其中一些颜色的光、反射另外一些颜色的光。而这些被物体反射出来的光，就是我们感觉到的物体的颜色。例如，我们看到树叶是绿色的，这是因为树叶把绿色波长的光反射到我们的眼睛，通过眼睛进入大脑，然后大脑告诉我们"这些树叶是绿色的"。我们之所以知道这些,是因为在我们小时候,有人教我们这种颜色叫作"绿色"。德国人把绿色称为"grün",西班牙人称为"verde",法国人称为"vert"。换句话说,颜色名称是人类给取的。

白光中的所有其他颜色都被树叶吸收,要么用于给增加叶子温度,要么用于光合作用。叶子之所以呈绿色,是因为它反射绿光波。同理,绿色涂料之所以呈绿色,是因为它吸收其他全部的光波,反射绿光波。也就是说,你所看见的物体颜色并不在于物体本身,而在于该物体选择吸收和反射的光色。白色并不是一种颜色,而是可见光谱混合而成的波。纯白色物体表面应当能够反射所有的可见光谱,然而,如果你从商店买来"卷云""夏云"或其他名称花哨的所谓白色涂料,把你家的墙涂成白色,未必能够做到这一点。

同一物体在不同光照条件环境下会呈现出不同的颜色。你可能有过下面的经历,商店里的涂料或布料样品在室内荧光灯下以及室外阳光下看起来颜色有所不同。你看见的其实是你使用的光源所产生的光谱中被反射的那部分光色。由于灯泡产生的光谱各不相同,所以会影响物体对光的反射。新型节能灯与传统白炽灯的光谱不同,所以物体反射出来的颜色看起来也不一样。在黄昏时分以及在正午时分,我们看到同一物体会呈现不同的颜色。

我们看看光色混合与颜料混合之间的区别。光色混合被称为"加色法",颜料混合称为"减色法"。这里有必要解释一下!

首先,我们简要讲一讲加色法。基色的定义是,如果是光色,基色能够合成白色;如果是颜料色,基色能够合成黑色或灰色。那么,光的基色就是红、绿、蓝。

在加色过程中,我们把光的红、蓝和绿混合得到白,用公式表示为:红+蓝+绿=白。现在,我们减少一种颜色,例如,把红和蓝混合就会得到品红。把蓝和绿混合就会得到青,接近水绿色。还有,红+绿=黄。以此类推,我们能够合成出各种各样的颜色,但是,我们还是就此打住吧。光色和颜料色这两样就已经够我们头疼的了!

我拿起一本黄色的笔记本,突然意识到它呈黄色,是因为它吸收蓝色,并把红色和绿色反射到我的眼睛里。根据上文,红+绿=黄!因此,物体的颜色*并不在于*物体本身,而在于物体吸收了基色之后把剩余的光谱颜色反射到人眼睛里!公式如下:

$$(R+B+G)-B=R+G$$

$$R+G=Y$$

用文字表述为:红加蓝加绿(合成为白光)减蓝等于红加绿,红加绿等于黄。于是,我看见了黄色!我看见的是红和绿被反射之后合成的黄色。实际情况或许比这更复杂一些,因为光谱中的黄光也可能被反射了。无论属于哪一种,我的眼睛都看到了黄色,因为我无法分辨这两者之间的差别,它们对我来说都是黄色。总之,我们对颜色的感知与大脑的解读密切相关。

需要说明的是,科学家对颜色感知的理论仍然处于初创阶段。我在这里给出的解释与目前公认的理论接近。这些内容对小学生而言太过复杂,但我希望你能弄明白这一切,并把它们应用于初中教学。

接下来,说一说颜料混合的"减色法"。如果你有蓝色颜料,你看见它呈蓝色,因为它表面反射了蓝色。如果你把蓝色颜料与黄色混合,混合后的颜色看上去*既不是*黄色,*也不是*蓝色,而是绿色。这样,你的视觉中就"减少了"两种颜色,这两种颜色分开时你能看到,而混合以后却再也看不到。反射的光之所以变少,是因为你把两种颜色混合到一起之后,它们吸收了更多的光,从而"减少了"被反射到你眼睛的不同光波数量。你混入的不同颜料数量越多,被吸收的光就越多,而被反射的光则越少,到了最后,你看到的只有灰色或黑色。我敢肯定,你们都曾有过一些与颜料基色相关的经历。我最喜欢的一个活动是,从罐子里拿出白色的糖霜,让孩子们用食物色素在全麦饼干上做出彩色糖霜图案。这个游戏对人体健康有害,但是偶尔做一次也无妨(患糖尿病或乳糖不耐受症的儿童不宜做这个游戏)。

这样就好懂多了。下面我们谈一谈滤镜。滤镜是做什么用的?滤镜有一件事做不到——改变光的颜色。滤镜能够允许某些颜色通过,也能够阻止某些颜色通过。例如,红色滤镜能够在不同程度上允许红、黄、橙和粉色通过(这些颜色会跟白色背景混合在一起),而黄、绿、蓝、紫色都显示为黑色,因为它们反射的光不能穿过红色滤镜。它们的波长完全被滤镜吸收,因此呈黑色。

当你透过红色滤镜观看物体时,滤镜只允许红色或接近红色的颜色进入你的眼睛。它会吸收绿色和蓝色。我为什么说"接近红色的颜色"呢?蜡笔、彩笔以及其他颜料中的黄色颜料除了反射黄色,还常常反射一些红光和绿光。怪不得黄色物体看起来那么醒目,因为它们反射了多种不同的颜色。你能猜出来为什么很多急救车辆都被涂成黄色的吗?

橙色物体除了反射橙光,也反射一些黄光和红光。橙色在红色滤镜下显得非常明亮。如果换成绿色滤镜还会这样吗?如果你回答"不",那么你可以给自己加分。绿色滤镜会过滤掉橙色、黄色和红色，这是因为：首先，它吸收红色；其次，你需要红色和绿色才能合成黄色。红色物体在红色滤镜下似乎消失在白色背景中，因为滤镜只允许背景中的红光穿过。于是，红色物体仿佛在背景中褪色了，有点像伪装术。

你的学生使用不同颜色的蜡笔和彩笔画图或做笔记，然后分别透过红色滤镜或绿色滤镜对其进行观察，就会出现上述这些现象。在下文“使用这个故事”部分中，我们还会提到更多细节。我建议，你用红色滤镜给自己做一副眼镜，再弄一些彩笔，一边阅读这部分内容，一边做一做实验。

这一实验充分证明，我们看见的颜色只不过是物体反射出来的光。如果滤镜下的物体不反射光，滤镜也不会改变它们！这一点可能会让一些学生信服，也可能会让一些学生不服。然而，这并不妨碍他们对光、颜色和电磁能等知识的了解，即使他们一时难以接受，将来总有一天会明白过来。

《国家科学教育标准》（国家研究委员会，1996）的相关内容

幼儿园至 4 年级：光、热、电和磁

- 除非遇到不透明物体，光沿直线传播。光能够被镜子反射，被透镜折射，或者被物体吸收。

5～8 年级：能量转移

- 光通过传播（包括折射）、吸收或分散（包括反射）与其他物质相互作用。若想看到某一物体，来自该物体的光（不论是由该物体发射还是反射）都必须进入人的眼睛。
- 太阳光是一种不同波长的连续光谱，由可见光、红外线和紫外线组成。

《科学素养基准》（美国科学发展协会，1993）的相关内容

6～8 年级：运动

- 太阳光尽管肉眼看上去几乎呈白色，实际上是由多种颜色不同的光构成。其他物体发射或反射的光都是由不同颜色的光混合而成。
- 声波进入人的耳朵才能被人“听见”，同样，物体发射或反射的光波进入人的眼睛，该物体才能被人“看见”。
- 人的眼睛只能感知范围很小的电磁辐射波长——可见光。在这个范围内的波长差异被人的眼睛视为颜色差异。

在幼儿园至4年级中使用这个故事

这则故事是我最喜欢的故事之一，然而，我承认，我曾经有点犹豫是否该把它推荐给6年级以下的学生使用。后来，我看到克里斯蒂娜·德维塔(Christina DeVita)和莎拉·鲁伯特(Sarah Ruppert)在《科学和儿童》杂志发表的一篇文章《科学护目镜的秘密》(2007)，从而坚信这篇故事至少可以在小学2年级以上使用，甚至在更低年级也可以使用。德维塔和鲁伯特关注的并不是这个课题涉及的物理学知识，而是想给学生提供一种工具，让他们自己对颜色开展调查研究。我建议，你首先使用《了解学生的科学想法》(第一册)(基利、埃伯尔和法林，2005)中的两个探究案例“它能反射光吗”和“黑暗中的苹果”，借此了解学生对颜色的前概念水平如何。

你可以制作两张“我们的最佳思维榜”，分别为“关于视觉，我们知道什么”以及“关于颜色，我们知道什么”。在学生集体讨论以后，你可以让他们使用纸板和红色胶片做一副红色滤镜护目镜(在每一个眼镜框内嵌入一片透明的红色胶片)。让学生带着护目镜在教室里四处走走，把看到的结果描述出来并记录下来。他们将透过只允许红色进入眼睛的滤镜来观察世界。让他们观察房间里的物体、衣服上的图案以及墙上的图画等，就这样探索一番并提出一些问题。你还可以在纸上写下一些秘密的文字，或者在绿色的鸟笼子里放一只红色的鸟，学生使用红色护目镜观察时，这些东西就会消失不见或者看上去就像幽灵一样。

接下来，你们可以回到前面的两个表格，开始探索如何使用红色护目镜研究颜色和视觉等内容，你们也可以制作并使用蓝色或黄色护目镜。学生往往喜欢再现故事中的情境，他们可以先画一张彩图，然后用滤镜进行观察。这一做法很好，它可以让学生有一种身临其境的感觉，仿佛他们自己就是故事中的角色。

学生将会注意到，某些颜色在红色滤镜下会变成黑色。假如他们在看一本书的绿色封面或者一个彩笔色板，那么红色滤镜会阻断蓝色和黄色，它们无法穿透滤镜。这意味着，由于绿色封面没有红色，因此没有任何颜色穿透滤镜，封面看起来就是黑色的。如果是蓝色封面，结果一样吗？当然，因为没有任何颜色穿过滤镜，封面依然呈黑色。学生可以找出哪些颜色在滤镜下能被看见，哪些颜色会变成黑色。如果珍妮不使用这些颜色，她就能避免看到封面乌黑一片。他们还会明白，通过使用不同的滤镜，能隐藏图案中的文字及其他信息，而且可以利用滤镜来传递密码。

最后,学生需要解决故事结尾提出的问题。能不能制作一个彩色封面,即使放在透明彩色文件夹内,颜色也不会发生任何变化?这一问题不仅能引发学生热烈讨论,而且可以激励他们自己动手尝试一番并能及时看到反馈结果。他们还可以借此机会把这个故事续写完整。

在 5~8 年级中使用这个故事

这个年龄段的学生也喜欢“亲身体验”故事中的情节,看看问题是否真像珍妮遇到的那样。这就意味着,你需要准备几个透明彩色文件夹,以便学生自己动手尝试。跟上一节的教学建议一样,你也可以让学生写一些只有透过滤镜才能看见的秘密文字。

学生对上一节提到的两个探究案例同样反应很好,并就物体是否反射光以及在一片漆黑中能否看见物体展开热烈讨论。我需要补充的是,大部分学生其实从来没有经历过完全黑暗的环境,除非他们曾去过山洞之类的地方。他们经历的往往是半黑暗环境,因此会坚持认为眼睛能够慢慢适应黑暗环境。我不得不找一个能提供完全黑暗环境的学校。如果你所在的学校恰好有摄影暗房,就能解决这个问题。

你的学生很可能以为镜子或窗户那样明亮的东西能够反射光,而岩石或其他黯淡物体不能。这就是为什么“偷颜色的贼”足以动摇学生的自信心,让他们对自己的前概念提出质疑。首先,你有必要给学生演示一下白光是由多种颜色构成的。这就意味着你需要准备一个衍射光栅板,从而让学生观察光源以及构成光的各种光谱。你可以从埃德蒙科学(Edmund Scientifics)和三角洲教育(Delta Educational)等网络经销商那里购买衍射光栅板。衍射光栅板是由成千上万条平行刻线构成的塑料板,将光束进行色散,再形成光谱。如果学生从家里带来一些旧光盘,把它们倾斜放置也能在其表面看到光谱,这是因为光在光盘表面发生了衍射。如果你采用《颜色分析仪》一书中推荐的方法,你可以制作他们所说的颜色分析仪:挖了三个孔的索引卡。三个孔分别嵌入红色滤镜、绿色滤镜和一小片衍射光栅。这样比较省钱,因为滤镜和光栅的使用率不高。

如果学生想利用衍射光栅找出各种光谱的差别,可以让他们使用不同类型的照明灯。不同的色调也许会消失或呈现不同亮度。这也证明我们看到的颜色是

“感知”出来的。以前的荧光灯光谱很窄，而现在生产的荧光灯光谱已经变得很宽。如果你能找一些老旧的荧光灯跟现在生产的荧光灯比较一下，肯定会很有趣。

在大多数美术用品店里都可以买到廉价滤镜。它们的质量差别很大，有时可能会影响实验效果，但是在大多数情况下，不会给主要颜色造成太大影响。劳伦斯科学馆“数学和科学大探索”小组的工作人员推荐使用美国绘儿乐（Crayola）经典款水彩笔，因为它们拥有“正宗”的颜色。你去购买滤镜时可以带上一张纸，用绘儿乐水彩笔在纸上画出颜色，可以帮助你鉴别滤镜的质量好坏。

你可以带领学生再回顾一下这则故事，他们会发现珍妮的封面使用了红、绿、紫、蓝以及黄等颜色。封面上的红色在白色背景中“消失”了，绿、紫和蓝色变成了黑色，而黄色也可能跟白色背景融为一体。如果是这样，学生可以在纸上用不同颜色的笔写写画画，然后透过滤镜观察，他们会发现纸上的文字和图案都变得面目全非。某些颜色的字母与其他颜色的字母混合在一起后，用滤镜看以及不用滤镜看的话，结果大相径庭。他们一定会乐此不疲地采用这种方式传送一些秘密消息。

最后，故事的结尾确实也向学生提出了一个挑战。我建议，在学生制作新封面之前，先让他们好好地讨论一番。记住，各抒己见恰恰是讨论的关键，能让你一边倾听一边进行引导。这时，你可以插入几个问题引导学生思考：有没有证据表明，物体必须反射光以后才能被看见？

相关书籍和美国科学教师协会期刊文章

DeVita, C., and S. Ruppert. 2007. Secret message science goggles. *Science and Children* 44 (7): 30–35.

Driver, R., A. Squires, P. Rushworth, and V. Wood-Robinson. 1994. *Making sense of secondary science: Research into children's ideas.* London and New York: Routledge Falmer.

Keeley, P. 2005. *Science curriculum topic study: Bridging the gap between standards and practice.* Thousand Oaks, CA: Corwin Press.

Keeley, P., F. Eberle, and C. Dorsey. 2008. *Uncovering student ideas in science: Another 25 formative assessment probes, volume 3.* Arlington, VA: NSTA Press.

Keeley, P., F. Eberle, and L. Farrin. 2005. *Uncovering student ideas in science: 25 formative assessment probes, volume 1.* Arlington, VA: NSTA Press.

Keeley, P., F. Eberle, and J. Tugel. 2007. *Uncovering student ideas in science: 25 more formative assessment probes, volume 2.* Arlington, VA: NSTA Press.

参考文献

American Association for the Advancement of Science (AAAS). 1993. *Benchmarks for science literacy.* New York: Oxford University Press.

DeVita, C., and S. Ruppert. 2007. Secret message science goggles. *Science and Children* 44 (7): 30–35.

Erickson, J., and C. Willard. 2005. *Color analyzers: Investigating light and color.* Berkeley, CA: GEMS, Lawrence Hall of Science, University of California.

Hazen, R., and J. Trefil. 1991. *Science matters: Achieving scientific literacy.* New York: Anchor Books.

Keeley, P., F. Eberle, and L. Farrin. 2005. *Uncovering student ideas in science: 25 formative assessment probes, volume 1.* Arlington, VA: NSTA Press.

National Research Council (NRC). 1996. *National science education standards.* Washington, DC: National Academies Press.

Robertson, B. 2003. *Light: Stop faking it! finally understanding science so you can teach it.* Arlington, VA: NSTA Press.

Schneps, M. A. 1996. *The private universe project.* Harvard Smithsonian Center for Astrophysics.

第十五章
大镜子

泰妮卡(Tenika)需要为自己的房间添置一面镜子,但是在购买之前还有一些问题需要解决。她的房间很小,想找出一块能放置一面全身镜的地方可没那么容易。她当然希望照镜子时能从头到脚照到全身,而且她在同龄人中间个头算是比较高的了。房间里只有一面墙能放下全身镜,除非把卧室的家具重新布置一遍,但她又不想那么麻烦。购买之前她还需要多了解一下镜子方面的知识。另外还有一个问题，买镜子的预算有限。

泰妮卡在家具店里四处观看，她看上了一面胡桃木独立式穿衣镜，感觉很合适。如果买回去之后，就可以把镜子摆在房间里的任何地方，问题自然迎刃而解。然而，她仔细一看价格标签，300 美元！还是算了吧。

凡是泰妮卡中意的其他全身镜也都很贵。店里小一些、便宜一些的镜子很多，但她还是一心想要一面全身镜而不是半身镜。店里的所有小镜子都挂在墙上，与她的眼睛高度齐平，她能清楚地看到自己的脸，从头顶到下巴。但问题是她的房间不够大。能不能买一面较小的镜子，站远一点就能照到全身呢？站多远才能让镜子照到全身？她试着在每一面镜子前挪动身体，可是都没有得到她想要的效果。

“究竟怎么回事？”她疑惑道，“是这些镜子很古怪，还是怎么啦？”

她走来走去，照遍所有的镜子，结果发现了一些让她惊讶的事。有的镜子挂得太高，有的挂得太低，照出来的效果自然也就不同。

由于镜子越小越便宜，泰妮卡反复寻思，“哪一个才是最小、却又能照出自己全身的镜子？”最终，她买到了一面她能够买得起、又符合她自己要求的镜子。

目的

镜子是人们日常生活的一部分。有多少人每一天的开始便是站在浴室镜前刷牙或者梳头？我们的祖先或许也和我们一样，只不过他们是对着池水看自己的倒影。不论你的身体有多柔软，瑜伽练得多熟练，如果不借助两面镜子，你根本看不到自己的后脑勺。本章故事的目的就是激励学生去探索镜子的原理，镜子如何反射光线（首先从物体反射到镜子上，再从镜子反射到人的眼睛里成像），并且从本章实验中验证那个著名的反射定律“反射角等于入射角”。想一想日常生活中你使用镜子的频率有多高，思考一下你对镜子的原理了解多少。实际上，镜子正是某些日常科学谜题的神秘之源。

相关概念

- 光能
- 反射
- 视觉
- 数学（角度）

不要惊讶

儿童和成人往往都认为，只有镜子和光亮的物体才能反射光。其实，所有物体都能反射光，所以我们才能看见它们。如果你用《了解学生的科学想法》（第一册）（基利、埃伯尔和法林，2005）中的探究案例“它能反射光吗？”考一考学生，就会发现他们大都不知道，正是因为各种物体反射光线的方式不同，所以我们“看到”的物体各不相同。让学生了解镜子的工作原理，不一定非要让他们相信一切物体都会把光线反射到人的眼睛，但是这样做可以让你借机了解学生对光和视觉存在哪些错误认识。事实上，这类迷思概念极难予以纠正，我认为，前一章“偷颜色的贼”为纠正学生的迷思概念提供了好机会，尤其是对高年级学生而言。但本章故事跟上一章不同，讲的内容也是两码事。

成人还认为，他们不需要直接站在镜子前面也能照镜子。很多人都认为，哪怕站在镜子边上，也能在镜子里看见自己的样子。真奇怪，我们每天都用到的东西竟然还是个谜，并且使人们产生那么多错误认识。

内容背景

我们在镜子中看到的影像并不真实存在，那只是“虚拟影像”，或者说，是在镜子里或镜子后面形成的所谓“镜像”。镜子是一块背面涂铝或银的玻璃。镜子的金属涂层非常关键，因为物体反射出的光遇到镜子的金属涂层后，会激活金属中的电子。这些电子沿着光照射过来时的方向反射光能。镜子表面非常光滑，反射回的光几乎不会发生任何变化，从而能准确地反映出镜前物体的影像。历史上，人们曾使用抛光的银镜或铜镜。12 世纪，欧洲出现了以金属为背面的玻璃镜子。直到 18 或 19 世纪，才出现现代意义上的镜子。这些镜子都比不上我们目前使用的镜子。

我刚刚说过，镜子中看到的影像不是实物，摸不着，没有质量，也不占据任何空间。本质上，它存在于另一维度。它确实如你所见就在镜子背后。它到镜子的距离是你到镜子距离的两倍。而你在镜子中的影像和你本人却是一样大小。仔细想想这一点。

如果你直接面对镜子站立，光沿着照射镜子的方向直接反射回去，也就是说，当光垂直射到镜面，则原路返回。如果来自物体的光沿某个角度射到镜子上，就会以相同的角度但相反的方向反射出去。这与球在墙上弹射的原理相似。当你把球径直地投向墙面，球就会径直弹回你手中。但若是以某个角度投球，球就会以同样的角度从相反方向弹出去。这一定律为反射角（球弹出墙面的角度）等于入射角（球撞击墙面的角度）。

因此，即使你从镜子的一角望过去，仍然能看到镜子中某些物体的影像。假如你在镜子里看到一个人，那个人同时也能看到你。你也许注意到一些卡车或者公共汽车尾部贴有这样的警示标记：“如果你看不到我的后视镜，我也就看不见你。”这意味着，如果你能看到卡车的后视镜，那么你的影像就会出现在卡车的后视镜里。

你可能已经注意到，你在开车或者坐在副驾驶座的时候，从车侧后视镜里看不到自己，只能看到身后的道路。你的位置处在镜子反射角之外，因为车侧后视镜的用途就是让你看到车身后面的情况。同理，车内后视镜是用来看到车后窗外面的情况的。假如你透过车后窗看车内的后视镜，就能看见车内的驾驶员，试试看吧。

儿童和成人还有一个普遍的错误认识：人距离镜子越远，能看到的全身部位就越多。这种错误认识可能源于我们经常照镜子的地方——浴室。由于大多数浴室镜都是挂在浴室柜和洗手台上方的墙面上，我们无法从镜子中看到台面以下的部分。当我们向后移动身体时，镜子里能看到的身体部位增多，那是因为没有浴室柜的遮挡之后，我们能看到的范围更大，尤其是腰部以下的地方。因此，只要眼睛与墙上的镜子在同一水平高度，不论你距离镜子是远是近，你看到的影像其实是一样的。

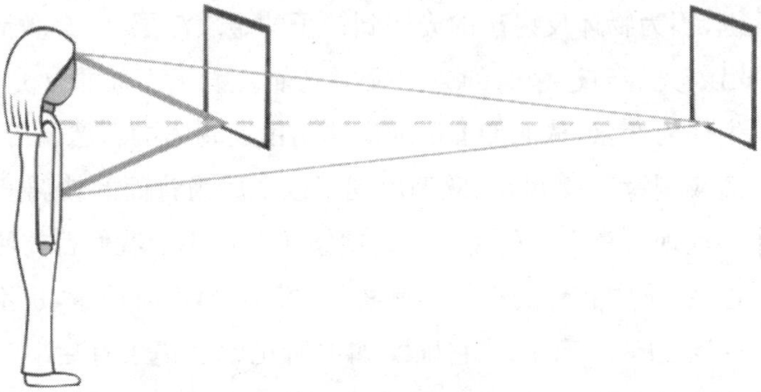

现在，我们设想一面镜子高度恰好是图中女孩身高的一半。她看镜子时，来自脚部的反射光角度与进入眼睛的光角度相等。因此，只要镜子长度是人身高的一半，眼睛与镜子处于同一水平高度，人就能看见自己的全身影像。

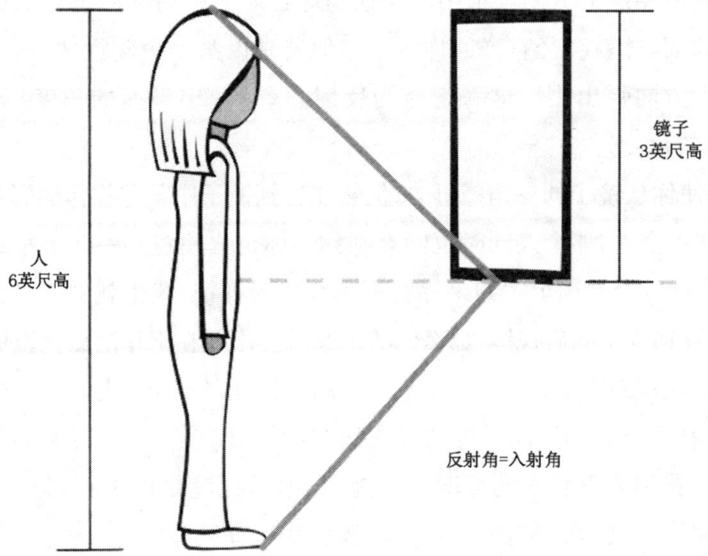

这样，泰妮卡的问题就迎刃而解。她需要的镜子长度至少应当是她身高的一半，考虑到她还会长高，她需要估计自己将来能长多高，那时身高的一半就是镜子的尺寸。她还意识到，无论自己离镜子多远，照出来的结果是一样的，她能看到的身体部位没有任何增减。

如果想了解光的光学属性，我推荐你阅读海森和特利菲尔合著的《科学问题》（1991，第106～108页）。

《国家科学教育标准》（国家研究委员会，1996）的相关内容

幼儿园至4年级：光、热、电和磁

· 除非遇到不透明物体，光沿直线传播。光能够被镜子反射，被透镜折射，或者被物体吸收。

5～8年级：能量转移

· 光通过传播（包括折射）与其他物质相互作用。若想看到某一物体，来自该物体的光（不论是由该物体发射还是反射）都必须进入人的眼睛。

《科学素养基准》（美国科学发展协会，1993）的相关内容

3～5年级：运动

· 光在与某一物体或物质相遇之前，始终沿着直线方向传播。

· 光能够被其他物质吸收、改变行进方向、弹回，或者从该物质中穿过。（注：此处引自新版的《科学素养基准》，参见美国科学发展协会，2001，第63页）

6～8年级：运动

· 只有物体发射或反射出的光波进入人眼时，该物体才能被人“看见”。

· 光的行为在很多方面与波相似。我们可以用波解释光的行为特征。（注：此处引自新版的《科学素养基准》，参见美国科学发展协会，2001，第65页）

在幼儿园至4年级中使用这个故事

尽管两份国家标准文件都没有谈及要不要在低年级学生中教授“镜子”的概念，但是本章故事至少可以激发孩子们对镜子的兴趣。低年级学生对新事物总是

充满好奇，只要你鼓励他们一下，他们就会把自己知道的关于镜子的知识一股脑儿地告诉你。当然，你应当把学生的这些想法填入“我们的最佳思维榜”中，然后把它们变成一个个问题，再逐一验证。面对低年级学生，你完全可以组织他们开展各种各样与镜子有关的活动。学生的词汇量也许不足，无法理解反射等概念的含义，然而，他们从实验活动中获得的经验无疑是宝贵的。

幼儿园和一二年级学生都喜欢用镜子玩游戏。在老师指导下，学生通过玩“镜子和手电筒”等游戏能够学到很多关于光线方向的知识。在这个游戏中，学生需要让手电筒的光束经由镜面照到昏暗房间里的某物体上。例如，“萨莉，调整你的镜子，让光照到时钟上。”于是，学生通过调整镜子和手电筒的位置，令光束反射到某个指定物体上，然后解释自己是怎么做到的。实质上，对镜子和光源的探索是一种探究形式，尤其是你要求学生解释他们如何放置镜子和手电筒才能得到想要的结果。他们可以把这些实验以图画形式记录在科学笔记本上，并解释实验中发生的现象以及取得成功的原因。这些笔记对你开展下一阶段教学活动将会有很大帮助。

孩子们还可以玩一个模仿影子游戏。两个孩子面对面站着，假装两人中间有一面镜子。其中一个孩子做出某个动作，另一个则模仿对方的动作，仿佛镜子影像一般，然后互换角色。他们可以在一起讨论，怎样调整自己的动作，才能与对方保持一致，例如，“如果你抬起右臂，那么我就要抬起左臂，因为我是镜子里的那个人。”

在 5～8 年级中使用这个故事

针对三四年级一直到 8 年级的学生，我建议你以《了解学生的科学想法》[基利、埃伯尔和多西（Dorsey），2008]第三册中的探究案例“墙上的镜子”作为引子。该案例假设一个女孩正在照镜子，当她向后退时，她在镜子中看到的身体部分跟她本人等同、更少，还是更多？要求学生从三个选项中选择其一。你可以借此案例大致了解班上学生是如何运用光的知识来解释镜中影像的。

跟以往一样，我首先会问学生对镜中影像“知道”多少，并把他们的观点填入“我们的最佳思维榜”，与上一节“幼儿园至 4 年级”的做法相同。如果你找不到上一段提到的探究案例，我建议你借鉴哈佛大学教育研究生院埃莉诺·达克沃思采用的教学方法，她用镜子作为一堂科学教育课的引子。你可以把一面镜子挂在墙上，然后向学生提出如下问题：假如有两名学生，他们应当分别站在什么位置，才能同时从镜子中看到彼此的影像？你可以让学生就此做出预测并给出理由。接下来，你可以在教室四周的墙上挂一些小镜子，让学生根据上面的问题做实验，在此过程中，你可以通过提出一些问题适当给予点拨。在你的耐心指导和帮助下，学生或许能意识到，只有当他们各自站立的位置与镜子形成的角度相等时，才能同时从镜中看到对方。也就是说，他们将用到那个著名的定律"反射角等于入射角"（不过，他们未必能用这么精确的语言表述出来）。

你可以让学生用图画把实验内容画出来，这样更形象直观。在整个教学过程中，务必要求学生使用自己的科学笔记本做记录。确保学生把所有的图形和感想都记录下来，尤其要记下那些"失败"的做法。在你的帮助下，学生将会明白，当他们的身体位置变化时，与镜面的交角也会随之变化。

关于镜子教学的其他方法，你可以到国家科学教师协会出版社网站存档栏目中查阅 2004 年 2 月《科学和儿童》中的一篇文章《光的马戏团》，重点阅读关于反射光线的那部分内容。我在讲授这个概念的时候，喜欢让学生在距离墙面六英尺远的地方坐成一排，与墙平行。在孩子们居中位置所对应的墙上画一条垂直标线。一个孩子对准墙上这条线滚球，球触到墙后会以同样的角度从相反方向弹出去，也就是反弹到队列中位于标线另一侧的一个孩子那里。当然，这取决于掷球者能否准确地让球撞到标线上，不过，熟能生巧，孩子们都很喜欢这个游戏。接下来，你可以用镜子代替墙面上的标线，在昏暗的室内让孩子们用手电筒照射镜子，结果光的反射方式跟球完全一样。这种做法可以强化学生对反射角和入射角等概念的理解。

现在，让我们看一看本章故事引出的问题。学生需要弄清楚多大的镜子才能照到人的全身。到目前为止，他们已经知道在镜子面前后退并不能解决这个问题。答案在于镜子的高度。根据我的经验，学生会建议在教室里挂一面全身镜，镜子下端用纸遮住，然后估算一下需要露出多少镜面才能照到全身。他们很快就会意识到，镜子顶端与眼睛齐平时才能获得最佳效果。因此，单是把镜子固定在墙上行不通，因为学生高矮悬殊，所以需要对镜子进行适当调整，也就是把镜子顶端调整到与每一位学生的眼睛高度齐平才行。

你可以让几个学生把镜子托起来，上下移动以找出最合适的位置。各组学生之间可以共同合作来完成任务。你可以让学生运用刚学到的光反射原理知识来画自己的视线示意图，用箭头标示，然后预测出他们的脚与镜子的交角。脚与镜子之间的角度是问题的关键，而这个角度必须与进入眼睛的反射光角度相等。通过上下移动遮住镜面的纸，学生最终可以找到那个能够看到全身影像的理想位置。同样，这个理想位置随学生身高不同而不同。不过，学生在收集到充分数据之后最终会明白，镜子长度须达到人身高的一半。（参见本章“内容背景”一节的示意图）

到了这个时候，你可以把作为引子的探究案例“墙上的镜子”分发给学生。虽然学生都已经知道镜子长度须达到人体身高的一半，但是他们的书面解释非常重要，你可以据此评估他们从这个课题学到了多少知识。你可以组织全班学生展开讨论，以帮助那些尚不能完全理解反射原理的学生。至此，学生完全可以利用所学知识解决故事中的问题，并为主人公提供完美的解决方案。

相关书籍和美国科学教师协会期刊文章

Driver, R., A. Squires, P. Rushworth, and V. Wood-Robinson. 1994. *Making sense of secondary science: Research into children's ideas.* London and New York: Routledge Falmer.

Hazen, R., and J. Trefil. 1991. *Science matters: Achieving scientific literacy.* New York: Anchor Books.

Keeley, P. 2005. *Science curriculum topic study: Bridging the gap between standards and practice.* Thousand Oaks, CA: Corwin Press.

Keeley, P., F. Eberle, and C. Dorsey. 2008. *Uncovering student ideas in science: Another 25 formative assessment probes, volume 3.* Arlington, VA: NSTA Press.

Keeley, P., F. Eberle, and J. Tugel. 2007. *Uncovering student ideas in science: 25 more formative assessment probes, volume 2.* Arlington, VA: NSTA Press.

参考文献

American Association for the Advancement of Science (AAAS). 1993. *Benchmarks for science literacy.* New York: Oxford University Press.

American Association for the Advancement of Science (AAAS). 2001. *Atlas of science literacy.* Washington, DC: AAAS.

Hazen, R., and J. Trefil. 1991. *Science matters: Achieving scientific literacy*. New York: Anchor Books.

Keeley, P., F. Eberle, and C. Dorsey. 2008. *Uncovering student ideas in science: Another 25 formative assessment probes, volume 3*. Arlington, VA: NSTA Press.

Keeley, P., F. Eberle, and L. Farrin. 2005. *Uncovering student ideas in science: 25 formative assessment probes, volume 1*. Arlington, VA: NSTA Press.

Matkins, J. J., and J. McDonnough. Circus of light. *Science and Children* 41 (5): 50–54.

National Research Council (NRC). 1996. *National science education standards.* Washington, DC: National Academies Press.

第十六章
卡住了！

吉米(Jimmy)盼望着下午能到家附近的操场去玩，因为有些家长刚刚给操场添置了一套新设备。新建的滑梯比旧滑梯高多了，而且下滑速度也快多了。吉米昨天去玩了一回，那速度可真快，感觉真刺激！他迫不及待地想今天再去玩个够。

“把短裤换上，吉米，”妈妈说，“外面太热了。穿牛仔裤肯定热得难受。”

“好的，妈妈。”吉米回答。

吉米脱掉牛仔裤，换上短裤，准备出门。他们还得带上他的小妹妹，而且要给她换衣服，并花了很长时间才把她需要的东西拾掇好。婴儿麻烦事真多，但是妈妈说他小时候也这样。而现在他已经是个大男孩了，正准备去操场上找他的同学一起玩呢。

金属制的新滑梯就在那里，身材高大，溜光顺滑！吉米抬头望了望滑梯，觉得它就跟过山车一样好玩，顺着滑梯一下子就能滑到底。有时候速度快得吓人，这种感觉真刺激。

吉米沿着阶梯爬到滑梯顶部，然后坐到下滑斜坡上。他身后一长队孩子都在催他快点滑下去，然后他们好接着滑。吉米松开手，期待着能够迅速滑到底部。相反，他下滑的速度却非常缓慢，而且还听到滑梯还发出吱吱扭扭的声音，双腿与滑梯接触的部分变得很热，在某些地方，他甚至还要动手往后推一下滑梯！

滑到滑梯底部的时候，他感到非常失望，然后又跑过去排队等下一轮。

“也许他们忘记给滑梯打蜡了。”吉米一边沿着阶梯往上爬一边想。他爬到滑梯顶部后又坐到了斜梯上。

“开始！”吉米心里说，“我要飞了！”

这次还是跟上次一样。到底是怎么回事？今天跟昨天唯一不同之处在于，他穿的是短裤而不是牛仔裤，难道是这个原因？那些穿牛仔裤的孩子看上去热得满头大汗，滑起滑梯来却如同飞一般。

目的

这个故事主要讨论两种摩擦:静摩擦和动摩擦。一开始,吉米需要给自己一个推力才能从滑梯顶部开始滑动,这是静摩擦;接下来,当他在重力作用下终于能够在滑梯上滑动的时候,他的皮肤与滑梯之间产生摩擦,这是动摩擦。

相关概念

- 摩擦
- 静摩擦
- 动摩擦
- 净力
- 力
- 相互作用

不要惊讶

你的学生可能会认为摩擦不是一种力。如果有学生懂得,即使在没有运动的情况下也存在摩擦力,这反倒令人称奇了。学生可能还会认为,没有摩擦就没有摩擦力,气体和液体也没有摩擦力。

内容背景

摩擦被科学界承认为一种力,已经是相当晚近的事情。摩擦力并不属于四种基本力之一,四种基本力分别是重力、强核力、弱核力和电磁力。摩擦力来自于带电的粒子(比如分子和原子)以及亚原子粒子(比如电子和质子)等之间的电磁力。无论两个物体是固体、气体,还是液体,只要它们表面之间发生相互作用,动能就会转变为热能(或热量)。两个相互接触的表面受到化学键和静电力制约。接触面的粗糙程度对力(摩擦力)的大小具有很大影响。

摩擦力往往被我们视为运动的敌人,因为它阻碍运动。摩擦力总是与作用在某个物体上使其运动的那个力方向相反。这种摩擦能够把一些动能转换成热能,它能把热能散失到空气中去,从而能够降低机械的效率。物理学家们在处理物理问题时往往会加上一个条件“在理想状态下”，无视摩擦力的存在。这样，他们就能够使用公式来计算加速度或其他运动形式，而不用去考虑棘手且难以预测的摩擦力对相互作用物体的干扰。

摩擦力当然令我们感到心烦，然而，假如日常生活中没有摩擦力，那样一个世界将会全然不同。没有摩擦力，我们就无法走路、跑步、开车、骑自行车，甚至无法使用电脑鼠标。你能想象一个没有摩擦力的世界是什么样子吗？从好的方面说，一旦你在推力作用下开始运动，就可以沿直线滑行到任何目的地。从坏的方面说，即使你滑行到一个路口，或者即将撞上一堵墙、一棵树或一个人，也很难改变自己的方向、减速或停下来。我们都会像分子那样无规则地到处碰撞；我们的汽车或自行车都将无法行驶，因为轮胎与路面之间没有相互摩擦的力；我们的鞋子与路面也没有摩擦力，因此我们也就无法行走或奔跑。哪怕只是出现轻微的震动，也会让架子上的东西滑落下来。任何运动着的物体将会保持运动状态，永远也不会停下来。有一件事将会令我们很开心：人类一直想要造出永动机的梦想终于得以实现。听起来似乎不错，但是，至少在我看来，没有摩擦力的世界缺点远远大于其优点。

物理学家们说摩擦有好几种，然而我在这里主要讨论其中的两种：静摩擦和滑动摩擦。当一个物体被放置在一个平面上或者一个斜面顶部时，该物体同时受到几个力作用。首先是要把它拉向地球中心的重力，我们称之为重量。其次是一个向上的反作用力抵消向下的重力，这就是牛顿第三运动定律：每一个力都有一个与它方向相反、大小相等的力。第三，该物体与其所处的平面或斜面之间存在静摩擦力。这个力和惯性一样阻碍该物体运动。惯性是物质的一种属性，阻碍物体运动状态的改变。请记住，根据牛顿第一运动定律，一个物体只有在力的作用下才会改变运动（或静止）的状态，因此，物体只依靠自己并不能运动，但是，当你想要让某个物体运动的时候，你不仅会遇到惯性带来的阻力，还会遇到静摩擦力带来的阻力。人们往往认为，没有运动就没有摩擦力。科学家们认为这种说法是错误的，因为根据现在流行的理论，分子与分子表面之间相互作用能够产生摩擦力。

一旦一个物体受到的力足以克服惯性和静摩擦阻碍进入运动状态，它就会受到动摩擦影响。让这个物体*保持运动*所需要的力要比施加在该物体身上使其*开始运动*的力小，这是因为，既然该物体已经处于运动状态，它就具有动量，而如果要让它停止运动,就需要给它施加另一个力。这个力当然是摩擦力,而且是动摩擦力,不是静摩擦力。假如你想通过向后推而增加向前运动的力,由此对抗与运动方向相反的摩擦力,那么你得到的将是"净力"。如果向前的力大于向后的力,那么净力的方向将会向前。在多数情况下,净力对运动有利,因此动摩擦力要比推力和动量小。就吉米而言,因为他穿的是短裤,而裸露出来的皮肤与滑梯的摩擦力要比牛仔裤与滑梯的摩擦力大,净力对摩擦力有利,所以他就被卡住了。

由此可见,摩擦是两个物体之间的作用力。我们还可以看出,摩擦既是我们的朋友,又是我们的敌人。就本章故事而言,吉米遇到的不仅有静摩擦,而且还有动摩擦。在滑梯的顶部,吉米准备滑动的时候遇到了麻烦,由于他的皮肤与滑梯之间的静摩擦力太大,所以他很难让自己滑动起来。在他进入滑动状态之后,他的皮肤再次与滑梯的表面发生摩擦而产生动摩擦力,所以滑动速度就会慢下来。

如何测量摩擦力?我们通常是测量两个表面之间的阻力。物体表面(比如道路和橡胶鞋底)的阻力当然千差万别,科学家们用 0 到 1 之间的数值予以表示,数值越大表示阻力越大。两个物体表面阻力之间的比值被称为"摩擦系数"。假设你在草地上跑步,一只脚穿着底部很滑的皮鞋,另一只脚穿着底部粗糙防滑的运动鞋,那么,你认为哪只鞋的摩擦系数高?你可以到附近鞋店看一看运动鞋的鞋底,它们在设计上都具有防滑功能,原因很明显。

我们在公共场所都见过一些警示标志,警告我们要小心刚被拖过的地板。地板上的水分会减少其摩擦力,导致地板很滑,容易使人滑倒或造成更严重后果。我家割草机的塑料座位非常光滑,我每次驾驶割草机转弯的时候,都有被从座位上甩出去的危险。为了安全起见,我不得不在座位上放一个橡胶垫子。驾驶房车旅行的人通常会买一些橡胶垫放在碗橱里,以防开车途中餐具及其他厨具从碗橱里滑落下来。这种材质的垫子两面都很粗糙,能够增加碗橱与厨具之间的静摩擦力。

几天前,我驾车从一个建筑工地经过,那里的新型路障引起了我的注意,我在思考它们的形状以及材质有什么特别之处。这些水泥路障底部呈弧形向外突出,即使我开车不小心剐蹭到路障,由于车胎与路障底部接触后产生的动摩擦力很大,所以问题也不大。假如这些车门高的路障是用金属制造的,一旦汽车与其发生剐蹭,后果就会很严重。我要感谢那些工程师,他们在设计路障的时候充分考虑了摩擦问题。

《国家科学教育标准》(国家研究委员会,1996)的相关内容

幼儿园至4年级:物体的位置和运动

· 我们可以通过跟踪并测量一个物体在单位时间内的位置变化,对其运动状态进行描述。

· 我们可以通过推或拉等动作改变物体的位置和运动状态。改变程度的大小取决于推或拉等力量的强弱。

5~8年级:运动和力

· 不平衡的力将会导致一个物体的运动速度或方向发生变化。

《科学素养基准》(美国科学发展协会,1993)的相关内容

幼儿园至2年级:运动

· 改变物体运动的方式是给它施加推力或拉力。

3~5年级:运动

· 运动的速度或方向改变是由力造成的。

6~8年级:运动

· 作用在一个物体上的不平衡力将会导致该物体的运动速度或方向发生变化,或两者都发生变化。

在幼儿园至4年级中使用这个故事

每个学生都遇到过这样或者那样的摩擦力,也许他们没听说过这个名词,但是摩擦力造成的一些后果肯定令他们刻骨铭心。一说起这个讨厌的力,他们就会想到自己遭受过的各种痛苦:在地毯上蹭伤,在健身垫上擦伤,在操场上摔伤,等等。如果学生滑过滑梯的话,那么本章故事将有助于他们理解摩擦力的概念。

你可以让学生列举他们经历过与摩擦有关的事情,然后让他们讨论一下怎样才能避免或减轻那些令他们感到痛苦的意外事故。例如,如果在水泥路面玩踩影子游戏容易擦伤膝盖,那么他们换到草地上玩就可以免受伤害。草地表面要比水泥路面光滑,他们即使摔倒也会继续向前滑一段距离,而不会被擦伤。光滑的垫子能够防止垫子把皮肤磨破,防护服以及其他安全措施能够防止擦伤,等等。你可以借此机会联系本章故事,跟学生讨论一下吉米应该怎样做才能在玩滑梯时不会失

望。让我们看一看学生可能建议吉米采取的做法：

- 吉米应当穿一条光滑的裤子。
- 吉米应当在身下垫一条毛巾。
- 吉米应当在身下垫一张报纸。
- 吉米应当在身下垫一张蜡纸。
- 吉米可以给滑梯表面洒点水。
- 吉米可以给滑梯表面打点蜡。

你可以把上述句子改成需要验证的问题，例如：如果把某个东西放在毛巾上，它会滑得更快吗？你可以把不同材质的物品放在滑梯上尝试，看一看哪些物品下滑速度较快。反过来，你也可以看一看哪些材质的斜面能够减缓下滑速度。如果你的学校操场上没有滑梯，你可以在斜坡上放一块光滑的木板用来测试，然后再换成一块表面粗糙些的木板，比较两者的结果有什么不同。

你可以让年龄大一些的学生使用弹簧秤拉动平面上摩擦系数不同的物体。我在积木底面粘贴不同型号的砂纸，在侧面用螺丝钉把钩子固定住，然后把弹簧秤挂在钩子上拉动积木。你还可以在积木上放置一个较重的砝码，以便测量出来的结果差距明显。你应当让学生沿水平方向拉动弹簧秤，把测出的数值作为一个被控变量。我建议，你在做这个实验时最好使用废旧木板，因为砂纸会给课桌表面造成严重磨损。让学生对每一种材料的摩擦效果进行预测并给出理由。你可以让学生比较一下，让一块积木开始运动起来以及在积木运动之后让它保持运动状态，两者之中哪一个需要的力更大？这就涉及静摩擦和动摩擦的概念。

你还可以让年龄大一些的学生再做一个实验，让他们使用食用油、油膏、蜡、水或其他各种润滑剂来尽量减少摩擦力。你需要向学生解释，他们面对的问题是“滑动摩擦”，而不是“滚动摩擦”。滚动摩擦的一个主要特征是，物体表面仅有很小一部分跟斜面接触。由于滚动摩擦的摩擦系数通常比滑动摩擦小很多，滚动物体在斜面上的运动方式跟滑动物体差别很大。带轮子的玩具汽车会从斜面上滚动下来，而积木从斜面滑下来速度就比汽车慢得多。由此涉及的知识具有一定难度，是否有必要让你的学生展开讨论，需要你仔细斟酌。

如果你想要跟学生一起探索更多关于运动的知识，并深入研究牛顿的三个运动定律，我向你推荐《科学和儿童》杂志上一篇适合小学生的文章《科学短裤：认识牛顿》[欧哈纳(Ohana),2008]。该文主要描述,老师如何使用玩具汽车做实验,帮助学生学习运动和摩擦的知识。

在 5~8 年级中使用这个故事

高年级学生已经能够使用国际通用的力学单位"牛顿"(猜一猜是以谁的名字命名的?)讨论实验结果。不考虑摩擦力的话,1 牛顿是指"能使一千克质量的物体获得 1 米每二次方秒的加速度所需的力",缩写为 N(之所以要大写,是因为它是以一个人的名字命名的)。千克是国际单位制中度量质量的基本单位。"质量"是指一个物体含有的物质数量以及它拒绝改变自身运动状态的阻力,而"重量"是指该物体与地球之间互相吸引的力,从物理学角度而言,两者区别十分明显。在美国的科学圈子之外,普通人在描述质量时使用"重量"一词,单位为"磅"。描述质量的时候,使用牛顿比使用千克更为恰当,因为牛顿描述的是物体的惯性以及该物体拒绝改变自身状态的阻力。1 千克等于 9.8 牛顿。如果学生想要把牛顿与磅进行换算,得出的结果应为 1 牛顿等于大约 0.225 磅。

由于种种原因,美国没有像其他国家一样采用国际通用的公制度量衡体系,因此,我们美国人在跟外国人打交道的时候,需要对数字进行单位换算。有些学校甚至宁肯教学生如何进行换算,而不肯让他们直接采用公制单位,这岂非咄咄怪事?公制单位已经被各国科学界普遍接受,甚至包括美国!我们欣喜地看到,学生在科学课堂上已经开始使用公制单位,例如,使用牛顿对力进行测量。

在高年级学生中同样可以开展"在幼儿园至 4 年级中使用这个故事"一节提到的实验活动。假如学生能够找到刻度是以牛顿为单位的弹簧秤,他们就能直接测量各种不同材料表面的静摩擦力和动摩擦力。你还可以在积木上放置一个较重的砝码,以便测量出来的结果差距明显。实验结果将会表明,一旦最初的静摩擦力被克服、木块开始运动后,动摩擦力要比静摩擦力小。如果你把砂纸粘在积木底面,就非常方便在砂纸下面更换不同的布料进行实验,因为布料粘到砂纸上之后不容易走样。一些老师在称量物体的重量时使用公制单位,把这一过程称为"称质量"。我个人认为,因为质量是物体的一种属性,所以我们最好把它用作名词,而不是动词。你和同事们可以就这个问题讨论一番。

除上述这个实验外,学生使用不同型号砂纸进行实验能够发现,粗糙的砂纸因为摩擦力大,所以能够从木板上打磨掉很多木屑,而细砂纸通常能把木板打磨得更加光滑细腻。学生使用不同型号的砂纸在木板上打磨时，还能够明显感受摩擦产生的热量，你可以让他们比较不同砂纸摩擦产生的热量有什么不同。

为了能够让学生拓宽视野，了解一下纯物理之外的其他知识，我向你推荐《科学视野》杂志刊登的一篇文章《放轻脚步：科学摩擦的真相》[柴辛（Chessin），2009]。该文作者向我们揭示了各种动物如何通过不同方式巧妙地利用摩擦，从而能够在不同物体表面行动自如。另外，她还提到一个很不错的实验活动：先把各种运动鞋分成不同类别，然后测量它们在摩擦作用下对运动产生的阻力大小。

相关书籍和美国科学教师协会期刊文章

Keeley, P. 2005. *Science curriculum topic study: Bridging the gap between standards and practice.* Thousand Oaks, CA: Corwin Press.

Keeley, P., F. Eberle, and C. Dorsey. 2008. *Uncovering student ideas in science, volume 3: Another 25 formative assessment probes.* Arlington, VA: NSTA Press.

Keeley, P., F. Eberle, and J. Tugel. 2007. *Uncovering student ideas in science, volume 2: 25 more formative assessment probes.* Arlington, VA: NSTA Press.

Keeley, P., and J. Tugel. 2009. *Uncovering student ideas in science, volume 4: 25 new formative assessment probes.* Arlington, VA: NSTA Press.

Konicek-Moran, R. 2008. *Everyday science mysteries: Stories for inquiry-based science teaching.* Arlington, VA: NSTA Press.

Konicek-Moran, R. 2009. *More everyday science mysteries: Stories for inquiry-based science teaching.* Arlington, VA: NSTA Press.

Konicek-Moran, R. 2010. *Even more everyday science mysteries: Stories for inquiry-based science teaching.* Arlington, VA: NSTA Press.

参考文献

American Association for the Advancement of Science (AAAS). 1993. *Benchmarks for science literacy.* New York: Oxford University Press.

Chessin, D. 2009. Tread lightly: The truth about science friction. *Science Scope* 32 (6): 25–30.

Keeley, P., and J. Tugel. 2009. *Uncovering student ideas in science, volume 4: 25 new formative assessment probes.* Arlington, VA: NSTA Press.

National Research Council (NRC). 1996. *National science education standards.* Washington, DC: National Academies Press.

Ohana, C. 2008. Science Shorts: "Knowing Newton." *Science & Children* 45 (7): 64–66.

第十七章
圣伯纳德犬

玛雅(Maya)和利奥反复央求奶奶给他们买一只小狗。经过一番讨论,他们商定了谁负责喂狗、谁负责遛狗以及谁负责驯狗等事宜,奶奶最终同意给这个家庭增加一名新成员。

玛雅、利奥和奶奶一起来到动物救助站挑选宠物。这里有很多成年狗,个头高大威猛,却又非常温顺,两个孩子真想从中挑选一只。不过,他们最想要的是一只幼犬,这样就可以把它从小一直养到大。大多数的狗都是杂交品种,因此他们并不知道这些狗的父母是谁,也不知道它们长大后体形会有多大。

所幸的是,玛雅和利奥不约而同地喜欢上了同一只小狗,这就是他们梦寐以求的"那只狗"。这是一只棕白色相间的短毛小狗。虽然狗的爪子很大,但是救助站工作人员说这只狗长大后不会太大。这只小狗是雄性,所以他们给它取名为"希奥"(Theo)。就这样,希奥跟着他们来到了它的新家。

希奥食量很大,似乎总也吃不饱!它需要消耗大量狗粮,身体长得很快。救援站那位阿姨曾说它的个头不会很大,也许是她弄错了。算了,虽然这只狗经常把口水蹭到他们身上,但是它非常温顺,跟它一起玩其乐无穷。

两个孩子决定跟踪观察希奥的体形和体重变化,开始在冰箱门上用图表做记录。起先,这样做很容易。一个孩子站在体重秤上,称一下自己的体重,然后抱着小狗再称一次,两次重量的差就是小狗的体重。

一切都很顺利。直到有一天,希奥竟然已经长成一只成年大狗,他们俩谁也无法把它抱起来!实际上,有一天佩德罗(Pedro)叔叔过来串门,他说:"我想,你们挑了一只圣伯纳德犬。"

"哦,拜托,"利奥说,"请你千万别告诉奶奶!她绝不会让我们养那么大的狗!"

玛雅和利奥想要继续给希奥称体重,但是他们手足无措,不知道怎样才能把它抱起来。希奥体形太大,无法站在体重秤上,而如果让它趴在秤上,它的身体就会挡住刻度盘,两个孩子没办法看见读数。

"我想到一个办法,"玛雅说,"我们再拿一台秤来,让希奥前爪趴在一台秤上,后爪趴在另一台秤上,然后把两台秤的读数加起来。"

"那样能行吗?"利奥说,"如果它一端比另一端重呢?要是我们俩都单脚站立在不同的秤上,那么称出来的重量准确吗?"

"这很容易验证,"玛雅说,"我在超市里曾经见过有人单脚站在秤上称体重,我想,他们肯定在减肥,希望秤上显示的重量能轻一些!"她觉得这种做法很好笑。

"好吧,我们可以拿一些东西来试一下,看看这样做行不行,"利奥说,"我有办法。"

目的

这则故事有两个目的。一是让学生验证他们关于重量分布的想法，二是帮助他们认识到重量是重力作用在物体（或生物）上的力。另外，是否有必要向学生讲授质量和重量的区别，完全取决于教师本人或学校课程安排。在“内容背景”部分，我会给出一些关于“质量和重量”的内容，仅供参考。

相关概念

- 压力
- 重力
- 力

不要惊讶

说起来可能很奇怪，有些学生竟然不知道一个物体的重量等于其各个组成部分重量的总和。他们可能也不知道，他们用来称自己体重的秤只不过是位于人与地球之间的一种介质，用秤称量出来的重量实际上是两者之间的引力。他们可能也没有认识到，任何物体的重量都是由这个引力的大小决定的。有人试图通过改变自己在秤上的姿势来改变秤的读数，他们没有意识到，除非他们能够改变地球的引力，否则是徒劳无功的。

内容背景

这则故事讲的是真人真事，我只是把两个孩子的名字改了一下，却没有改变狗的名字。实际上，我们知道自己买的是一只圣伯纳德犬，愿意承担由此带来的任何后果。希奥在我们家生活了好几年，最终体重超过 180 磅，这个结果就是我们用两台秤称出来的。我家两个儿子也利用图表来记录狗的体重，遇到的问题跟玛雅和利奥相同。

任何物体的重量都等于其各个组成部分重量的总和。因此，先把狗放在两台秤上称量，然后再把两台秤的读数相加即可得到狗的体重。同理，如果你一只脚站在一台秤上，另一只脚站在另外一台秤上，这样，即使你的体重被分布在两台秤上，但是把两台秤的读数相加得到的数字还是你的体重。你可以试着把身体重心放在一台秤上，然后换到另一台秤上，然而两台秤读数加起来的总和始终不会改变。你和地球通过秤的机构在相互吸引。这样的话，重量是指某物或某人等任何具有引力的东西之间相互吸引，从而施加在该物体或人身上的力。在地球上，这个力是由该物体或人受到的重力作用造成的。

试想一下，你与地球之间相互吸引。你站在一根弹簧上，这根弹簧因为你与地球之间持续的吸引力而收缩。如果我们制订一套标准来度量弹簧的不同收缩程度，那么我们就可以给弹簧下一个可操作性定义。我们按照标准给这根弹簧标出刻度，并给它配备一个平台来承载我们想要称量的物体，这就是我们所谓的弹簧秤。

众所周知的磅和盎司等重量单位并不是人类**发现**的，而是人类为了商品交换而**发明**的。当我们想要买卖东西或进行商品贸易的时候，就需要采用某种恒定不变的标准度量单位对商品进行度量。如果你去访问不同的国家或文明社会，就会发现那里人们使用不同的测量重量方法。我们的超市使用的是标准化的弹簧秤或者液压秤，而在亚洲或非洲一些国家，店主们使用天平，其中一些跟几千年前的设计毫无二致。

严格说来，地球上任何一个物体重量由于受位置或海拔影响可能会存在 0.5% 的偏差。位置：地球不是一个标准的球体，这是因为地球自转速度能够扭曲地球的形状，所以形成了两极稍扁、赤道略鼓的球体。因此，假设你站在南极或北极，那么你身体的重量要比在赤道大一些，因为你与地球中心的距离会比在赤道时近一些。海拔：假设你站在 8 844.43 米高的珠穆朗玛峰，那么你的重量要比在海平面时轻一些，因为你在峰顶与地球中心的距离比在海平面远一些。

以平衡为基础的秤（天平）能够解决地球上重量出现偏差的问题，因为它利用一根杠杆，杠杆中间有一个支点保持杠杆平衡，杠杆两端各有一个小盘，其中一个盘里放着已知重量的物体，另一个盘里放上待测重量的物体。无论在地球任何位置，天平两端所受的地球重力都相同，因此能够得到准确的结果。在使用弹簧为基础的秤（弹簧秤）的地方，我们应当根据其地理位置对刻度进行校正，但是商家往往不愿意这么做，因为他们觉得重量偏差太小，没有必要大费周折。然而，为了保护消费者利益，有些国家针对商业弹簧秤的校准问题制定了一些专门的法律条文。

在成人和儿童中间经常存在的一个误解是：太空中宇航员不受重力影响，因此他们处于“失重”状态。实际上，在距离地球250英里的高空，地球的重力仍然还有90%在发挥作用。宇航员之所以感觉失重（实际上也是如此），是因为他们和太空站或太空舱在围绕地球转动的同时处于自由落体状态。这跟你在快速下落的电梯中感觉是一样的，但是前者的速度快多了。如果你站在电梯里的一台秤上，称出的重量就会比平时要轻一些，因为你脚下的电梯地板正在快速远离你和秤，因此削弱了重力的下拉作用。相反，当电梯突然停住时，你感觉自身的重量猛地压向地板，因此感觉身体变重。

重量与质量有什么区别？在日常生活中，重量和质量实际上没有区别，然而，如果我们从科学角度来讨论，两者差异甚大。重量是指物体所受引力的数量大小，而质量是指物质具有的一种属性（该物体含有的物质数量）。重量需要依赖引力而存在，因为它度量的是某物体受到引力作用的大小，而质量是一切物质都具有的一个基本属性。在月球上，一个物体的重量要比它在地球上轻，因为月球的引力要比地球小，但是，该物体的质量在这两个地方始终保持不变。

质量表现为物体阻止其运动或静止状态被外力改变的阻力，牛顿运动定律对此的描述尤为详尽。无论一个物体在哪里，我们想要改变其运动或静止状态受到的阻力是不变的。在月球上，如果你想要让一块运动的巨石停下来，其难度跟在地球上一样大，而如果你想要把一块静止的巨石向前推动，其难度跟在地球上也一样大。

简而言之，在日常生活中，把重量和质量混为一谈并没有什么问题。但是，当你在处理物理或工程方面的问题时，把这两者区分开来就显得非常重要，因为一个物体的重量会因为其位置不同而有所不同，但是质量不会发生变化。因此，两者之间并不能画等号。让低年级学生花时间学习重量和质量的区别为时尚早，但是到了中学阶段，这一内容可能会出现在教学大纲中。在本章故事中，我们并没有必要探讨重量和质量的区别。

故事中说到有人想通过单脚站立在秤上的方法来改变自己的体重，因此你有必要跟学生讲一讲“压强”的概念。压强是指物体所受的压力与受力面积之比。例如，你可能会听到某一物体受到的压强是每平方英尺10磅。如果受力面积或物体重量发生变化，那么压强也会变化。

看一看图钉，你就会明白它是人们根据压强这个概念设计出来的。你用手按的图钉那一头又圆又平滑（钉帽），它比尖的那一头（钉尖）面积大很多。如果图钉没有钉帽，你直接使劲地按钉尖的话，钉子就会扎进你的肉里，让你疼得受不了。而当你按钉帽的时候，那里的受力面积很大（你也不用担心手被扎），而你用的力会被传递到图钉的钉尖。假设你用的力是每平方英寸10磅，这个力会从钉帽传递到钉尖，所以压力没有变，但是由于钉尖的面积要比钉帽小得多，所以压强发生变化。由于压力是集中在钉尖这一个点上，因此它能穿入物体。施加在钉帽的力被传递到钉尖以后压强变大，因为它是被集中到一个点上。

如果一个人的两只脚都站在秤上，那么他的体重被分布到两只脚上，而如果他是一只脚站在秤上，压力就会集中在一只脚上。秤受到的压强虽然变大，但是这个人的体重不会发生变化。秤是用来测量重量的，而不是测量压强的。

这则故事涉及很多科学知识，需要学生探索的科学道路有很多分岔。作为教师的你可以向学生提出很多不同问题，或者，更好的办法是，你可以诱导他们就重量、天平以及压强等概念进行深入探索。

《国家科学教育标准》(国家研究委员会，1996)的相关内容

幼儿园至4年级：从事科学研究需要具备的能力

- 利用简单的设备和工具收集数据并拓展自身的各种能力。

幼儿园至4年级：物体和物质的属性

- 物体具有很多可见的属性，包括尺寸、重量、形状、颜色、温度以及与其他物质产生反应的能力。我们可以利用直尺、天平或温度计等工具对这些属性进行测量。

5～8年级：从事科学研究需要具备的能力

- 利用适当的工具和技巧收集、分析并解读数据。

《科学素养基准》(美国科学发展协会，1993)的相关内容

幼儿园至2年级：科学研究

- 人们往往单凭仔细观察周围的事物就能够学到一些东西，不过，有时候，人们在对那些事物做些什么之后再进行观察，能够学到更多东西。

3～5 年级：物质的结构

- 我们可以借助某一物体的属性对其进行描述。

3～5 年级：自然的力

- 地球的引力不需要与地球上面或附近的物体接触即可向自己拉近。

6～8 年级：自然的力

- 每一个物体都对其他任何物体施加引力。

在幼儿园至 4 年级中使用这个故事

首先，你应当了解学生对"称重"知识已经懂得了多少。你可以让他们说一说，成人是如何给他们称体重或给东西称重量的。成人需要给哪些东西称重量？有没有给他们称过体重？采用什么方法称重？从学生的发言中，你可以了解他们对"如何利用称重对不同物体进行比较"问题懂得多少。

低年级学生可能没有接触过这个概念，因此你应当让他们亲身体验一下物体的重量差异。你可以让学生在教室里挑选一些方便用手拿的物体，然后两手各拿一个物体，并猜一猜哪只手上的物体更重（你可以借此机会教学生区分"更重"和"最重"有什么不同）。你甚至可以使用这样的语言："哪只手需要更用力些，才能不被物体拽下去？"这将为今后他们理解重量是由重力造成的埋下伏笔。他们需要给物体施加一个向上的力以抵消物体向下的力。你可以问一问学生，他们能否觉察到自己在用手拿轻重不同的物体时身体会有什么不同反应。

你可以借此机会介绍天平以及一些人为制订的度量标准等知识。许多教师使用弹球、厘立方[①]或乐高积木来作为度量单位。学生先把一个物体放在天平一侧，然后再把数量不等的度量单位放在天平另一侧，使天平两侧保持平衡。

一名教师让学生把收集到的橡子用作度量单位。学生在使用橡子称量同一个物体却得到不同的结果时，自然就会想到，由于每一颗橡子的大小轻重等方面各不相同，因此不适合被用作标准单位，然后，他们就会去找一些各个方面都相同的物体来作为标准单位。通过这一探究实践，学生明白称重时统一度量标准的重要性，

① 厘立方（Centicube）为棱长 1 厘米、质量 1 克、可以扣在一起的塑料立方体砝码。——译者注

从而联想到各种度量衡都需要统一的标准。

学生还想知道，待称重物体的位置是否会给物体重量造成影响。你可以让学生把长方体按照不同方式摆放，比如说竖放或平放，他们就会发现物体的位置对重量没有丝毫影响。一个物体无论怎么摆放，其质量（该物体含有的物质数量）是不变的。

至于故事中提到的小狗，你可以用可拆卸玩具代替。你可以让学生把玩具各个部分的重量分开称一下（可能需要两架天平），然后把这些重量加起来，再跟整个玩具的重量进行比较。

我们发现，年龄稍大一些的学生喜欢用形状、大小各异的纸张来拼装一些东西。他们通过这些折纸活动发现，要想让这些东西达到平衡状态，可以利用各种不同方法。你可以让学生想办法，只用天平就能够判断三个或三个以上物体孰轻孰重，然后按照从轻到重的顺序排列。你可以向学生提出挑战，看一看谁能够利用最少的步骤做到这一点。这个问题并不像看起来那么简单，必然会引发学生就此展开热烈讨论。

在 5～8 年级中使用这个故事

说起来有些奇怪，这个故事在高年级学生中引起的反响比低年级学生更强烈。他们比低年级学生更老练，看待问题的角度自然会更多一些。跟上一节的教学建议一样，你应当事先了解一下学生对重量和重力知识已经懂得多少，这样做对你开展教学有好处。

如果你的学生还没有接触过天平或弹簧秤，你可以借此机会让他们使用纸杯、线、吸管、大头针、弹簧衣夹和汽水罐等常见材料制作一架天平（参见图 17.1）。

学生亲手制作一架天平并且对其进行调试，能够从这一过程中学会天平的工作原理。大多数学校都给学生提供现成的天平和弹簧秤，但这些东西对学生而言就像“黑柜子”一样，学生不知道它们是如何工作的，也不知道应该如何进行调试。本章故事向学生打开了一扇通往称重和平衡的大门，那么你完全可以让他们尽情探索由此涉及的各种力学知识。为了让学生能够更好地掌握天平，我建议你让他们使用重量为 1 克的厘立方砝码（或重量相等的其他物体）称量各种各样的东西。你还可以鼓励高年级学生勇敢迎接上文提到只使用天平来判断三个或三个以上物体孰轻孰重的挑战。

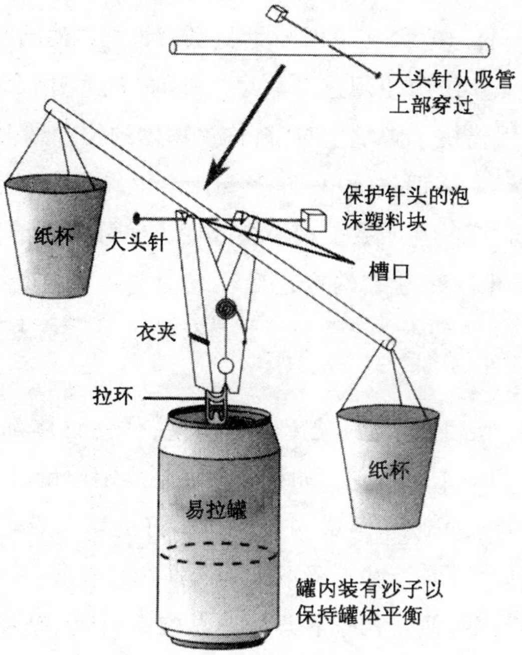

图 17.1　易拉罐天平

当然，你的学生肯定想要尝试去做故事中的那个实验。如果你不拘小节，并且学校规章制度也允许，那么你完全可以把一只狗带到教室里，然后用体重秤给它称体重。肯定会有学生家长愿意把自家的宠物狗带到学校来，实验完毕之后再接回家去。你最好使用一只小狗，这样方便学生抱着它一起称重，然后扣除那名学生的体重就能得出狗的重量。但是如果狗太大没人没抱得动，而且不久前刚看过兽医的话，那么兽医那里应当有狗的重量数据，你可以拿这个数据跟学生采取"双秤称重法"称出的重量进行比较。

学生的体重是一个敏感话题。你最好找一些志愿者主动试一试那种两只脚各站在一台秤上的方法，或者找一名对自身体重无所谓的学生来做这项调查。当这名学生把身体重心从一侧换到另一侧时，另一名学生可以在旁边把两台秤的读数报出来，全班学生把两个读数相加。显然，两台秤的读数相加就是这名学生和狗的体重的和。

故事中还提到一个问题：一个人单脚站在秤上能否改变体重？我建议你使用《了解学生的科学想法》(第四册)(基利和塔古尔，2009)一书的探究案例"单脚站立”。该案例提出的问题跟本章故事相同，只是方式不同。该案例也要求学生把自己的想法说出来并给出具体理由。你的学生肯定会就该案例的问题展开热烈讨论。

跟“在幼儿园至4年级中使用这个故事”一节的教学建议一样，如果你有一台精确的电子秤，也可以借机了解学生对“待称重物体的位置是否会给物体重量造成影响”问题是否存在错误认识。这里，你需要让学生弄明白一点：一个长方体无论是竖放还是平放，它含有的物质数量都不会改变。你可以给学生一块黏土，让他们通过改变黏土的不同形状来让它的重量变轻或变重。学生最终会发现，无论他们怎么改变黏土形状，结果都是徒劳无功。要是有学生不乐意去花时间折腾一番，我倒是会感到非常奇怪。

综上所述，你可以帮助学生归纳出如下结论：任何物体都含有一定数量的物质，这一点不会因物理操作而改变。如果教学大纲规定质量、惯性和牛顿运动定律等为必修内容，那么你会发现本章故事是一个很好的切入点。我还要向你推荐比尔·罗伯特森的著作《力和运动：不要不懂装懂》(2002)，该书比我们这一章论述得更加深入详细、通俗易懂，便于初学者理解这些复杂难懂的概念。此外，你在网上还可以找到罗伯特森发表于2008年3月《科学和儿童》杂志的一篇文章《科学101：天平和秤称量的是物体重量还是质量?》。

相关书籍和美国科学教师协会期刊文章

Driver, R., A. Squires, P. Rushworth, and V. Wood-Robinson. 1994. *Making sense of secondary science: Research into children's ideas.* London and New York: Routledge Falmer.

Keeley, P. 2005. *Science curriculum topic study: Bridging the gap between standards and practice.* Thousand Oaks, CA: Corwin Press.

Keeley, P., F. Eberle, and C. Dorsey. 2008. *Uncovering student ideas in science: Another 25 formative assessment probes, volume 3.* Arlington, VA: NSTA Press.

Keeley, P., F. Eberle, and L. Farrin. 2005. *Uncovering student ideas in science: 25 formative assessment probes, volume 1.* Arlington, VA: NSTA Press.

Keeley, P., F. Eberle, and J. Tugel. 2007. *Uncovering student ideas in science: 25 more formative assessment probes, volume 2.* Arlington, VA: NSTA Press.

Konicek-Moran, R. 2008. *Everyday science mysteries.* Arlington, VA: NSTA Press.

Konicek-Moran, R. 2009. *More everyday science mysteries.* Arlington, VA: NSTA Press.

Nelson, G. 2004. What is gravity? *Science and Children* 42 (1) 22–23.

参考文献

American Association for the Advancement of Science (AAAS).1993. *Benchmarks for science literacy.* New York: Oxford University Press.

Keeley, P., and J. Tugel. 2009. *Uncovering student ideas in science: 25 new formative assessment probes, volume 4.* Arlington, VA: NSTA Press.

National Research Council (NRC). 1996. *National science education standards.* Washington, DC: National Academies Press.

Robertson, W. 2002. *Force and motion: Stop faking it!* Arlington, VA: NSTA Press.

Robertson, W. 2008. Science 101: Do balances and scales determine an object's weight or its mass? *Science and Children* 46 (1): 68–71.

第十八章
冰 茶

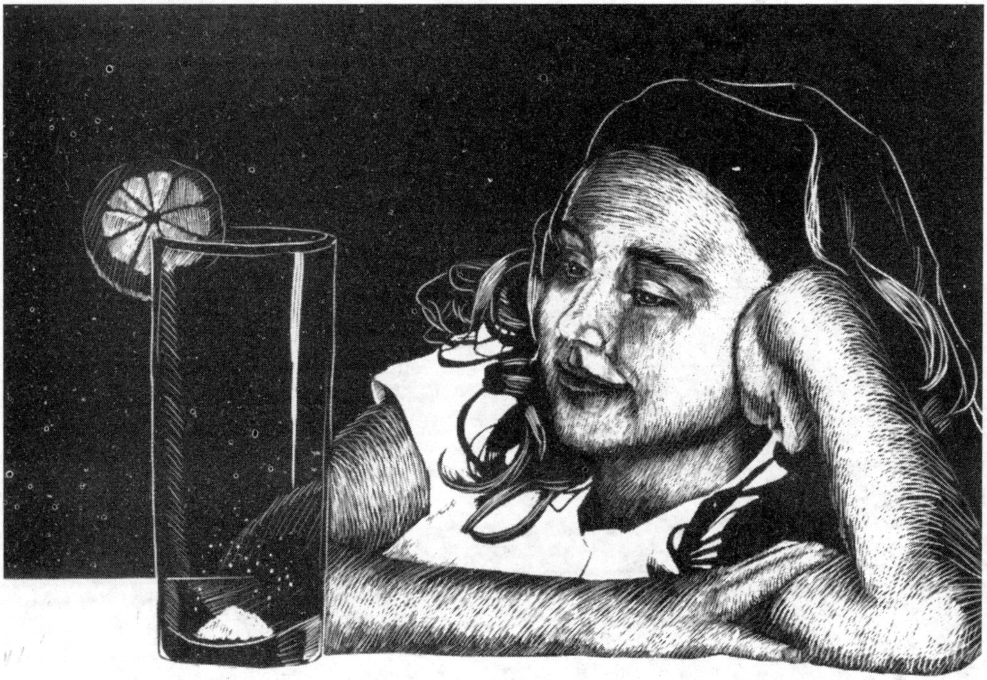

卡罗琳(Caroline)擦了擦装有酷爱(Kool Aid)[1]饮料的玻璃杯外壁上的水珠。天气闷热潮湿。天气预报说,这是有记录以来最热的一个 7 月。卡罗琳觉得也是。

---

① 酷爱(KoolAid):卡夫公司出品的一种饮料。——译者注

尽管只有 9 岁，但她记得以往任何一个暑假都没这么热过。每当她喝着美味的冷饮时，杯子里叮当作响的冰块便滚落下来碰到她的鼻子。

她的姐姐丽萨（Lisa）步履轻盈地端着托盘来到门廊，托盘上放着几个玻璃杯和一壶冰茶。

“我在门廊这里！”丽萨转头向屋里喊道，一边用左脚踢了一下纱门，纱门关上了。这意味着家里其他人很快都要出来。托盘上的玻璃杯格格作响，丽萨努力恢复了身体平衡，她来到桌子前，把托盘放好。

卡罗琳没有动弹，她不喜欢喝茶。她喜欢喝甜的东西，而就算茶里放了糖，她也不爱喝。丽萨总爱取笑卡罗琳，要她别喝酷爱饮料了，今天丽萨也没有放过这个机会。

“嘿，卡丽[①]，”她说，“别喝那种糖水了，来点成人的饮品吧。对你有好处。”

“等我长大以后再喝，”卡罗琳回答，“现在我还是小孩子。”

“怎么，嫌我的冰茶不够甜吗？”

“我想要它多甜就能弄多甜，但我就是不爱喝。”卡罗琳气呼呼地说。

“你能弄多甜呢？”丽萨问。

“我可以把一整碗糖都放进去，把它变成含有茶的糖水。有区别吗？”

丽萨没有理会她的问题，而是反驳道：“我敢打赌，你不能把一整碗糖都溶解在这杯冰茶里。实际上，等家里其他人来齐之前，你连四分之一茶杯的糖都溶解不了。”

“我打赌，我肯定能，”卡罗琳不服气地回答，“赌注是什么？”

“这一周剩下几天要干的家务。”

“成交！”卡罗琳自信地说。

卡罗琳随即拿起茶壶给自己倒了一大杯冰凉的冰茶，抓起勺子和盛糖的碗，小心翼翼地从碗里舀了满满一大勺糖倒进茶杯。透过玻璃杯能够清楚地看到糖在冰茶中像雪花一样飘落到杯底。她又重复加了两次糖，茶杯里总共已经放了三勺糖。

“需要搅拌一下。”卡罗琳一边观察，一边伸手去拿桌子上的长柄茶匙。她搅拌了一会儿，那些白色的东西看起来已经不像是糖了，它们在杯子里随着茶匙旋转起来。

---

① 卡丽是卡罗琳的昵称。——译者注

她停止搅拌，然后仔细观察。像云彩一般打着旋的东西慢慢静止下来，最终在杯底堆成了软塌塌的一团。

“早就告诉你了吧！”丽萨得意地说。

“还没有结束！”卡罗琳说着，使劲搅动冰茶。为什么不溶解呢？她想不明白。她试着又搅拌了几次，还是没有任何明显变化，嗯，也许有一点儿变化。卡罗琳拿起勺子又伸向了糖碗。

“也对！”丽萨挖苦道，“如果三勺糖都溶解不了，再加一些糖说不定就溶解了。”

卡罗琳停下来，陷入了思考。虽然她不愿意承认，但是姐姐赢了。她决定尝尝茶的味道。有一点甜，却不是很甜——反正不够甜。这究竟是怎么回事？她以前喝过甜的冰茶，但这杯根本没那么甜，并且糖也融化不了。应该怎样才能让冰茶把糖溶解并变甜呢？一定有办法。可是糖为什么不能溶解呢？

正在这时，家里人陆续出来，打断了她的思路。丽萨把一卷纸巾和一瓶喷雾清洁剂放到卡罗琳的腿上。

“妹妹啊，我今天的家务活是擦厨房的玻璃窗，”丽萨说，“好好干哦。记住，要一尘不染！”

目的

把物质溶解于“万能溶剂”——水中，在日常生活中几乎每个人都有过这样的体验。糖在热茶中很容易溶解，但是在冰茶中却很难。显然，水并不是名副其实的万能溶剂，否则我们找不到容器来盛它。但是，在日常生活中，水能够溶解的物质确实比其他液体多。你可以借此机会给学生演示温度对液体溶解能力的影响，并教学生如何区分溶解和融化这两个概念。对于高年级学生，你可以给他们讲授水的分子结构知识。

相关概念

- 分子
- 溶剂
- 溶质
- 溶液
- 融化
- 化学键
- 固体
- 液体

不要惊讶

儿童甚至一些成人都搞不清楚溶解和融化的区别。孩子们经常说，放进饮料里的糖“融化”了。融化，是指物质被加热之后达到熔点而发生的状态变化。溶解，则是指两种或两种以上物质混合以后成为溶液。通俗语言的解释甚或一些字典的定义都解决不了这一问题，因为这两个词的意思常常被人们混淆。然而，在科学领域里，这是两个完全不同的概念。

内容背景

丽萨非常肯定自己能赢那个赌注，为什么呢？也许是因为她曾经有过往冰茶里放糖使其变甜的经历。你是否注意到，她在打赌的时候设置了时间限制？只要搅拌时间够长，糖最终也许能溶解，但是那需要花费很长时间以及拥有足够耐心，无论是卡罗琳还是你的学生恐怕都没那个时间和耐心。制作冰茶通常是在茶水热的时候加糖，因为热水会加速溶解，或者，也可以使用糖溶解于热水之后做成的液体糖浆。那么，溶解与融化有什么区别呢？

物质被加热之后其温度达到熔点就会融化。冰淇淋在炎热的天气会融化，只要吃过蛋筒冰淇淋的人都可以作证，因为蛋筒冰淇淋得抓紧时间吃完，否则就会滴得到处都是，把衣服搞脏。这是一种物理变化：融化的冰淇淋依然是冰淇淋，只是状态变了。每一种物质都有其熔点。我们很少意识到这一点，因为大多数固体熔点远远高于日常生活环境的温度。有些人用铅做过士兵模型，他们应该记得固体金属需要多少热量才能熔化，然后倒进模具成型。

固态水（冰）在室温条件下融化。这表明，水在日常情况下处于融化状态，除了当气温降至其熔点以下的时候。也就是说，如果周围温度达到水的凝固点 32℉（或 0℃），水就会变成冰。

用来制作冰茶的水被称为溶剂，茶和糖被称为溶质。因此，能够溶解其他物质的液体是溶剂，被溶解在溶剂中的物质是溶质。地球上，水能溶解的物质种类最多，所以被称为“万能溶剂”，当然，这种说法有点夸张。这也是一件好事，因为水能溶解我们身体的细胞以及其他各种各样的东西，而地球上还有那么多的水！一天或两天没有水，我们都活不下去，每一种生物的身体构造中有一半以上都是水。

水还具有独特的属性（例如沸点或冰点），所以科学家在进行科学研究时经常把水用作参照标准。例如，计算物质的密度时，以水的密度（1 立方厘米水等于 1 克）作为参照标准。而热量单位卡路里的定义是：把 1 立方厘米水升高 1 摄氏度所需要的热量。

那么，水为什么是最好的溶剂？原因在于水的分子形状（就像一个小型回旋镖）以及水的电极。氧原子位于“回旋镖”的顶部，氢原子则位于两端。两个氢原子附着在一个氧原子上，也就是

水分子

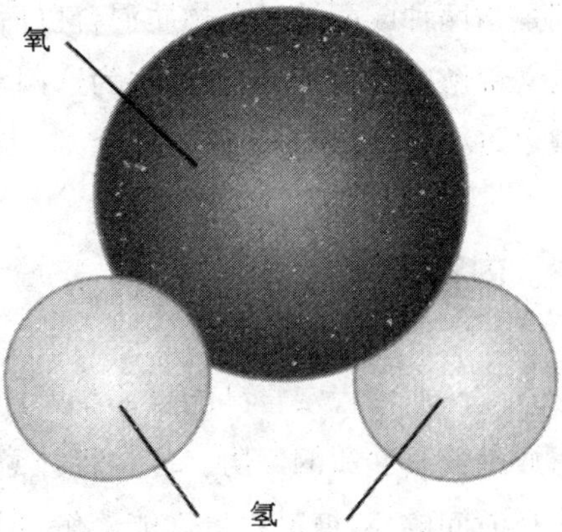

那个著名的符号(或称分子式)H_2O。水分子有正极和负极,被称为“极性分子”。这就意味着,水不仅能够吸引跟它属于同类的分子,而且能够吸引其他具有极性的分子——而这样的分子不计其数。分子的负极吸引其他分子的正极,而分子的正极吸引其他分子的正负极。

当我们把盐或糖等极性物质放进水里,它们的分子就会分解,因为它们(现在是带电离子)四周被水分子包围,不能再相互连接。例如,当我们把糖的结晶体放进水或茶里,糖分子就会离开晶体,因为受水中极性分子的吸引而分解,晶体中的成分迅速被水分子包围,成为我们所说的“溶液”。一旦成为溶液,这些分子无法被过滤出来,也不会因为重力被分离出来。然而,如果你把溶液中的水煮沸蒸发干,被溶解的物质分子就会残留在锅底。

任何溶解过程都是可逆的,我们可以根据溶液中各种物质的性质把其分离出来,例如,水的沸点是212℉(或100℃),但这一温度不会让糖蒸发,所以糖会残留下来。然而,过滤器无法把溶液中已经溶解的不同物质一一分离出来。因此,溶解过程中实际上没有化学反应,没有状态变化(换句话说,没有融化),没有形成新物质,但是,溶质的分子进入溶液,并且本质上成为溶液的一部分。水依然是甜的。在溶解的过程中,溶质均匀散布在溶液中。这意味着,从溶液任何地方取样测量,溶质与溶液的比例都是相同的。

由于水分子撞击砂糖的速度与水的温度成正比,水温越高,水分子越活跃,在任意时间点撞击砂糖的水分子数量就越多,从而加速了溶解过程。这就是为什么糖在热水中溶解的速度比在冰茶里快。实际上,高温普遍能加快两种或多种反应物之间的反应速度。

到了一定时候,溶液无法再吸收更多的溶质(其原因太复杂,此处不再赘述),这一点被称为“饱和点”。然而,我们在给“饱和”下定义时都会附加一个条件——“在给定的温度下”。如果温度升高,溶液能溶解的溶质也会增加。如果溶液冷却,就会形成“过饱和”,我们说溶液在那个温度下过饱和。

故事中卡罗琳给冰茶加入的糖越来越多,我们知道,茶水在低温条件下能够溶解的糖数量有限。卡罗琳的冰茶已经达到饱和点,或者,根据糖的数量和茶的温度,不停搅拌也许只能让糖多溶解一点点。无论是哪种情况,卡罗琳只能认输去擦窗户,而丽萨轻轻松松地赢了这个赌。

《国家科学教育标准》(国家研究委员会,1996)的相关内容

幼儿园至 4 年级:物体和物质的属性

· 物体具有很多可见的属性,包括尺寸、重量、形状、颜色、温度以及与其他物质产生反应的能力。我们可以利用直尺、天平或温度计等工具对这些属性进行测量。

· 物质以不同形态——固态、液态和气态存在。加热或冷却可以使一些常见物质从一种形态变为另一种形态,例如水。

5～8 年级:物质的属性和属性变化

· 物质都具有各自的属性,例如密度、沸点或溶解度等,这些属性和样本的数量无关。我们往往可以利用一种或几种属性,把混合在一起的不同物质还原成它们原来的样子。

《科学素养基准》(美国科学发展协会,1993)的相关内容

幼儿园至 2 年级:物质的结构

· 我们可以通过某些方式改变物质的属性,但是,不同物质对这些方式的反应不尽相同。

3～5 年级:物质的结构

· 加热和冷却能够引起物质属性发生变化。温度越高,很多变化速度越快。

· 有些物质由很多微小的部分构成,这些部分只有在放大镜下才看得见。

6～8 年级:物质的结构

· 一切物质都是由非常小的原子构成,我们无法通过显微镜直接观察到原子。一种元素的所有原子都相同,但是不同元素的原子各不相同。原子在不同分子中或是紧密黏附在一起,或是按照一定顺序排列。不同物质由原子的不同排列组合构成。

· 原子和分子处于永恒运动之中。温度增加意味着平均运动能量增加,因此大多数物质受热时会膨胀。

· 溶液的温度和酸度会影响反应速度。很多物质溶解于水,水能够极大加快不同物质之间的反应速度。

在幼儿园至4年级中使用这个故事

你可以使用《了解学生的科学想法》(第一册)(基利、埃伯尔和法林,2005)中的探究案例"它在融化吗?"作为预评估或形成性评价工具,借此了解你的学生对溶解和融化是如何理解的。

你把这个故事朗读给学生听完之后,可以让他们就"糖与其他物质混合会产生什么结果"展开讨论,并让他们把自己所知道关于"在液体里加入糖或盐以后会产生什么结果"的知识告诉你。你可以把他们的陈述填入"我们的最佳思维榜"。很多学生会说糖或盐消失了。你需要给他们讲一讲注意事项,其中包括:除非大人允许,否则他们不能胡乱品尝任何东西。然后,问一问他们是否能够想出一个办法来看一看糖是否真的在水里消失掉了。让孩子们把糖放进桌上盛满热水的纸杯里,并观察糖的变化。你可以允许他们尝一尝,然后问他们糖是否真的消失了。同样,你还可以向溶液中加一点柠檬汁,让他们尝过以后看看柠檬汁是不是消失了。如果他们说尝到了糖和柠檬的味道,你就可以给他们介绍"溶液"这个词,然后在接下来的授课和探究过程中反复使用这个词。你还可以介绍"溶解"这个词,对他们说糖和柠檬"溶解"在水中。

有些学生也许会说糖在水中融化了。你可以告诉他们,"融化"是指你给固体加热使其变成液体的过程。你可以给他们展示一粒冰块和方糖,冰块在室温条件下化成水是"融化",而方糖在室温条件下不会融化,把方糖放到水中则是"溶解",然后强调二者的区别。接下来,你可以制作一个表格,表格分为"融化"和"溶解"两栏,让孩子们把自己知道的融化或溶解事例填入对应栏里。然后,组织学生就所填的内容展开讨论,让他们运用学到的关于溶解和融化的知识来判断有没有填错位置。让全班学生一起讨论非常重要,这样,他们可以听取他人的意见并从自身的经验中找到证据来回应。

当然,接下来你们可以再现故事中的情景。如果学生没有提到温度这个变量,你需要在这方面加以引导。卡罗琳遇到的问题还有一种解决方法,那就是使用糖浆或制作糖浆。倘若卡罗琳把糖做成糖浆之后再倒入冰茶,就可以在打赌中获胜。你的学生给她提示以后,下次她肯定知道该怎么做!

佩吉·阿什布鲁克(Peggy Ashbrook)在《科学和儿童》杂志发表了一篇文章

《混合和变化》(2006),以低幼儿童的视角看待上述概念,或许对你有所帮助。

在5～8年级中使用这个故事

同学们听完这个故事以后,肯定会展开热烈讨论,因为这里面既有赌注又有挑战。“我们的最佳思维榜”可以专门列一项:学生帮助卡罗琳把糖溶解于茶水的建议。

经验告诉我们,学生的多数建议都与加热有关。然而,有时候,学生也可能建议把糖碾成更小的颗粒或者直接使用糖粉。这些学生可能意识到,颗粒越小,与水的接触面积越大,分解成分子的速度就越快。还有学生可能建议用少量水把糖做成糖浆,他们根据自己的经验知道液体比固体更容易在液体中溶解。糖浆中的糖分子已经分解,所以能更快地与水混合。

显然,这都需要实验证明。上述各种建议都可以改写成问题,通过实验加以验证。实验过程中,学生需要界定什么才是“溶解”。他们根据什么标准判断物质已经溶解?不同小组的标准如果不同,就无法达成一致。也就是说,他们需要给出“操作性定义”。他们还需要给出“过程性定义”,也就是说,描述他们如何把溶质加入溶剂,以及溶质和溶剂的量各有多少。

学生可能会做出很多实验预测,例如:

- 水越热,溶解的糖越多。
- 水越热,糖溶解速度越快。
- 有些液体比其他液体溶解的糖多。
- 有些液体溶解糖的速度比其他液体快。
- 跟固体糖相比,糖浆能使更多的糖溶解于水。
- 跟固体糖相比,糖浆能使糖更快地溶解于水。
- 糖粉比砂糖溶解得快。
- 糖粉比砂糖溶解得多。

最后,学生应当能够在科学笔记本把取得的实验数据整理成表格或柱状图。他们会发现:温度会影响溶解量和溶解速度;所有溶液都有饱和点;溶液中的水被加热蒸发或自然蒸发后，其中的糖可以被重新获得。此外，学生还可以用过饱和的糖溶液来制作冰糖串：用细线拴住一串冰糖晶体，放到溶液里冷却，细线上的冰糖晶体会变得越来越大。这一现象足以证明溶液里有糖存在。

最后，关于物质溶解更形象生动、浅显易懂的解释，请访问诺斯兰社区学院生物动画网站：www.northland. cc. mn. us/biology/Biology1111/animations/dissolve. html。

相关书籍和美国科学教师协会期刊文章

Driver, R., A. Squires, P. Rushworth, and V. Wood-Robinson, 1994. *Making sense of secondary science: Research into children's ideas.* London and New York: Routledge Falmer.

Keeley, P. 2005. *Science curriculum topic study: Bridging the gap between standards and practice.* Thousand Oaks, CA: Corwin Press.

Keeley, P. 2008. *Science formative assessment: 75 practical strategies for linking assessment, instruction, and learning,* Thousand Oaks, CA: Corwin Press.

Keeley, P., F. Eberle, and C. Dorsey. 2008. *Uncovering student ideas in science: Another 25 formative assessment probes, volume 3*. Arlington, VA: NSTA Press.

Keeley, P., F. Eberle, and L. Farrin. 2005. *Uncovering student ideas in science: 25 formative assessment probes, volume 1*. Arlington, VA: NSTA Press.

Keeley, P., F. Eberle, and J. Tugel. 2007. *Uncovering student ideas in science: 25 more formative assessment probes, volume 2*. Arlington, VA: NSTA Press.

参考文献

American Association for the Advancement of Science (AAAS). 1993. *Benchmarks for science literacy.* New York: Oxford University Press.

Ashbrook, P. 2006. Mixing and making changes. *Science and Children* 43 (5): 28–31.

Keeley, P., F. Eberle, and L. Farrin. 2005. *Uncovering student ideas in science: 25 formative assessment probes, volume 1*. Arlington, VA: NSTA Press.

National Research Council (NRC). 1996. *National science education standards.* Washington, DC: National Academies Press.

Northland Community College, Minnesota. Animations website. *www.northland.cc.mn.us/biology/Biology1111/animations/dissolve.html*

第十九章
赶时间的意大利面

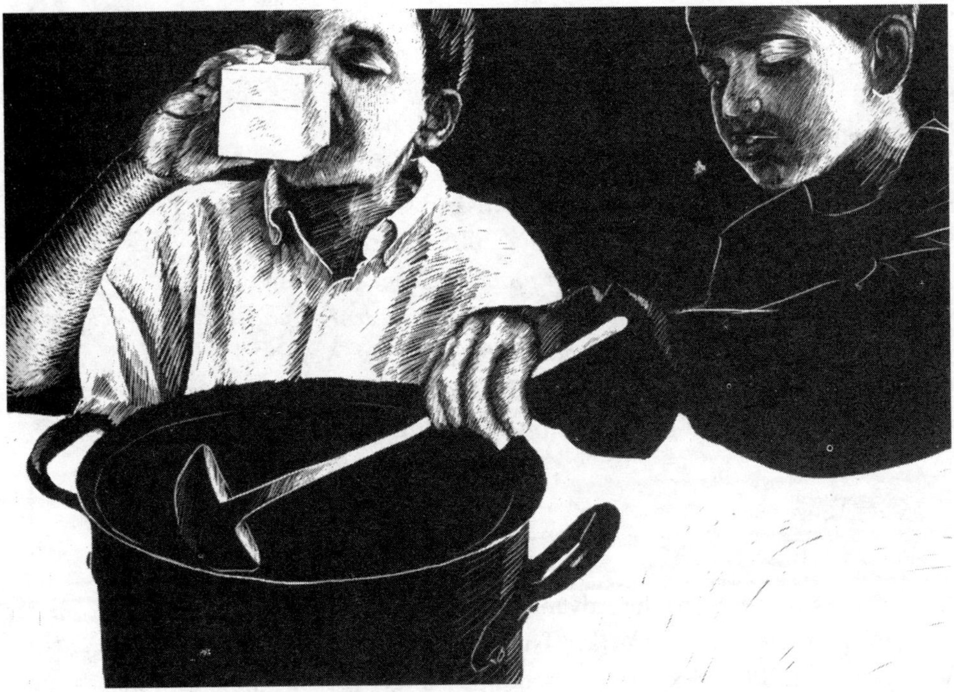

快要到去看电影的时间了，一家人的晚餐却还没有着落。实际上，今天的晚餐应该由孩子们来做，但是他们一直在电脑前玩游戏，把这事忘得一干二净。

突然，时钟敲响了5下。卡文(Cavan)抬起头，想起今晚应该由她和弟弟丹尼尔(Daniel)准备晚餐。可是电影6点就要开始。天啊！这下麻烦大了。如果不赶紧做好晚餐，电影就看不成了。还得留出时间吃饭、刷碗，然后才能出发。这场电影可是他们央求父母好几周时间，父母才答应带他们去的。

“有了!”丹尼尔听了姐姐的提醒之后说道,“我们煮意大利面,再开一罐酱。这样很快就能搞定。然后弄点蔬菜沙拉,10分钟内就能吃上饭。”

“好主意,”卡文说,“赶快去准备吧。你去烧开水煮天使发丝面[①],我来做沙拉。天使发丝面很细,应该会熟得快一些。”

“这计划不错。”丹尼尔说。为了进一步节省时间,他向锅里倒入热水。几分钟后,锅里水开始冒泡并沸腾起来,可以下面条了。丹尼尔把面条放进去,等着水再次沸腾。他纳闷为什么面条一放进去水就沸腾了,但现在没时间考虑这个。水终于再次沸腾起来,丹尼尔又把炉火又调大了一些。

哇!沸腾的面条和水带着泡沫向上涌起。丹尼尔向卡文抱怨说,煮面的时候不能开大火,因为那样面条会溢出来,搞得到处都是。

“调到中火或小火,”卡文说,“就不会溢锅了。”

“但我们不是在赶时间吗,所以我得让水越热越好!”

“水已经烧到最热了,”卡文说,“沸腾只能是沸腾,我记得妈妈说过,水一旦被煮沸,就不会更热了。别问我为什么。”

“我无意冒犯妈妈,但我觉得她的话没道理,”丹尼尔说,“如果我不停给锅加热,水应该更热才对!这是常识。哼!”

两人说话的当儿,水一直在沸腾,面条还在锅里煮着,丹尼尔又朝锅里看了看。

“该死,锅里的水怎么变少了,连面条都盖不住了,我得加点水,可是那样又会煮得慢了。”丹尼尔抱怨道。

“也许不会呢,”卡文取笑道,“你加了那么多的热量进去,怎么会慢下来。”

然而,速度的确变慢了,煮面条花的时间比丹尼尔预想的长了一些。

“我想起来了,应该往水里加点盐,水沸腾的温度就会变高。”

“这跟盐有什么关系?”卡文问。

“我不太清楚,但我知道盐能让冰融化,所以我想它也许能改变水沸腾的温度。”丹尼尔说。

“这些事情我怎么一点都不知道呢,”卡文说,“面条看起来差不多煮好了,今晚就这样吧。我们以后有时间再想这些热量啊、盐啊之类的事情。”

晚餐做得不错,电影也比他们预想的更好看,但是,关于沸腾、盐之类的问题一直萦绕在他们心头。

---

① 天使发丝面:一种细长的意大利面条。——译者注

目的

通过这个故事，学生将会发现，每种液体都有沸点，任何液体一旦达到沸点，即使添加热量也不会使其温度升高，只会使液体由液态转化为气态，即蒸发。此外，本故事还涉及一点，在水中加入具有溶解和电离（分解成带电离子）作用的物质，会改变水的冰点和沸点。

相关概念

- 能量
- 状态变化
- 热量
- 沸腾和沸点
- 温度
- 物质的属性

不要惊讶

水之类具有沸点的物质达到沸点以后，即使继续加热温度也不再升高，这一概念似乎有违常理。正如丹尼尔所说，添加热量就会让它变得更热。根据我们对世界上许多事物的体验来看，丹尼尔的说法似乎合乎逻辑。在某种程度上，丹尼尔是对的，热量确实是以很高的速度转移到水里，但是那部分热量却渐渐给他带来了麻烦，因为热量加速了水的蒸发（详见下文内容背景部分）。另一方面，孩子们知道在冰上撒盐可以加快冰融化的速度，那么用盐来改变沸点的想法就不是那么不切实际了，是不是？不管怎样，丹尼尔、卡文和你的学生有一堆关于沸点、盐及其他东西的问题要解决。这里的“其他东西”可能包括：儿童（以及很多成人）并不知道沸水中冒出来的气泡并不是氧气或任何其他气体，而是水变成的气体。

另外一个关于沸腾的错误观念是：一些学生可能认为，不管温度怎样，煮沸就意味着煮熟。也许有学生会说：“只要水沸腾了，难道还煮不熟意大利面？”这是我们日常语言表达不够严谨造成的。要知道，在真空环境中，我们能让水在室温甚至更低温度下沸腾。这种沸水摸上去一点不热，不能拿来煮熟食物，说浸泡还差不多，说煮熟不可能！

内容背景

简单地说（或许过于简单），液体的沸点就是该液体由液态转化为气态的临界温度。换一种说法可能更容易理解：当温度引起液体内部气压等于或者高于其周围气压的时候，该液体就达到了沸点。这意味着，液体内部的分子必须具备足够的能量来达到或超过液体周围的压力，从而转化为气态。以水为例，我们看到被加热容器内水中不断有气泡冒出，挣脱水的束缚，变成水蒸气逃逸到空气中。此时，水的温度不再升高，因为热量都被用于把水从液态变为气态，而不是去提高温度。把液体变成气体需要很多热量。

物理化学家和工程师往往把蒸发的水称为"蒸汽"。茶壶嘴或锅上方飘着的蒸汽云往往被称为蒸汽，其实不然，因为真正的蒸汽是一种看不见的气体。我们看见的是一层由蒸汽冷凝成小水珠的水雾。实际上，如果你仔细观察烧开的茶壶，就会发现壶嘴与水雾之间有一段空白的距离，这是蒸汽刚从茶壶里冒出来，但还没来得及冷凝成可见的水雾。

在沸腾的定义中，气压是一个关键因素，我们在高海拔地区做饭时的遭遇足以证实这一点，例如，在丹佛或其他海拔高于 5 000 英尺（1 500 米）的地区。由于这些地区气压较低，水沸腾的温度较低，因为其内部气压不需要达到水在海拔 0 米沸腾时所需要的温度。海平面水的沸点通常是 212℉（100℃）。水的沸点在海拔 5 000英尺（1 500 米）为 203℉（95℃），在海拔 7 500 英尺（2 300 米）为 196℉（91℃）。在高海拔地区，水虽然沸腾，但是温度较低，甚至可能低到不可能把食物煮熟的程度。这里又涉及一些人的错误观点，认为水只要沸腾，其热量就足以把食物煮熟。很多人一看到"沸腾"这个词就联想到"**热**"！这是因为我们把它等同于海拔 0 米发生的沸腾定义。我们知道，水在海拔 0 米沸腾时温度很高，你当然不会把手伸进沸水里。然而，在低气压地区，水的沸点可能很低，甚至你把手伸进去也不会有被烫伤的危险。我们通常认为沸水温度为 100℃左右，一些食谱也是以此为标准，鸡蛋、意大利面以及黄豆等煮熟需要花费的时间依据的都是这个温度。水的沸点温度如果降低，热能自然不足，导致煮熟时间延长。

有些专家会告诉你，在海拔1英里的地方，如果没有高压锅，豆子是煮不熟的。高压锅是一种带盖子的锅，能够增加锅内空气压力，从而提高水的沸点，加快煮熟食物的速度。由于沸腾取决于大气压，那么在真空中，水有可能在室温或低于室温的条件下沸腾。如果你想简要了解物质的相变，我推荐你阅读《科学问题》一书的相关内容（海森和特利菲尔，1991，第99页）。

至于往水里加盐让水更快沸腾，这在现实生活可能是不现实的。丹尼尔经常看到父母煮面条时往水里放盐，而这只不过是为了调味需要。一些人认为这样做能够提高水的沸腾温度，但实际上，如果想让34盎司（1升）水每提高1.8℉（1℃），需要添加2盎司（58克）盐，这样的话就太咸了。

通过加盐提高沸点的科学解释是，盐的钠离子和氯离子稀释了水中的水分子，使水分子之间的能量水平降低。这意味着，分子之间的撞击减少，释放的水蒸气分子也变少，从而内部气压变低。因此，需要更高的温度才能超过大气压力，沸点也就变高了。

因此，丹尼尔在没有高压锅的情况下只能以正常速度把面条煮熟，要想加快速度，就必须加入大量的盐才行。丹尼尔甚至还多花了些时间，因为他在水沸腾以后依然用高温加热，使得水（溢出锅）迅速蒸发。

以上内容仅供参考，但此时或许还不宜把它们全部讲给学生听。学生需要掌握的基本概念是：液体沸腾时达到沸点以后温度不会再继续升高；如果想要提高水的沸点，就必须添加大量的盐；对水进行持续加热，水蒸发速度变快。

《国家科学教育标准》（国家研究委员会，1996）的相关内容

幼儿园至4年级：物体和物质的属性

• 物体具有很多可见的属性，包括尺寸、重量、形状、颜色、温度以及与其他物质产生反应的能力。我们可以利用直尺、天平或温度计等工具对这些属性进行测量。

• 物质以不同形态——固态、液态和气态存在。加热或冷却可以使一些常见物质从一种形态变为另一种形态，例如水。

5～8 年级:物质的属性和属性变化

• 物质都具有各自的属性,例如密度、沸点或溶解度等,这些属性和样本的数量无关。我们往往可以利用一种或几种属性,把混合在一起的不同物质还原成它们原来的样子。

《科学素养基准》(美国科学发展协会,1993)的相关内容

3～5 年级:物质的结构

• 加热和冷却能够引起物质属性发生变化。温度越高,很多变化速度越快。

6～8 年级:物质的结构

• 原子和分子处于永恒运动之中。温度增加意味着平均运动能量增加,因此大多数物质受热时会膨胀。在固体中,原子被牢固锁定在自己的位置上,只能振动。在液体中,原子或分子具有较高的能量,受到的束缚没有固体那样大,相互之间可以滑动,有些分子吸收足够能量后能够逃离到空气中。在气体中,原子或分子的能量更高,相互独立,只会偶尔发生碰撞。

幼儿园至 4 年级的教学

显然,低年级学生不能在没有成人监护的情况下独自烧开水,因为这样做太危险了。你可以把学生所了解的沸腾知识填入"我们的最佳思维榜"。然后,把他们的陈述改成问题形式,开始进行调查研究,请注意,烧开水等各项实验最好由你亲自操作,但这并不是说学生就不能参与实验设计。学生也许回答不了卡文和丹尼尔提出的所有问题,但是他们能够验证自己对沸腾的知识是否与根据自己提出的问题而开展的调查结果一致。例如,低年级学生通常都想让你比较一下锅里沸腾 20 分钟之后的水量和沸腾之前的水量。你应当要求他们把所有数据记录在科学笔记本里,留待进一步讨论。

对于年龄大一些的学生,在处理卡文和丹尼尔的问题时,你应当强调有些变量需要控制。同样,你也没有必要让他们自己去烧开水。你可以给学生演示,水的温度升高到一定度数之后就会保持恒定,这与你让他们自己去烧开水的效果是一样

的。你也可以利用探究案例了解学生对沸腾的前概念水平如何。

实际上,《了解学生的科学想法》(第二册)(基利、埃伯尔和塔古尔,2007)给你提供了3个不同的探究案例。“转动温度调节器”目的在于了解学生对水的沸点懂得多少,他们是否知道沸点是一切物质都具备的特征,是否知道物质达到沸点以后,无论再添加多少热量都会保持恒定不变。“沸腾的时间和温度”试图了解学生对“沸水被持续加热很长时间之后其温度会有什么变化”这一问题持有怎样的看法。“气泡里有什么”则向学生提出一个问题:你知不知道,沸腾液体中的气泡是由液体变成的气体构成的?每一个案例都可以在教学过程的不同阶段使用,并在本单元教学结束时再使用一次。

当学生商定好如何开展调查活动时,你可以让一个学生或一组学生每隔一定时间来读温度计,并在图表或黑板上写下度数。如果你有探针温度计或者能够借到一支,就比普通温度计方便得多。别忘了测量实验开始前水的总量,并在图表上记录下来。你应当让学生把所有信息都写在自己的科学笔记本上。

随着水不停地沸腾,学生也许会注意到水量逐渐在减少。如果他们没有注意到,你可以问一问他们,水在沸腾10分钟以后的总量跟刚开始烧水时的总量是否一样。学生可能会给出不同答案,这时,你有必要让水稍微冷却一下,然后再比较沸腾前和沸腾后的水量。如果你使用的是自来水,煮沸很长时间以后温度稍微有所上升,不过你不必为此担心,这是由于随着水的蒸发,水中杂质浓度变高,沸点略微有所提高,但通常不是很明显。这种现象可能会引出下面的问题:往水里加盐以改变水的沸点。

在5～8年级中使用这个故事

你可以自行决定或按照学校的规章制度,确保学生在做实验时不出现危险。水一旦达到沸点之后温度就不再发生变化,这一点会让很多学生感到惊讶,而这也证实了卡文的观点。实验开始以前,你可以让学生做出预测,当然还要让他们给出理由。学生应当把这些内容连同实验设计过程和实验结果都记录在科学笔记本上,以备将来查阅。如果可能的话,用夹子或其他工具把温度计悬挂在水中,这样测量出来的才是水的温度,而不是容器的温度。

一旦你向学生讲明白,沸点是所有纯净物质的属性之一,跟其他属性一样不会发生变化，他们肯定会展开热烈讨论。“纯净物质”可能会让学生想到丹尼尔提议往水里加盐以提高沸点的问题，加盐使水从纯净物质变成了“受到污染”的物质。

加盐的实验设计应当由学生自己来做，每次加盐的重量由他们自己决定。根据我的经验，每次加 5 克盐，水再次沸腾时温度便会升高。需要提醒的是，加盐时务必**放慢速度**、**小心谨慎**，避免出现沸水中突然添加大量物质后容易造成的井喷现象。而且，你需要测量的是水的温度，而不是烧杯或锅的温度，所以应当尽可能把温度计悬挂在水中，以免接触到容器。我个人建议，这个实验最好采取教师演示的形式，学生只充当观察员和数据读取员。我还建议，你可以考虑使用上一节提到的几个探测案例。

你会发现水的温度缓缓升高，“加盐能否让意大利面熟得快一些”这个问题便有了答案。实验表明，要让盐发挥明显作用，大概需要添加 25 克，但那样就太咸了，不值得为节省一点点时间而加那么多盐。还有饱和的问题。沸腾的盐水能溶解的盐有限，如果添加的盐不能溶解，就不再对沸点产生影响。学生观察员会发现，加入一定量的盐以后，新加的盐只会沉到水底，不再溶解。

学生可能很难相信沸水里的气泡是水蒸气。你能做的恐怕只有让他们解释一下容器内沸腾的水量不断减少的原因。如何理解不可见气体对很多学生和成人而言都是一个难点。或许大部分学生只有到了高中阶段并且了解了分子理论的知识以后才能理解这个概念。你可以把冷盘子放置在一锅沸水上方，向学生展示物质的相变是可逆的，以此让他们明白水是以蒸汽的形式逃离，并且能重新被冷凝成水。

我曾经想尽办法让成人明白气泡的性质，却屡屡遭遇失败。他们根据以往的经验认为，那是水中氧气冒出的气泡，却从不考虑水量变少的问题。当然水中的确有溶解的氧气，但是氧气逃逸无法解释这样一种现象：如果让水一直沸腾下去，整锅水都会消失。成人的错误认知可谓根深蒂固。给他们造成错误认识的另一个原因可能是，如果你问他们物质分子之间的空隙里有什么，多数成人都会回答“空气”。他们根本不相信分子之间实际上什么都没有，要说有也只有“真空”。这也许是导致他们认为气泡里是氧气或空气的原因。这些概念对我们科学家非常符合逻辑，而对很多学习科学的学生而言却是一个未解之谜。

至此，学生应该能把这个关于“沸腾、盐及其他东西”的故事补充完整了。

相关书籍和美国科学教师协会期刊文章

Damonte, K. 2005. Heating up and cooling down. *Science and Children* 42 (8): 47–48.

Driver, R., A. Squires, P. Rushworth, and V. Wood-Robinson, 1994. *Making sense of secondary science: Research into children's ideas.* London and New York: Routledge Falmer.

Keeley, P. 2005. *Science curriculum topic study: Bridging the gap between standards and practice.* Thousand Oaks, CA: Corwin Press.

Keeley, P., F. Eberle, and C. Dorsey. 2008. *Uncovering student ideas in science: Another 25 formative assessment probes, volume 3.* Arlington, VA: NSTA Press.

Keeley, P., F. Eberle, and L. Farrin. 2005. *Uncovering student ideas in science: 25 formative assessment probes, volume 1.* Arlington, VA: NSTA Press.

Keeley, P., F. Eberle, and J. Tugel. 2007. *Uncovering student ideas in science: 25 more formative assessment probes, volume 2.* Arlington, VA: NSTA Press.

Link, L., and E. Christmann. 2004. A different phase change. *Science Scope* 28 (3): 52–54.

May, K., and M. Kurbin. 2003. To heat or not to heat. *Science Scope* 26 (5): 38.

Pusvis, D. 2006. Fun with phase changes. *Science and Children* 29 (5): 23–25.

Robertson, W. 2002. *Energy: Stop faking it! Finally understanding science so you can teach it.* Arlington, VA: NSTA Press.

参考文献

American Association for the Advancement of Science (AAAS). 1993. *Benchmarks for science literacy.* New York: Oxford University Press.

Hazen, R., and J. Trefil. 1991. *Science matters: Achieving scientific literacy.* New York: Anchor Books.

Keeley, P., F. Eberle, and J. Tugel. 2007. *Uncovering student ideas in science: 25 more formative assessment probes* (vol. 2). Arlington, VA: NSTA Press.

National Research Council (NRC). 1996. *National science education standards.* Washington, DC: National Academies Press.

第二十章
磁铁比赛

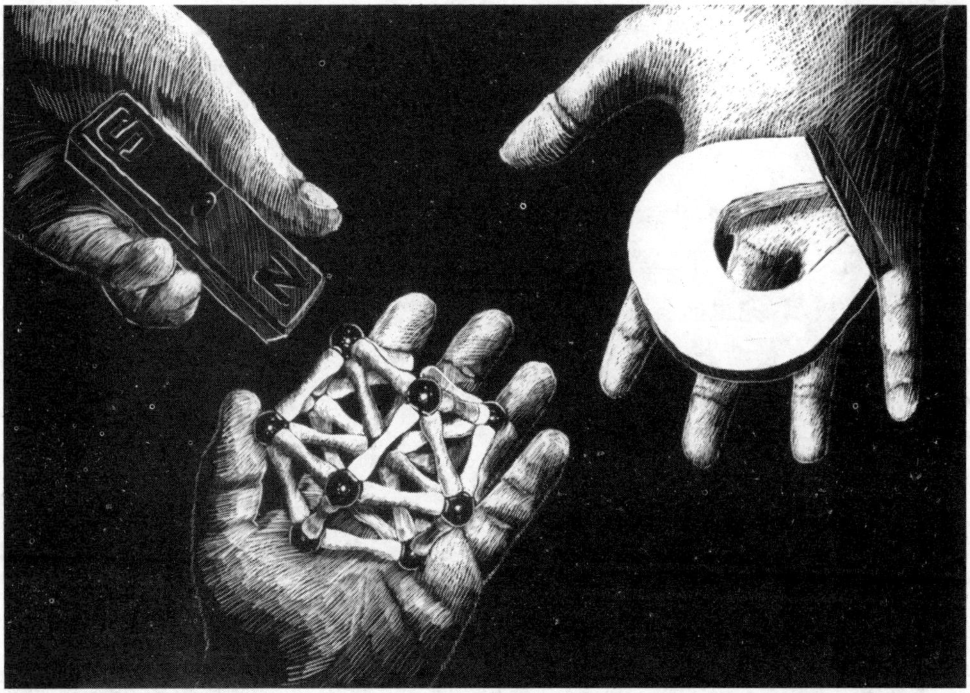

磁铁种类有很多，它们颜色各异、大小不一、形状多样。有条形磁铁、圆柱形磁铁、马蹄形磁铁等。萨莉(Sally)的老师拉米雷兹(Ramirez)女士在科学陈列柜里收集了一整盒磁铁。

萨莉不仅仅是喜欢摆弄磁铁，她简直是“爱死”它们了。实际上，她收藏的磁铁比拉米雷兹老师的还多，但她似乎永不餍足。有一天，萨莉和爸爸来到购物中心的

“1 元店”，她一进门就发现一套磁铁，它们好像金属碎片一样吸附在一个金属柜外侧。她试着把其中一块磁铁从柜子上掰下来，却根本掰不动。这是她见过磁力最强的磁铁了，她志在必得。

“求你了，爸爸。这块磁铁能打败我所有的磁铁，也包括学校的，我肯定！”

看到萨莉喜欢科学方面的东西，爸爸很高兴，觉得她将来能够成为一名工程师。

“好吧，如果你能从柜子上把它弄下来，我就给你买。”爸爸说。

萨莉使劲拽了拽，可是怎么都拽不下来。然后她想到了一个办法，由于柜子表面是光滑的，她可以把磁铁从柜子边上滑下来，于是她毫不费力地做成了。

“真是聪明的姑娘。”爸爸夸奖道。他们一起来到收银台。

“这块磁铁的磁力为什么那么强？”萨莉问收银员。

“我也不知道，”收银员说，“我想，它是由几种不同金属构成的。吸力的确很强，对不对？你真应该看看这些磁铁刚从工厂运过来的时候，我们是费了多大劲才把它们弄开的。”

“爸爸，等我把它带到学校去的时候，我就拥有全班磁力最强的磁铁了。”

令萨莉失望的是，第二天是星期天，不上学。到了星期一早上，她兴高采烈地跑着去赶校车，兜里揣着那块磁铁，准备打败所有的挑战者。当然，她到校之后首先去了拉米雷兹老师那里，对她说自己这块磁铁的磁力比班上任何一块磁铁都强大。

拉米雷兹老师决定利用这个机会做一件有趣的事情，同时提出了一个很棒的科学问题。

“是吗？”拉米雷兹老师问，“你如何向全班同学和我证明呢？我这里有很多磁铁，我敢打赌其他同学也有他们最得意的磁铁。我们来个‘磁铁比赛’怎么样？”

“这主意太棒了，”萨莉说，“我去拿回形针。”

“别着急，萨莉，我还有个主意。到目前为止，我们一直都是根据磁铁能吸附的回形针数量来测量它的磁力强弱。我们想一想还有没有其他测量磁力的办法，这样才能得到更多数据，而不仅仅是回形针的多少。况且，我也无法肯定利用回形针的办法是否准确。你应该还记得，我们用同一块磁铁在不同时候吸附的回形针数量是不同的。也许还有其他方法来测量磁力。让我们动员全班同学都来参加吧。”

于是，全班同学想出了几种测量磁力的方法，然后萨莉用自己的磁铁跟其他同学的磁铁进行了一场较量。最后，他们得到了大量数据，也确定了这场磁铁比赛的最终胜利者。

目的

磁力是可以在间隔一定距离情况下发生作用的力。儿童喜欢玩带有磁力的玩具。家里有冰箱的人都知道,冰箱门里的磁铁数量决定了门的大小。这则故事旨在鼓励学生检验自己是否了解关于磁铁的一些概念,即磁铁吸引的物质、磁铁的磁性、相互之间的作用以及在日常生活中的应用等。此外,学生还需要进行大量实验,验证自己提出的假设,并得出结论。

相关概念

- 力
- 排斥
- 磁极
- 吸引
- 物质的属性

不要惊讶

你的学生可能认为,磁铁能吸引所有金属,他们还认为,磁铁的磁性由磁铁的大小或形状决定。如果他们以前曾经测量过磁铁的磁性,就会觉得所有磁铁磁性都可以根据其吸附物体的数量来判断。找出测量磁力大小的其他方法,并培养收集数据的技能,这将是他们需要面对的挑战。他们也许认为磁力能够穿过各种物质。他们可能会说物体是"粘"到磁铁上,而不是被吸引或吸附到磁铁上。他们可能还会认为,磁极只存在于磁铁的两端,而环形磁铁没有磁极。最后,他们可能不知道磁铁与地球磁场的关系。他们以为指向北极的磁针就是磁铁的北极。

内容背景

磁力是一种值得好好研究的力。它能做功;它能拉动或推动某些物体或改变其位置;它能让这些物体移动,也能让它们停止移动。有趣的是,磁力可以在间隔一定距离的情况下发生作用——无须接触任何物体。从这个角度而言,它与重力和电力属于同一范畴。在这则故事中,我们仅限于讨论永磁体,而把电磁留到其他章节再讲。那么我们对磁力和磁体了解多少呢?

- 磁力是一种力。
- 磁力是在每个磁体周围以磁场形式产生的力。
- 磁体都有相反的两极。
- 地球是一个磁体。
- 磁和电密切相关。
- 磁体的同性磁极相互排斥。
- 磁体的异性磁极相互吸引。
- 磁体的磁力在磁极处最强。
- 磁力是可以在间隔一定距离的情况下发生作用的力。
- 磁力能够穿透某些物质。

1861年,一位名叫詹姆斯·克拉克·麦克斯韦(James Clark Maxwell)的苏格兰物理学家提出,电力和磁力是同一种力的两个方面,也就是说,你不可能只拥有其中之一而不拥有另一个。他用四个数学方程式证明了这一点,至今依然成立。他指出,每当一个磁场发生变化时,就形成一个电场,每当一个电荷运动时,也会产生一个磁场。这就意味着,无论是冰箱门吸里面的磁铁,还是让你一整天发型乱糟糟的静电,磁和电都是相互依存的。如果你有兴趣深入了解麦克斯韦的方程式和电磁领域,我建议你阅读《科学问题》(海森和特利菲尔,1991)中关于电和磁的那一章。而我这里将继续把重点放在与故事有关的磁力问题上。

自从人类首次发现天然磁石的磁性特征以来,磁就已经开始影响人们的生活。不知从何时起,人们发现天然磁铁能吸引某些金属,如果让天然磁铁自行移动,它们往往朝着某一些特定方向移动。后来这些方向被命名为"北"和"南"。同理,磁体指向北的那一端,我们称之为磁体的北极。(实际上,它原本被称为寻北极,后来被简称为北极)显然,与北极相反的一端被称为南极。

你也许会问,既然同极相斥,为什么磁铁或指南针的北极都指向北?难道不应该相互排斥吗?问得好,这源于人们在命名、地图和方向上的用词问题。根据惯例，磁铁指向地球北半球的那一极称为北。如果把地球看作一个磁体，那么地球顶端的那一极就应该是地磁南极，否则不可能会吸引指南针的北极。然而，由于它位于北半球，所以也就被我们习惯性地称为北磁极。同样，位于南半球的称为南磁极。如你所见，这似乎令人非常困惑，所以最好不要把这些自相矛盾的用词讲给学生听。你只需要让他们知道，磁体的北极指向位于地球北半球的那个磁极，磁体的南极指向位于南半球的磁极。

为了简便起见，我们在磁铁的两极分别标上字母 N 和 S，称为北极和南极。在我看来，这个例子又恰恰说明科学发现及其命名规则都是人类的创造活动。然而，有趣的是，地球的两极其实已经偏移了不少，经年累月已经移动了数百英里，所以地球的磁极并不处于地球的“尖端”或顶点位置。

磁铁可以由镍、钴或铁制成。天然磁石则完全由铁构成。如今的磁铁常由三种金属混合而成。用一片纯净的铁、镍或钴在磁体上划几下，就能让它们暂时具有磁性，但是磁性最终会消失。把合适的金属放进较强的磁场内，就能得到永磁体，其磁性不会随时间流逝而消失。

什么样的物体会被磁铁吸引？只要其中含铁就会被吸引。这甚至包括用含铁的墨水印刷的纸张。钢是由铁制成的，当然会被磁铁吸引；镍、钴等磁性金属及其合金也会被吸引。此外还包括一些在我们日常生活中或课堂上见不到的稀有矿物和元素。

有一些与磁性金属熔合的陶瓷材料也能被磁铁吸引；氧化铁和碳酸锶混合可以形成一种陶瓷磁铁。此外，各种新奇的展品普遍使用柔性磁铁，这是一种通过把磁铁氧体粉末与高分子聚合物混合而制成的永久磁铁。

磁铁的大小、形状千差万别，有马蹄形磁铁、条形磁铁、圆柱形磁铁、纽扣形磁铁、环形磁铁等，我们很难从外观上判断其磁性强弱。但它们都有一些共性：它们都有两极，都吸引某些物质；它们的两极都会出现同性相斥、异性相吸的现象。

我说过，无论大小如何，一切磁体都有相反的两极。如果把一块条形磁铁分成两段，就变成了两块磁铁，每一块都有南北两极。继续分下去，不论多小的磁铁，每一块都依然有两极。甚至原子也是带有两极的微小磁体。这便是麦克斯韦第二个方程式的内容：不存在孤立的一极。

数百年来，磁铁给人们带来无穷的乐趣，当然也带来了很多难解之谜。在磁铁的吸引下，你的学生必定会为故事续写结局而开展更多调查研究，并在此过程中学到更多关于磁铁的知识。

《国家科学教育标准》(国家研究委员会,1996)的相关内容

幼儿园至 4 年级:光、热、电和磁

- 磁铁与磁铁之间以及磁铁与其他某些物质之间相互吸引或排斥。

5~8 年级:运动和力

- 我们可以通过物体的位置、运动方向和速度对该物体的运动状态进行描述。我们可以对物体的运动状态进行测量并用图表表示。

《科学素养基准》(美国科学发展协会,1993)的相关内容

幼儿园至 2 年级:自然的力

- 磁铁不需要与某些东西直接接触也能使其移动。

3~5 年级:自然的力

- 磁铁不需要与由铁制成的物体直接接触也能吸引它们,磁铁与磁铁相互吸引或排斥。

6~8 年级:自然的力

- 电流和磁体能够产生相互作用力。

在幼儿园至 4 年级中使用这个故事

学生听完故事以后肯定都会跃跃欲试,他们已经准备好拿出自己最得意的磁铁参加实验。重要的是,你应当帮助他们明确什么样的磁铁才算“最强”。学生习惯用磁铁来吸附东西,往往以磁铁吸附物体数量多少作为评判。你可以认可他们的标准,同时告诉他们还有别的方法来评判磁性强弱。

我建议你还是跟以往一样从“我们的最佳思维榜”着手,尽管这样做会暂时抑制他们跃跃欲试的热情。思维榜可能包括如下内容:

- 磁铁吸引物体。
- 磁铁只吸引金属物体。
- 磁铁能够让物体移动。
- 磁铁可以吸引钉子和别针。

- 磁铁的两端要么相互吸引,要么互相排斥。
- 磁铁两端的磁性比中间强。
- 我的一些玩具里面含有磁铁。
- 磁铁在水里也能起作用。

把每句话稍微改动一下,就变成了需要求证的问题:

- 磁铁能吸引所有的金属物体吗?
- 磁铁两端的磁性比中间强吗?
- 你能阻止磁铁吸引物体吗?

全班的研究和数据可以记录在另一张大表里,但是,每个学生应当把自己的所有实验结果记录到科学笔记本上。

下面实验开始。我喜欢"留一手",先不把学生没见过的新磁铁拿出来,等学生设计比赛的时候给他们带来一些惊喜。你可以准备一些金属硬币、铝箔、铜质装订夹、回形针、塑料瓶盖、金属瓶盖、冰棒棍、乐高积木等各种物体,供学生实验使用。他们将会吃惊地发现,磁铁对一些金属物体完全没作用。你可以让学生把这些物体分成"不能被磁铁吸引"和"能被磁铁吸引"两类,然后让他们预测哪些物体能够被磁铁吸引。学生可以用那些能够被磁铁吸引的物体来验证某些其他问题,例如,磁铁的哪个部分磁性最强。学生在对自己的磁铁进行一番科学探索之后才能做好充分准备,考虑如何设计一场磁铁比赛。

你可以到国家科学教师协会出版社网站存档栏目中查阅佩吉·阿什布鲁克发表在《科学和儿童》杂志上的一篇文章《磁铁不只是用来玩的》(2005)。另外,《科学和儿童》还有一篇由朱迪斯·库尔(Judith Kur)和玛莎·海茨曼(Marsha Heitzmann)合写的文章《吸引学生的好奇心》(2008),也会对你有所启发。这两篇妙趣横生的文章可以作为幼儿园至4年级课堂教学的有益补充。

关于测量磁铁磁性的其他方法,你可以给学生一些提示,例如,"你们都知道回形针被磁铁吸住之前会向磁铁方向移动,那么,能不能利用回形针的移动来测量磁铁磁性?"这或许能让一些学生想到,他们可以利用磁铁与物体间的距离来比较磁铁磁性大小。学生可以把回形针放在坐标纸上,然后拿磁铁逐渐靠近回形针,该磁铁与回形针隔多远距离即可吸引回形针？学生可以数一数两者间隔的方格数量。物体和距离都可以用柱状图表示，每个磁铁的磁性都由其吸引回形针需要的方格数来体现。学生可以对不同的物体进行称重，然后比较磁铁移动或吸起这些物体的能力。

最后再说一个有趣的玩法，你可以让学生利用磁铁演一场木偶戏。学生用回形针把剪纸人物固定好放在舞台上，然后通过利用舞台下面的磁铁吸引回形针指挥人物来回移动。

在 5~8 年级中使用这个故事

成熟老练的初中生居然跟小学生一样爱玩磁铁，多少有点令人吃惊。不过，我们期待他们的创造力更强一些。他们过去的经验终于有了用武之地，肯定会欣喜若狂。上一节提到的很多教学建议稍加改动即可用于高年级学生。想出测量并比较磁性强弱的方法，需要学生充分开动脑筋、发挥想象力。一旦他们能够把磁铁按磁性强弱排列出来，就可能会提出一些鲜有人触及的问题。除非你想带领学生深入研究电磁领域，否则我建议你把他们的调查实验局限在永磁体层面。

需要他们探讨的问题如下：

- 你如何限定一个磁场？
- 哪些物质能够屏蔽磁场？
- 磁体在真空中起作用吗？
- 磁体的磁性是否受介质(例如水)的影响？
- 一个磁体两极的磁性强弱一样吗？
- 一个条形磁体的极性优势从哪里开始，在哪里结束？
- 如果一个磁体的磁性比其他磁体更强，那么它的中部的磁性是否也更强？
- 陶瓷磁体和柔性磁体是否有南极和北极？

你可以把这些问题放到一个盒子里，让学生根据随机抽取的问题开展调查研究，然后再和其他同学一起对数据进行分析比较。

还有一个能吸引学生兴趣的做法是，把这个话题引向科技领域。你可以向他们提出挑战，要求他们用磁铁和常用物品制作一个像德国和日本使用的那种磁悬浮列车模型。你可以提出一些具体标准，或者干脆什么都不管。我比较喜欢给学生提出一些具体标准，比如，材料费用不得高于 5 美元，“火车”被推动后应该以直线运行 1 米以上的距离且不脱离“轨道”。你和学生可以一起制订一些最低标准，要求每一组学生制作一辆能达标的列车模型。

总而言之，磁铁既神秘莫测又趣味无穷。通过研究磁铁，孩子可以学到本章引用的两份国家标准文件涉及的全部或大部分知识和技能。

相关书籍和美国科学教师协会期刊文章

Driver, R., A. Squires, P. Rushworth, and V. Wood-Robinson. 1994. *Making sense of secondary science: Research into children's ideas.* London and New York: Routledge-Falmer.

Keeley, P. 2005. *Science curriculum topic study: Bridging the gap between standards and practice.* Thousand Oaks, CA: Corwin Press.

Keeley, P., F. Eberle, and C. Dorsey. 2008. *Uncovering student ideas in science: Another 25 formative assessment probes, volume 3.* Arlington, VA: NSTA Press.

Keeley, P., F. Eberle, and L. Farrin. 2005. *Uncovering student ideas in science: 25 formative assessment probes, volume 1.* Arlington, VA: NSTA Press.

Keeley, P., F. Eberle, and J. Tugel. 2007. *Uncovering student ideas in science: 25 more formative assessment probes, volume 2.* Arlington, VA: NSTA Press.

参考文献

American Association for the Advancement of Science (AAAS). 1993. *Benchmarks for science literacy.* New York: Oxford University Press.

Ashbrook, P. 2005. More than messing around with magnets. *Science and Children* 43 (2): 21–23.

Hazen, R., and J. Trefil. 1991. *Science matters: Achieving scientific literacy.* New York: Anchor Books.

Kur, J., and M. Heitzmann. 2008. Attracting student wonderings. *Science and Children* 45 (5): 24–27.

National Research Council (NRC). 1996. *National science education standards.* Washington, DC: National Academies Press.

第二十一章
饼干的困境

妈妈准备烘焙饼干，好吃的巧克力豆饼干！瑟蕾莎(Cerisa)和妹妹芭芭拉(Babara)都恨不得饼干马上就能出炉。实际上，离饼干出炉的时间还早着呢，妈妈正忙着把各种配料混合起来，有面粉、小苏打、糖、黄油、鸡蛋以及巧克力豆等。妈妈通常都是先把干配料混合在一起，最后再加入鸡蛋和黄油。就在这时，电话铃响了，是找妈妈的。于是，妈妈把盛满混合配料的碗放在岛台上，然后去跟朋友在电话里聊了一会。瑟蕾莎和芭芭拉却感觉妈妈仿佛聊了足有一个小时。如果你饿得不行，焦急等待热乎乎的饼干快点出炉的时候，就会感觉时间过得那么慢！

妈妈回来一看那只碗，惊讶地说："糟糕，我忘记刚才有没有放小苏打。无论是没有放，还是再放一遍，都做不成饼干。我恐怕要重新开始！"

妈妈又拿出一个一模一样的碗，重新开始把配料混合起来。这一次，她首先把小苏打放进去，然后在配料表上把这一项勾掉。把所有干配料都混合好之后，她准备往碗里加鸡蛋和黄油。

你猜怎么着，门铃响了，当然又是找妈妈的。就在妈妈去开门的时候，爸爸走进厨房，看到岛台上的两只碗。他想："我得把这两只碗挪到一边去，好腾出空来做一个三明治。"

妈妈回来之后看到碗不在原处，就问两个孩子："你们动这两只碗了吗？"

"我们没有动，是爸爸动的，因为他要腾出空来做三明治，"瑟蕾莎说，"这两只碗哪个是哪个啊？"

"哎呀，"妈妈说，"我也看不出区别！我也懒得再重新做一遍！倒掉真是太浪费了！"

眼看着美味的饼干就要化为泡影，瑟蕾莎和芭芭拉可不愿意就这么轻易放弃。瑟蕾莎把两只碗端起来，转身对妈妈说："妈妈，我们在学校里做过一种名叫'神奇的粉末'的实验活动。如果你给我们一些时间，我们肯定能够查清碗里的配料分别是什么。不过，我们需要用到碗橱里的一些东西。"

妈妈当然很乐意让她们来解决这个疑案，她帮助两人找到所需的材料用以查验碗里的配料。仅仅几分钟时间，她们就找到了问题的答案。然后，妈妈烘焙出两炉香喷喷的饼干。

半小时后，爸爸一边嚼着饼干一边说："真棒！你们俩到底是怎么做到的呢？"

目的

本章故事是根据《初级科学研究》(*Elementary Science Study*,简称 ESS)一书中的实验活动“神奇的粉末”改编的。原先的实验活动只是要求学生学习如何对各种配料进行测试,而没有任何激励手段。艾莉西亚·派克(Alecia Peck)在马萨诸塞州西部为自己任教的3年级一个班编写了类似的故事。当然,实验结束后全班学生都品尝到了美味的饼干,算是对他们的犒赏。派克的版本此后被编入她那个学区3年级的教学大纲。本章故事有两个目的:一是鼓励学生遇到问题时积极想办法予以解决,二是鼓励他们利用集体智慧查明某种混合物中的各种化学成分。

相关概念

- 化学反应
- 设计科学调查方案
- 解决问题

不要惊讶

一些学生可能没有做过淀粉、小苏打、泡打粉、糖、盐或面粉等食材的测试实验,还有一些学生可能不知道如何设计调查方案以及控制变量。在读完故事之后的讨论环节中,你就能够了解到学生在哪些方面还存在不足之处。

内容背景

当两种或两种以上物质在一起发生反应生成新的物质,这实际上是化学反应,因为新生成物质的属性跟原先参与反应的各种物质都不同。醋和小苏打混合起来就会生成新的物质,而作为这一反应副产品的二氧化碳以滋滋冒出的气泡形式出现。尽管醋和小苏打都不是气体,结果却有气体产生,由此可见这一过程属于化学反应。

物态变化至少有两种常见且看得见的方式:物理变化和化学变化。物质的状态、形状或颜色等发生变化时通常被称为“物理变化”。物体融化或结冰、被铸造成不同的形状或者变成混合物的组成部分，这些现象都属于物理变化。物理变化不改变物质的化学性质。蒸发、凝结、融化、结冰以及升华（从固态直接变成气态）等都是物理变化的例子。把木头制成雕像，或者用锤子把一块软金属敲扁，这些也是物理变化的例子。把两种物质混合起来，但是两者并不发生化学反应，这同样是物理变化的例子。把盐或糖倒入水中，盐或糖就会在水中溶解，但是盐、糖或水的化学构成都没有发生变化。水能够蒸发（这也是物理变化），留下盐或糖，由此表明它们在溶解后并没有与水真正合二为一。这一例子以及上述诸例都表明，它们都属于物理变化。

另一方面，化学变化则涉及反应物在分子层面发生变化，并且涉及新物质的生成。生锈是一个众所周知的化学反应例子。氧气和铁发生反应生成一种新的化合物氧化铁，通常被称为“铁锈”。一般而言，生锈现象在潮湿环境中更容易发生，因为潮湿环境中的其他元素能够加快带电原子的运动速度。带电的原子被称为离子，原子在失去或获得电子后带正电荷或负电荷，即正离子或负离子。在化学反应中，生成物的化学性质跟反应过程涉及的反应物都不同。这些化学反应要么释放光和热，要么需要光和热促使反应发生。

本章故事将会用到两种最为常见的化学反应。首先，碘（以碘化钾的形式存在）与面粉（淀粉）反应将会使面粉变成蓝色或蓝黑色。醋（乙酸）与小苏打（碳酸氢钠）反应将会产生二氧化碳气体，也就是我们观察到的气泡。若要让糖熔化，必须把它加热到100°C(210°F)以上，这样才能够使糖与氧气结合（被称为氧化）。你闻到的诱人气味就是糖熔化释放出来的。法式甜点焦糖布丁的糖霜制作方法是：点心师先往布丁顶部添加一些糖，然后用手持加热器对糖加热使其熔化。最后，我们可以使用放大镜查找混合配料中的盐，以微小立方体形状存在的结晶盐很容易被辨认出来。若要进一步确认，我们知道盐能够溶于水，而面粉不能。小苏打也溶于水，然而，它也是配料中唯一能与醋发生反应的物质。糖也能够溶于水，但是它对火焰测试有反应，而盐没有。

《国家科学教育标准》(国家研究委员会,1996)的相关内容

幼儿园至 4 年级:物体和物质的属性

· 物体具有很多可见的属性,包括尺寸、重量、形状、颜色、温度以及与其他物质产生反应的能力。

5～8 年级:物体和物质的属性

· 物质以各种特有的方式与其他物质产生化学反应,生成具有不同属性的新物质(化合物)。化学反应中的总质量守恒。

《科学素养基准》(美国科学发展协会,1993)的相关内容

幼儿园至 2 年级:物质的结构

· 我们可以借助物体的构成材料(黏土、布或纸等)及其物理属性(颜色、大小、形状、质量、质地或韧性等)对物体进行描述。

· 我们可以通过某些方式改变物质的属性,但是,不同物质对这些方式的反应不尽相同。

3～5 年级:物质的结构

· 当两种或多种物质结合形成一种新的物质时,新物质的属性与原来的物质都不相同。

· 无论一个物体的各组成部分之间通过什么方式结合,该物体的总重量与各部分重量的总和相等。当一个物体被分成若干部分,各部分重量的总和等于原物体的总重量。

6～8 年级:物质的结构

· 由于大多数元素都倾向于跟其他元素相结合,以纯粹形式存在的元素很少。

· 物质之间特别重要的一种反应涉及这些物质与氧发生反应,例如燃烧或生锈等。

· 在一个封闭系统中,无论物质之间如何相互作用、组合或分开,系统的总质量保持不变。"原子"这个概念能够解释物质为什么遵守质量守恒定律。如果原子的数量保持不变,那么无论它们的排列状况如何,其总质量保持不变。

· "原子"这个概念能够解释化学反应过程。当物质之间相互反应生成新的物质时,原物质分子的原子以新的方式重新组合。

在幼儿园至4年级中使用这个故事

我们最初编写这则故事并把它放入关于物质物理变化和化学变化的单元，供3年级学生使用。如前所述，有些老师担心学生只是按照一张指定的表格进行实验操作，而看不出实验与他们的日常生活有什么联系。有鉴于此，我们编写了这则故事，以帮助学生把两者联系起来。在朗读完故事之后，你可以向学生展示两只装满白色粉末的碗，对他们说碗里装的就是故事中提到的那些配料。一只碗里装的是做饼干所需要的全部干配料，包括面粉、糖、小苏打以及盐等，而另一只碗中缺少小苏打。你可以向学生承诺，只要他们能够说出每只碗里面具体装了哪些东西，你就给他们开一个饼干派对。

你可以组织学生通过讨论就问题解决方案达成一致意见，而烘焙出来的巧克力豆饼干将是他们应得的奖励。一开始学生可能茫然不知所措，而过了大约35分钟之后，他们就能够共同拟定一份方案，决定对碗里面的每样东西逐一进行测试。他们一致认为，应当从每只碗里取出一份样品并贴上标签，然后五组学生各自拿一份样品进行实验。

如果你问学生是否知道应当如何测试小苏打，就会发现很多学生都懂得醋和小苏打反应会产生气泡，并利用这一原理制作“火箭”或“火山”。他们还能够清楚记得糖被烧焦发出的味道。他们也知道盐在显微镜下是什么样子，而且知道盐能够溶于水。但是，学生可能不知道如何做淀粉实验，因此，你应当用淀粉和碘给他们做一个演示。你还要警告学生，在对每一种物质进行实验时必须注意安全。所有学生必须戴上安全防护眼镜，并且只有在教师指导下才能做燃烧实验。你可以把燃烧器设置好，监督学生把粉末放在一个铝箔盘上，然后让他们观察燃烧过程。

接下来，需要为每一种物质的测试设计实验方案。虽然所有配料都混合在一起，但是这并不会难倒学生。如果你把粉末放在铝箔盘上加热，面粉被烧焦就会发出面包被烤煳的味道，而糖被烧焦则会散发出一种独特的甜味。学生做完所有实验之后将会发现，在一只碗的样品中，所有物质都有反应；而在另一只碗的样品中，只有醋没有任何反应，其他物质都有反应。他们由此可以得出结论，一只碗中的配料是齐全的，而另外那一只碗里缺少小苏打。

当老师问学生应当如何对实验数据进行记录时，往往会出现一个问题。有些学生不明白,为什么非要制作一张包含各种配料的表格,并把实验结果填入相应的地方。教师应当允许每组学生以自己的方式记录数据。对一些小组的学生而言,这样做并没有什么不妥,而对另一些小组的学生而言,他们会觉得老师是在强人所难。老师原本可以坚决要求所有学生统一使用“神奇的粉末”实验活动的表格,但转念一想,还是决定让他们从自己所犯的错误中汲取教训,那样做的效果会更好。那些不肯做记录的学生等到后来需要使用实验数据时,才会醒悟到做记录的必要性。在以后的实验活动中,他们就会严肃认真地对待记录问题。

学生可以一边津津有味地品尝美味饼干,一边高高兴兴地回顾整个实验过程,气氛热烈地讨论他们都学到了哪些知识。香脆可口的饼干给科学探究带来一个完美结局,而你是这一切的见证人。

在5~8年级中使用这个故事

在高年级学生中间使用这个故事的教学建议与上一节大同小异。有一位教师酌情增加了一些新实验,其中包括pH值实验。酸碱测试将会使学生明白,这也是给物质分类的一种方法。酸一般是酸的,而碱一般是苦的,但是,直接用嘴品尝可不是测试物质的好方法,因为这样做可能会非常危险!我们应当使用石蕊试剂进行测试,也可以利用紫甘蓝提取指示剂。我通常把紫甘蓝放在搅拌机里,再添加少许水,进行彻底搅拌。然后,我再用咖啡过滤器对榨出的液体进行过滤,由此得到一种近似粉红色的指示剂。这种指示剂与酸或碱相遇的时候会改变颜色,遇到强酸时会变成红色,遇到强碱时会变成黄绿色。普通家庭里能够找到的酸性东西有柠檬汁、醋和西红柿等,而碱性东西有肥皂、洗涤剂、过氧化氢(双氧水)和抗酸药等。

什么是酸和碱?简单地说,当酸和碱溶于水之后,会分离出氢离子(H^+)和氢氧根离子(OH^-)。如果在溶液中氢离子(H^+)占优势,溶液就呈酸性,反之就呈碱性。你可能已经猜到,如果把酸和碱同时放到溶液中,它们就会中和形成一种中性的物质——水。因此,如果你有胃酸多的毛病,在吃过抗酸药(碱)之后,酸和碱在胃里发生中和反应,你就会感到“药到病除”,或者至少能够暂时缓解症状。你可能会打嗝,因为胃要把反应产生的气体排出。

本章故事中唯一能使pH值发生明显变化的物质是醋。因为盐、糖、玉米淀粉以及面粉等 pH 值为中性，不可能改变 pH 值。这些物质虽然不能改变 pH 值，但是获得的数据同样重要。如果学生痴迷于紫甘蓝制成的指示剂，你可以让他们使用这种指示剂对洗涤剂、抗酸药或柠檬汁等进行测试，如果你认为安全措施到位，也可以使用洁厕灵之类的强效清洁剂向学生演示，因为它们虽然腐蚀性很强，但是与指示剂发生化学反应格外明显。在实验过程中，一定不能让学生接触到洁厕灵，而且务必让他们戴上安全防护眼镜。

如果你想了解更多关于如何教授化学变化和物理变化的信息，可以登录国家科学教师协会的网站（www.nsta.org），会员可以下载以往期刊的文章。我向你推荐两篇妙趣横生的文章：《利用简易烘焙炉[①]教化学》[赫勒尔德（Herald），2004]和《增进学生对物理变化和化学变化的理解》[麦金托什（McIntosh）、怀特（White）和苏特（Suter），2009]。我尤其感兴趣的是前一篇文章提到的简易烘焙炉，它们既便宜又安全，可以在教室里放心使用。

相关书籍和美国科学教师协会期刊文章

Keeley, P. 2005. *Science curriculum topic study: Bridging the gap between standards and practice.* Thousand Oaks, CA: Corwin Press.

Keeley, P., F. Eberle, and C. Dorsey. 2008. *Uncovering student ideas in science, volume 3: Another 25 formative assessment probes.* Arlington, VA: NSTA Press.

Keeley, P., F. Eberle, and J. Tugel. 2007. *Uncovering student ideas in science, volume 2: 25 more formative assessment probes.* Arlington, VA: NSTA Press.

Keeley, P., and J. Tugel. 2009. *Uncovering student ideas in science, volume 4: 25 new formative assessment probes.* Arlington, VA: NSTA Press.

Konicek-Moran, R. 2008. *Everyday science mysteries: Stories for inquiry-based science teaching.* Arlington, VA: NSTA Press.

Konicek-Moran, R. 2009. *More everyday science mysteries: Stories for inquiry-based science teaching.* Arlington, VA: NSTA Press.

Konicek-Moran, R. 2010. *Even more everyday science mysteries: Stories for inquiry-based science teaching.* Arlington, VA: NSTA Press.

① 简易烘焙炉：一种简易的烘焙玩具。—— 译者注

参考文献

American Association for the Advancement of Science (AAAS). 1993. *Benchmarks for science literacy.* New York: Oxford University Press.

Elementary Science Study (ESS). 1957. *Mystery powders.* Newton, MA: Education Development Corporation.

Herald, C. 2004. Using Easy-Bake ovens to teach chemistry. *Science Scope* 27 (5): 24–29.

Keeley, P., and J. Tugel. 2009. *Uncovering student ideas in science, volume 4: 25 new formative assessment probes.* Arlington, VA: NSTA Press.

Konicek-Moran, R. 2008. *Everyday science mysteries: Stories for inquiry-based science teaching.* Arlington, VA: NSTA Press.

Konicek-Moran, R. 2009. *More everyday science mysteries: Stories for inquiry-based science teaching.* Arlington, VA: NSTA Press.

McIntosh, J., S. White, and R. Suter. 2009. Enhancing student understanding of physical and chemical changes. *Science Scope* 54–58.

National Research Council (NRC). 1996. *National science education standards.* Washington, DC: National Academies Press.

第二十二章
甜言蜜语

你可能还记得《冰茶》(第十八章)这个故事里的姐妹俩丽萨和卡罗琳。让我们回到她们家的走廊,再去听一听两人关于往冰茶里加糖的另外一段对话。这段对话能够让我们注意到另一个日常科学谜题以及两个令很多人混淆不清的词语(溶解和融化)。

卡罗琳正在发疯似的搅拌着冰茶。

"你在干什么呀?"丽萨问。丽萨虽然比卡罗琳大好几岁,但是经常会来找妹妹一起玩。她正坐在走廊的秋千上，拿起指甲油开始涂指甲。

“我在让这些糖融化啊！”卡罗琳回答，“让糖在冰茶里融化比在热茶里难多了！”

“实际上，你不应该说‘融化’，你应该说‘溶解’。或者说，你是拼命想让它溶解。”丽萨说，她喜欢中学的化学课。

“融化，溶解……有什么区别吗？”

“如果你知道它们之间的区别，恐怕就不会在那里白费功夫了！”丽萨说，“你说说看，哪些东西能够融化？”

“冰淇淋、冰块、我嘴里的糖果、热茶里的糖、巧克力，还有……反正还有很多东西啦！”

“嗯，你说的这些几乎都算对吧。”丽萨说。她继续涂指甲，过了一会说道：“那么，你再说说哪些东西能够溶解？”

“两者难道不一样？”卡罗琳问道，闷闷不乐地看着杯底尚未融化的糖正在打旋。

“不一样。这样吧，我给你一点提示。你那么聪明，肯定能够明白哪些东西会融化、哪些东西会溶解。”

“试试看，”卡罗琳说，“也许仅凭小聪明是不够的。”

“想一想你把糖放进冰茶里以及你看着冰淇淋往下滴水，这两者有什么区别？提示是，在哪一种情况下东西‘消失’了，而在哪一种情况下东西依然‘存在’？”

“如果我能解开这个谜底，就能让冰茶变甜吗？”卡罗琳问道。

“我想是吧，但也不一定。你想跟我打个赌吗？”丽萨问，并冲着妹妹狡黠地笑了笑。

目的

这个故事的目的是，让学生了解融化与溶解这两个大相径庭的物理变化过程，从而帮助他们进一步了解其他各种物态变化。

相关概念

- 融化
- 温度
- 混合物
- 溶质
- 溶解
- 状态变化
- 溶剂

不要惊讶

无论在儿童还是成人中间，“溶解”和“融化”都是最容易被搞混的概念。很多儿童认为，一种物质在溶剂中溶解之后就不复存在。即使他们仍然能够*尝到*溶解在饮料中的糖的甜味，但是，由于他们看不见糖，就觉得糖不复存在。事实上，如果你问一问儿童，把糖添加到水里会不会增加水的重量，许多孩子都会回答“不会增加”。这种不懂质量守恒定律的情况在小学生中间非常普遍。

内容背景

溶解

如果我们把一种物质放到溶剂（例如水）中，它就会“溶解”，变成溶解后形成的混合物的组成部分。这其中涉及溶质和溶剂两个概念。溶质是指被溶解的物质，而溶剂是指能够溶解溶质的物质。结果，我们得到的是溶质和溶剂的混合物，这个过程属于物理变化，是可逆的，因为我们能够把溶质重新恢复成为溶解前的晶体形式。例如，当我们把糖或盐等溶质加入水中时，溶质能够被水分解成非常小的分子，而这些分子均匀地分布在溶剂之中，由此形成的混合物被称为“同质混合物”。这意味着，无论你从容器中哪个地方取样，糖分子与水分子的比值都相同。当然，有时候，由此形成的混合物也可能是“异质混合物”，例如，混凝土中碎石和沙子的分布往往不是那么均匀，因此属于异质混合物。

混合物表现为几种形态：气体溶解于液体（碳酸饮料），气体溶解于气体（空气中的水蒸气）以及固体溶解于固体（汞齐）。在我（可能是你爷爷辈）小的时候，牙医常常用水银和银的混合物（汞齐）来补牙。经过一段时间之后，水银就会析出，留下一种坚硬的固体填充物——银。水银从汞齐析出后只有一个去处，进入我们的身体。后来，人们知道水银对身体有害，便通过立法形式禁止在我们接触到的东西中使用水银。

不同液体溶解固体的速度快慢不同。温度也会影响溶解速度。溶质在温度高的溶剂中溶解速度更快。你还记得在《冰茶》那个故事中，卡罗琳认为她在冰茶中想溶解多少糖就能溶解多少，而姐姐丽萨知道这是不可能的，于是便向卡罗琳提出挑战，要她证实自己的说法。冷的溶剂“冰茶”溶解少量糖之后就达到饱和状态，无法继续溶解更多的糖，卡罗琳认识到这一点后感到既惊讶又惭愧。温度会对一些溶质产生影响，但并非对所有溶质都是如此，例如，盐受温度影响的程度就没有那么大。

溶质颗粒大小也会影响溶解的速度。这一问题可以通过实验加以验证，例如，我们可以使用方糖来做实验，把方糖的溶解速度跟砂糖、在研钵里用杵碾碎的砂糖以及糖粉进行比较。

融化

融化与溶解是两个完全不同的概念。融化是一种物理变化，涉及热量转移以及物质从固态变成液态的过程。任何物质从固态转变成液态，再转变成气态，都需要热量。我们从冰淇淋或冰块的融化过程中可以很容易看出来物质的状态发生了变化。

水是借助热量发生状态变化最典型的例子，能够从固态（冰）变成液态（水），再变成气态（水蒸气）。有些物质的状态需要在极高或极低的温度下才能发生变化。

在少数情况下，某些物质(例如干冰，又称“固态的二氧化碳”)能够直接从固态变成气态，这一过程被称为“升华”。如果你有机会在室温状况下见到干冰的话，就会看到它不需要首先变成液态，而是直接变成气态的云雾。还有少数金属在室温状况下呈液态，例如水银。

由此可见，融化与溶解完全是两码事。有些学生认为，他们在吮吸棒棒糖(或糖块)的时候发生了融化现象，这表明他们并没有理解融化与溶解的区别。你可以帮助他们弄明白，棒棒糖跟糖一样，只是糖被杯里的水溶解，而棒棒糖被人的口水溶解。当他们嚼口香糖的时候，也会发生同样的事情，口香糖里面的糖在被口水溶解之后又被人咽下去。

学生都见过冰淇淋融化现象，他们都知道要尽快吃掉，不然冰淇淋融化以后就会把身上弄得到处都是。如果你把一个冰块放入水中并说方块“融化”了，而你把一颗方糖放入水中并说方糖“溶解”了，学生很难理解这两者究竟有什么区别。其实，冰块是结了冰的水，它在吸收热量以后由固态(冰)变成液态(水)，因此只能说它“融化”，而不能说它“溶解”。

《国家科学教育标准》(国家研究委员会，1996)的相关内容

幼儿园至 4 年级：物体和物质的属性

- 物体具有很多可见的属性，包括尺寸、重量、形状、颜色、温度以及与其他物质产生反应的能力。
- 物体是由一种或多种材料组成的，例如纸、木材以及金属等。
- 物质以不同形态——固态、液态和气态存在。加热或冷却可以使一些常见物质从一种形态变为另一种形态，例如水。

5～8 年级：物质的属性和属性变化

- 物质都具有各自的属性，例如密度、沸点或溶解度等，这些属性和样本的数量无关。我们往往可以利用一种或几种属性，把混合在一起的不同物质还原成它们原来的样子。

《科学素养基准》(美国科学发展协会,1993)的相关内容

幼儿园至 2 年级:物质的结构

· 我们可以通过某些方式改变物质的属性,但是,不同物质对这些方式的反应不尽相同。

幼儿园至 2 年级:地球

· 水可以是液体,也可以是固体,还可以在这两种状态之间来回转换。如果水结成冰,然后冰再融化,那么融化后水的总量跟结冰前相同。

3～5 年级:物质的结构

· 加热和冷却能够引起物质属性发生变化。

6～8 年级:物质的结构

· 原子和分子处于永恒运动之中。在液体中,原子或分子具有较高的能量,受到的束缚没有固体那样大,相互之间可以滑动。

在幼儿园至 4 年级中使用这个故事

你可以使用《了解学生的科学想法》(第一册)(基利、埃伯尔和法林,2005)中的探究案例"它在融化吗?"。该案例要求学生从各种选项中分别选出哪些属于融化现象,哪些属于溶解现象。你在开始讲本章故事之前,可以利用该案例作为形成性评价工具了解学生对这两个概念是如何理解的。需要强调的是,这种探究案例并不是给学生出的考试试卷,而是帮助你在制订"下一步"教学计划之前了解学生真实水平的工具。在了解到学生的迷思概念水平之后,你才能采取具有针对性的措施予以纠正。

向学生介绍"融化"概念的一个好办法是,组织他们进行一场冰块融化比赛。我曾经给每名学生一个放在杯子里的冰块,允许他们使用一切手段来让冰块融化,但是身体任何部位都不能与冰块接触。你可以把这项活动当作嵌入式形成性评价工具,因为通过观察学生在活动中的表现,你就能够了解他们是不是真正懂得融化知识。

最近,我在尝试使用另一种方法,看一看学生是否能够认识到冰块放到水里之后发生了什么变化。我给每一名学生一烧杯的水,然后再给每人一个用食用色素

染成绿色的冰块(染色冰块制作方法如下:首先在制作冰块模具底部放置少许食用色素,然后加水并把混合溶液摇匀,放在冰箱里冷冻)。当我把染色冰块放入水里的时候,学生能够清楚地看到融化了的绿水下沉到容器底部(请记住,冷的物质下沉,热的物质上升)。

经过一段时间,绿色的冰水温度略微升高,就开始在烧杯中循环,并逐渐与周围的水融合在一起。如果你从烧杯中采集一份水样,水样蒸发之后,绿色的色素就会残留下来,这表明原先烧杯里的水是混合物,因为食用色素是溶解在水中的,通过蒸发能够被分离出来。这个实验一举两得:融化和溶解两个过程同时发生。学生可以通过对比来区分这两个过程。学生可以观察到,食用色素在冰块融化过程中逐渐下沉到烧杯底部(底部水层温度较低),然后又在对流的作用下逐渐上升,直到烧杯里水温最终达到平衡为止。整个过程既妙趣横生,又令人兴奋不已。

在盛有冷水的杯子里放入一块糖果,糖果将会在水中溶解,而溶解过程几乎不需要热量。

如果你认为班里学生需要了解更多关于物质属性的知识,我向你推荐帕尔梅里(Palmeri)等(2008)在《科学和儿童》杂志发表的一篇文章《老师如何才能让学生对物质不再"无知"?》。

在5~8年级中使用这个故事

高年级学生会发现,上一节提到的探究案例对他们而言同样具有挑战性,你可以从他们的答案中了解学生对溶解和融化的认知水平。如果学生自认为对溶解和融化概念烂熟于心,你可以让他们想办法如何帮助低年级学生区分这两个词。一个人在制订教学计划时,自己能够从中学到很多东西,我想很多人对此都深有体会。

你的学生可能想要尝试在冷水中溶解各种不同的干燥溶质,例如可可粉、速溶咖啡或糖等。然后,他们还想再尝试在热水中溶解这些东西。

如果很多学生已经对融化与溶解的区别了如指掌,你可以尝试一个屡试不爽的活动,保证会促使他们对这一问题进行重新思考。你可以在冰块上部撒一些盐,这些盐会在冰块上部的水(那里总是会有少量的水)里溶解,由此导致该冰块融化速度比没撒盐的冰块更快一些,这是因为融化在水里的盐降低了冰点温度。你还应当准备一个控制组，以方便学生对两组冰块进行对照。学生可能会由这个实验联想到人们往公路上撒盐以加快冰雪融化速度的做法，他们都曾听说过这一做法，却从未有机会自己动手去验证一下，而现在你把整个过程真真切切地呈现在他们面前。在开展这项活动之前，你最好先问一问学生，如果把一勺盐放在冰块上面会怎样。你应当让学生把自己的预测以及理由都记录在科学笔记本上，而你把这些内容写在黑板上或"我们的最佳思维榜"上。这一活动的主要目的是引发学生就溶解与融化问题展开讨论，因为盐在水里是*溶解*，而冰块在水里是*融化*。学生可能会想到：如果多加一些盐，冰块融化的速度是否会更快一些？你可以准备几个冰块，分别在上面撒上数量不同的盐，这样就能够引发学生就"冰块竞赛"展开热烈讨论。

让学生以卡罗琳的口吻解释糖在冰茶里究竟是融化还是溶解，从而为这个故事续写结局。对你而言，你可以借此机会对学生进行评价；对学生而言，他们可以借此机会提高自己的元认知（对自己的思维方式进行反思）水平，并提升自己的科学素养。

相关书籍和美国科学教师协会期刊文章

Keeley, P. 2005. *Science curriculum topic study: Bridging the gap between standards and practice.* Thousand Oaks, CA: Corwin Press.

Keeley, P., F. Eberle, and C. Dorsey. 2008. *Uncovering student ideas in science, volume 3: Another 25 formative assessment probes*. Arlington, VA: NSTA Press.

Keeley, P., F. Eberle, and L. Farrin. 2005. *Uncovering student ideas in science, volume 1: 25 formative assessment probes*. Arlington, VA: NSTA Press.

Keeley, P., F. Eberle, and J. Tugel. 2007. *Uncovering student ideas in science, volume 2: 25 more formative assessment probes*. Arlington, VA: NSTA Press.

Keeley, P., and J. Tugel. 2009. *Uncovering student ideas in science, volume 4: 25 new formative assessment probes*. Arlington, VA: NSTA Press.

Konicek-Moran, R. 2008. *Everyday science mysteries: Stories for inquiry-based science teaching*. Arlington, VA: NSTA Press.

Konicek-Moran, R. 2009. *More everyday science mysteries: Stories for inquiry-based science teaching*. Arlington, VA: NSTA Press.

Konicek-Moran, R. 2010. *Even more everyday science mysteries: Stories for inquiry-based science teaching*. Arlington, VA: NSTA Press.

参考文献

Keeley, P., F. Eberle, and L. Farrin. 2005. Is it melting? In *Uncovering student ideas in science, volume 1: 25 formative assessment probes*, 73–77. Arlington, VA: NSTA Press.

Konicek-Moran, R. 2009. Iced tea. In *More everyday science mysteries*, 169–177. Arlington, VA: NSTA Press.

Palmeri, A., A. Cole, S. DeLisle, S. Erickson, and J. Janes. 2008. What's the matter with teaching children about matter? *Science & Children* 46 (4): 20–23.

第二十三章
打滑的玻璃杯

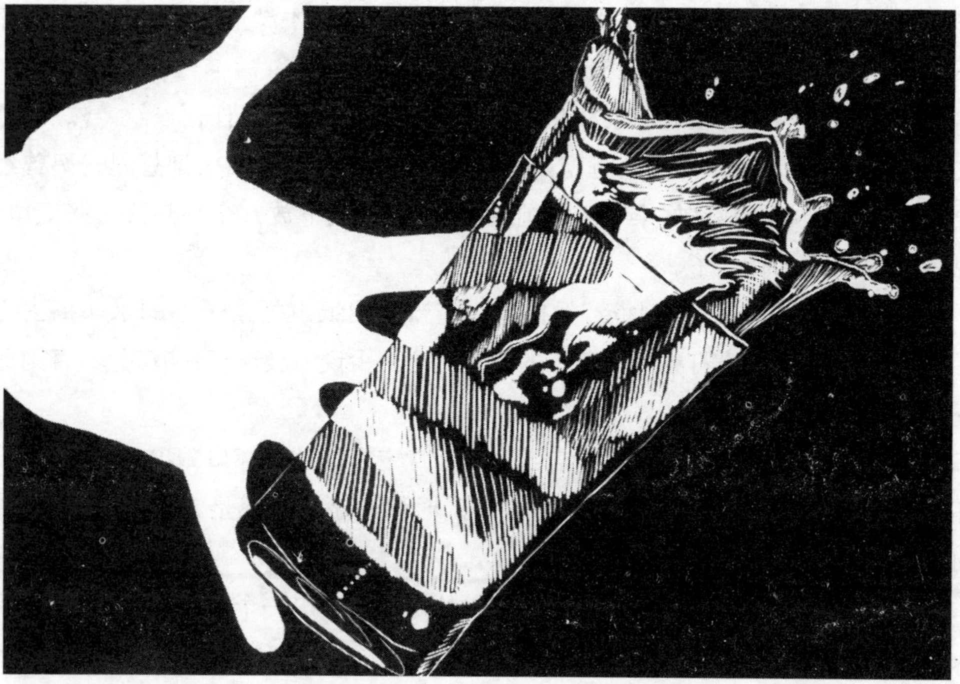

乔伊丝(Joyce)端起盛有冰冷葡萄汁的杯子,希望能够在闷热而又潮湿的夏日里解解渴。虽然她紧紧握住了玻璃杯,但是杯子突然从指尖滑落,掉到地上摔成了碎片。乔伊丝感到既尴尬又困惑。

“即使是掉到光秃秃的地板上,就已经把地板弄得一团糟。天哪,幸亏没有溅到地毯上。”乔伊丝想。

“我明明握得很紧，但是那个杯子怎么就像涂了一层润滑油似的。”她自言自语道，一边环顾四周看看有没有其他人在场。还好，家里其他人都出门了。乔伊丝把一切清理干净之后决定再试一次，因为她还是又热又渴。

乔伊丝拿了一个干净的玻璃杯，在里面放入一些冰块后，又倒了一杯葡萄汁。她随即端起玻璃杯贪婪地喝了一大口。这次没问题，玻璃一点都不滑，她把玻璃杯放回到桌子上。

乔伊丝家的小狗“卷毛”跑到门口，眼巴巴地望着她，似乎在说：“快带我出去跑一圈吧。”乔伊丝不想再惹麻烦，便带着小狗出门了。大约十分钟后，她带着小狗回到家里。

乔伊丝伸手去拿玻璃杯，**哎呀！！** 玻璃杯差点又从手中滑落。不知什么时候，玻璃杯变得又湿又滑。好在这次乔伊丝格外小心，所以才没重蹈覆辙。但是玻璃杯是怎么变得这么滑的呢？这成了一个难解之谜。

首先，乔伊丝仔细察看玻璃杯是否漏水，但是并没有发现任何裂纹。然后，她注意到桌子上有一圈水印。这肯定是从玻璃杯滴落下来的，因为她想起爸妈曾经告诉过她，在把杯子放在好桌子上之前，要先在杯子底下放一个杯垫或一张纸巾。现在，她知道是为什么了。

“可恶，难道今天该我倒霉？”乔伊丝想。当她用纸巾把桌子上的水印擦去之后，她注意到纸巾并没有染上葡萄汁的印渍。这至少说明玻璃杯没有漏水，否则那一圈水印就是葡萄汁了。

“我明白了，”乔伊丝自言自语道，“葡萄汁肯定是从玻璃杯口溅出来，然后沿着杯子外壁流到桌子上的。也许是我放杯子的时候不小心。但是，为什么水渍没有葡萄汁的颜色呢。这真是令人心烦。”

“也许是玻璃杯的问题。”乔伊丝想。她从橱柜里拿出一个金属杯，再往里面倒入果汁并加入冰块，然后观察会发生什么事情。她等了几分钟之后……你猜怎么着？猜对了，金属杯外壁也出现了水珠！乔伊丝绞尽脑汁想把这件事弄明白，问题似乎只能出在葡萄汁上。于是，她又拿了一个玻璃杯，这次往里面加入的是冰块和**水**，然后就在那里坐等结果。

你猜结果会怎样？

目的

我想，大多数人都有过故事中描述的经历。有多少人还能够记得，他们不知哪一天突然明白过来，装有冷饮的玻璃杯外壁的小水珠其实来自空气，或者，他们原以为这种解释是“荒谬的”，而后来明白只有这种解释才是合理的。本章故事旨在鼓励学生探索这一现象，并通过实验弄明白这一现象是如何产生的。这则故事跟《日常科学之谜(一)》中的故事《小帐篷哭了》相似，不过，与那个偶尔一次的露营故事相比，本章故事更贴近我们的日常生活。两则故事涉及的很多概念相同，不过，无论是在家里，还是在学校里，你不需要什么复杂的设备，都可以非常容易地再现本章故事的情景。

相关概念

- 蒸发
- 冷凝
- 湿度
- 循环

不要惊讶

很多学生根本不相信空气具有质量并占据一定空间，他们同样不能理解水蒸气会在空气中飘浮。我们在空气中走动起来毫不费力——空气中怎么可能有东西呢？除非学生能够认识到，湿热天气之所以让人感到不舒服，是因为空气的温度很高并且空气中的水蒸气含量很大，否则，即使我们说玻璃杯外壁的水珠来自空气，他们也不可能相信。

我们向镜子哈气或者在冷天向空气中呼气，就会看到自己制造出的云雾。我们洗完澡之后看见浴室镜子表面有一层雾气，一般不会去深究太多，只是习惯打开排气扇或者直接把雾气擦去，然后好照镜子。当你问到这些现象的时候，学生都会说自己有过亲身经历，但是不会把它们联系在一起。尽管很多儿童和成人都听到过地球“水圈”这个概念，但是用它来解释玻璃杯外壁出现的水珠，恐怕他们还是难以接受。他们往往会把水循环看成是一个“蒸发—冷凝—云—雨—蒸发”的简单循环过程，因为一些教科书和教学图册就是这样描述的，这种过分简单化描述的例子不胜枚举。如果我们把水循环比作一首乐曲的话，那么冷凝和蒸发就是“水循环的主题与变奏”。日常生活中数不清的谜题之所以很难被我们发觉，是因为我们对这些现象早已习以为常、见怪不怪，反而忽略了它们的存在。

内容背景

液体如何才能变成气体状态？气体如何才能变回液体状态？我们首先说一说水如何变成气体。我们对液态的水都非常熟悉。我们需要喝水、在水里洗澡、在水里游泳、用水做饭，等等。构成水的水分子是我们肉眼无法看见的，而这些分子彼此之间相互联系，可以自由滚动，因此，我们能够把水从容器中倾倒出来。另外，这些水分子始终处于运动状态，只要获得足够能量，它们就能够从容器内逃逸到空气中，即“蒸发”。在蒸发过程中，水分子以气态进入空气后，在空气中自由运动，并与其他水分子相互碰撞。一旦水分子遇到温度比它低的东西，就会把自身的热能转移给这些东西，例如盛放冷饮的玻璃杯、镜子、窗户或草叶等，从而变回到液体状态。

为什么水分子会将自身热能转移给温度比它低的东西？热能总是从温度较高的物质转移到温度较低的物质，这一现象在自然界一切物质中概莫能外，也就是我们总结出的热力学第二定律。该定律也能够解释水蒸气是如何变回到液态的。任何物质的状态变化都涉及能量转移。换句话说，如果某种物质的状态发生变化，能量必然会从一种物质转移到另一种物质。冰块或冰淇淋之所以融化，是因为热能进入它们体内，造成它们融化。能量不可能失去，也不可能被创造出来，而只是从一个地方转移到另一个地方。

由此可见，本章故事主要是讲能量转移和状态变化的。该故事还涉及水循环，故事里的水循环是指一栋房子一个房间里的水循环，当然，这与整个地球的水循环并不矛盾。乔伊丝做日常科学实验的这个房间空气很有可能是跟室外大气是相通的，房间里相对湿度较高，很可能跟室外空气的相对湿度有直接关系。我之所以说“很可能”，是因为厨房里可能会有沸腾的水，使得大量水蒸气进入房间的空气中。然而，我们不妨设想乔伊丝所处的地方是带屏风的门廊，而周围环境的相对湿度非常高。故事中也提到当天天气闷热、潮湿。

这里，我们需要说一说“湿度”这个概念。在给定温度条件下，特定体积的空气中能够容纳的水蒸气数量有限。空气温度越高，能够容纳的水蒸气数量就越多，因为随着温度升高，空气分子之间的空间增大，所以能够容纳更多的水蒸气分子。而本章故事发生在炎炎夏日，那么空气中就很可能含有大量的水蒸气，这就是科学家和天气预报员所说的相对湿度很高。我们经常用“闷热”来形容这样的天气。“相对湿度”是指在给定温度条件下，空气中容纳水蒸气的百分比。例如，如果空气含有的水蒸气相当于它能够容纳水蒸气总量的一半，那么它的相对湿度就是50%。

你可能会注意到，我在说空气中含有水蒸气的时候，并没有使用“托起”这样的字眼。由于水分子比空气中的氮分子和氧分子要轻得多，因此它可以在空气分子之间来回自由穿梭，与空气分子“和平共处”。因此，空气分子没有必要“托起”水蒸气分子。实际上，“托起”这个词经常会导致我们对相对湿度以及空气如何与其他气体共存等现象产生误解。

相对湿度不同会给我们带来怎样的感觉？相对湿度为多少时才会令我们感到舒适？研究表明，当相对湿度为45%左右的时候，我们感觉最为舒适。我们通过出汗方式来让身体散热。当汗液以蒸发方式逃离人体的时候，热能也就随着汗水转变成为气态而流失，因此，我们感觉凉爽舒适。我们的身体对热能流失的感知就是觉得舒服，而不是感知具体温度为多少。与相对湿度较低的环境相比，人体在相对湿度较高的环境中汗液蒸发过程不那么顺畅，因此流失的热能就比较少，从而让我们感到闷热难受。在相对湿度很低的沙漠气候中，人体汗液蒸发速度很快，我们就会感到非常舒适。我清楚地记得，有一天天气最热的时候，身处沙漠中的我注意到自己身体根本没有汗，因为汗液蒸发速度太快。

因此，在炎热、潮湿的天气条件下，无论乔伊丝向杯子里倒入什么液体，或者，无论她使用的容器是金属、石头或其他材质做的，她都会遇到杯子外壁出现冷凝水的问题。只要容器外壁的温度低于周围空气的温度，热能就会被转移给容器，空气中的水蒸气就会重新变成水。只有一个例外，那就是杯壁是双层的，双层杯壁能够起到绝缘作用，从而避免冷凝的现象发生。

我对《科学素养基准》(美国科学发展协会，1993，第150页)关于水“消失”的表述持不同看法，因为学生往往把它误解为“不再存在”，尤其是幼儿园到2年级的学生。尽管从科学角度而言，使用“消失”这个词完全正确，但是我更喜欢采用其他表述方式，比如说，我们“再也看不见”水了。不过，我们最好使用类比给学生解释一下：一个球滚到椅子底下之后似乎是消失了，虽然我们看不见，但是它仍然在那里。还有，我认为该书对水循环的表述也不够完善，因为它没有提到，水蒸气并不需要上升到很高的高度也可以冷凝变成水。正如故事描述的那样，而且日常生活经验也告诉我们，大到整个地球系统，小到一个房间，水循环同样存在。

《国家科学教育标准》（国家研究委员会，1996）的相关内容

幼儿园至 4 年级：物体和物质的属性

• 物质以不同形态——固态、液态和气态存在。加热或冷却可以使一些常见物质从一种形态变为另一种形态，例如水。

5～8 年级：地球系统的结构

• 水覆盖了地球表面的绝大部分，经由地壳、海洋和大气进行反复循环，即“水循环”。水从地球表面蒸发，在上升过程中逐渐变冷凝结形成雨或雪，雨或雪降落到地面后在湖泊、海洋、土壤或地下岩石中汇聚起来。

《科学素养基准》（美国科学发展协会，1993）的相关内容

幼儿园至 2 年级：地球

• 敞开容器中的水会逐渐消失，而封闭容器中的水不会消失。

3～5 年级：地球

• 液态水消失后会变成空气中的气体（蒸汽），冷却后会重新变成液体，如果低于凝固点则会变成固体。云和雾都是由极小的水滴构成的。

6～8 年级：地球

• 水在大气圈的循环对气候变化模式发挥着重要作用。水从地球表面蒸发，在上升过程中逐渐变冷凝结形成雨或雪，然后再次降落到地球表面。雨水降落到地面后在河流、湖泊、土壤或岩石孔隙汇聚起来，其中大部分流回到海洋。

在幼儿园至 4 年级中使用这个故事

根据我们使用这则故事进行教学的经验，现场演示是一个很好的导入方法。你可以拿两个玻璃杯放在全班同学面前，在一个玻璃杯中倒入带颜色、常温温度的水，而在另一个玻璃杯中倒入带颜色的冰水。如果你使用不透明容器，学生就无法

看到杯子内部情况，效果会更好些。让学生在接下来的5到10分钟内（你可以根据房间内的相对湿度高低适当调整时间）仔细观察这两个杯子系统，他们将会注意到其中一个玻璃杯外壁有水珠出现，而另一个则没有。这一奇怪现象肯定会引发学生热议。此时，你可以让学生向你提出一些问题，而你只回答“是”或“否”。通过一番问答，他们最终应当能够找出两个系统的差别。这种方式很像多数学生都熟悉的“20个问题”游戏。例如，学生可以问你“玻璃杯是否有裂缝”，而你回答“否”，等等。

学生通过一连串提问，最终将会明白两个杯子出现差异的原因。此时，你最好带学生把整个故事重温一遍。你可以问一问学生，他们觉得哪个玻璃杯的情况跟乔伊丝的一样。大多数学生都会选择盛有冰水的玻璃杯。你应当让学生重点关注两个杯子出现差异的原因：一个杯子里是冷水，另一个则不是。一些学生可能会说杯子外壁水珠来自空气，而另一些学生肯定不会相信这种说法。关于这一概念，《国家科学教育标准》对幼儿园至2年级学生没有明确要求，不过我认为，他们有大量机会可以通过科学探究找到问题的答案，而3～5年级学生更是如此。在“20个问题”环节，你可以用一张大纸把学生的问题记录下来，并激励他们根据这些问题开展探究活动。学生有可能会提出如下问题：

- 两个玻璃杯的厚度一样吗？
- 两个玻璃杯是由相同材料制成的吗？
- 一个杯子里面盛有的东西跟另一个不同吗？
- 玻璃杯的厚度不同会对实验结果产生影响吗？
- 玻璃杯的材质不同会对实验结果产生影响吗？
- 如果我朝玻璃杯吹气，会让它变湿吗？

在你的帮助下，学生可以设计实验方案对上述问题进行验证，而他们最终得出的结论必然会非常接近正确答案：玻璃杯外壁的水珠来自周围的空气。你也可以参考下一节“在5～8年级中使用这个故事”的教学建议，带领学生进行深入探索。

你也可以在三四年级的学生中间使用《了解学生的科学想法》（第一册）（基利、埃伯尔和法林，2005）一书中的探究案例“湿牛仔裤”。该案例要求学生就“蓝色牛仔裤在晾干过程中水分去了哪里”这一问题，从7个选项中做出选择，并给出具体解释。你可以借此了解学生对蒸发与大气关系问题的认知水平。不同学生肯定会选择不同的答案，势必会就此问题展开激烈争论。而这正是我们想要的结果，因为真理越辩越明，这样，学生才能心甘情愿放弃自己的错误观点，欣然接受科学结论。

在5～8年级中使用这个故事

与低年级学生相比，高年级学生可能觉得这个故事没有那么神秘，因为他们肯定从成人那里听到过相关解释，然而这并不意味着他们就理解事情的真相。你可以使用上一节提到的探究案例"湿牛仔裤"(基利、埃伯尔和法林，2005)。你可以要求学生在选择答案时给出书面解释，从中了解学生对蒸发与大气关系问题的认知水平。

学生可能会对这则故事中隐含的一些谜团感兴趣，他们很可能会就下列问题展开调查：

- 金属杯外壁形成的水珠会比玻璃杯多吗？
- 金属杯外壁形成水珠的速度会比玻璃杯快吗？
- 杯子外壁形成的水珠在一些日子里会比其他日子里多吗？
- 饮料温度与冷凝所需时间之间有关系吗？
- 在不同的日子里，饮料温度与冷凝所需时间之间的关系是一样的吗？
- 冰箱里也会出现这样的现象吗？

很多老师喜欢让全班同学一起讨论上述问题，并让他们预测会发生什么情况。任何预测都必须要有某种证据来支撑，而不是胡乱猜测。你的作用是，确保学生在做预测时必须根据自己的经验或知识说明理由。例如，如果学生甲说金属杯外壁形成的水珠会比玻璃杯多，那么你要请她给出自己的理由。她可能会说，因为金属的导热性比玻璃好，所以水在金属表面冷凝形成的水珠更多。在学生开始进行实验之前，你务必要提醒他们注意变量问题，除了需要测试的那个变量之外，他们需要严格控制其他所有变量。

称量杯子外壁冷凝水重量的一个方法是，你可以找来一台灵敏度较高的电子秤，当然，灵敏度越高越好。你可能需要给学生讲一讲"皮重"的概念，"皮重"主要是指商品外包装材料的重量，我们在称带有外包装的物品时需要减去皮重，才能得出物品的净重。有些秤只需按一个按钮就能够自动扣除皮重，而有些称秤没有这种设置。如果学生称重时在物品下面垫上一只盘子或一张纸，就必然要用到这一技能，因为他们必须把盘子或纸的重量从总重量中扣除，才能够得出所称物品的净重。就称量冷凝水的重量而言，学生应当先把杯子、饮料和冰块的总重量称出来，过一段时间（比如 5 到 10 分钟）之后，再把杯子、饮料、冰块以及冷凝水的总重量称出来，然后扣除杯子、饮料和冰块的总重量，最后得到冷凝水的重量。

如果你的学生或者你本人决定探索温度和冷凝之间的关系，就需要进入气象学领域。具体来说，你需要了解“露点”问题。“露点”是指在标准大气压下，空气中的水蒸气达到饱和而凝结成液态水需要降至的温度。你可以利用玻璃杯里的水估算出露点温度大致是多少。假设玻璃杯里水的温度是 50°F(10°C)，如果此时杯子外壁开始出现冷凝水，那么你就可以知道露点即是杯里水的温度。实际上，露点有可能会高一些或低一些，而这就需要你准备一套杯子在不同温度条件下分别测试。一个比较好的办法是，向一个金属罐中倒入常温的水，在罐子里放置一个温度计，然后往罐子里陆续加入冰块，注意每次只加一个，每加一个冰块后，用搅拌棒搅拌一下（不能用温度计搅拌，以防温度计损坏）。留心观察金属罐的外壁，一旦有水珠开始出现，就把当时温度计的读数记录下来，而这个读数大致就是室内的露点。你可以把这个实验反复多做几次，求其平均值。如果学生想要回答“饮料温度与冷凝所需时间之间有关系吗?”这个问题，自然就会去做这一实验。

露点一般不会超过 80℉(26.6℃)，如果露点高到这个温度，你能够明显感觉空气已经非常潮湿。

这又会引出另一个概念“热指数”。你在看天气预报的时候，可能会发现天气预报员在预报完温度之后往往习惯加上一句“感觉像……”。你可能还记得我们在上文提到，人体通过出汗来降温，而当相对湿度比较高的时候，汗液就很难蒸发。因此，你就会感觉不如在相对湿度比较低的时候舒服，因为这时汗液容易蒸发，从而更好地发挥降温作用。一些气象学家尝试计算我们在相对湿度较高情况下感觉到的不舒服程度，它是以我们在一定温度/相对湿度共同作用下的“感觉”为基础的。我们都知道，如果天气既炎热又潮湿的话，我们就会“感觉”更热。热指数是建立在人的主观感受基础上的，因此在科学界颇受争议。尽管如此，这个问题值得讨论一下，如果你在盛夏季节到佛罗里达州或亚利桑那州的菲尼克斯市过一段时间，对此肯定会有切身体会。

相关书籍和美国科学教师协会期刊文章

Driver, R., A. Squires, P. Rushworth, and V. Wood-Robinson. 1994. *Making sense of secondary science: Research into children's ideas.* London and New York: Routledge Falmer.

Hand, R. 2006. Evaporating is cool. *Science Scope* 29 (7): 12–13.

Keeley, P. 2005. *Science curriculum topic study: Bridging the gap between standards and practice.* Thousand Oaks, CA: Corwin Press.

Keeley, P., F. Eberle, and L. Farrin. 2005. *Uncovering student ideas in science: 25 formative assessment probes, volume 1*. Arlington, VA: NSTA Press.

参考文献

American Association for the Advancement of Science (AAAS).1993. *Benchmarks for science literacy.* New York: Oxford University Press.

Keeley, P., F. Eberle, and L. Farrin. 2005. *Uncovering student ideas in science: 25 formative assessment probes, volume 1*. Arlington, VA: NSTA Press.

National Research Council (NRC). 1996. *National science education standards*. Washington, DC: National Academies Press.

Project WET, Curriculum and activities guide. 1995. *The amazing journey*. Bozeman, MT: Water conservation Council for Environmental Education. *www.montana.edu/wwwwet/journey.html*

第二十四章
佛罗里达的汽车

杰克带着妹妹安博驾驶妈妈的汽车前往二手车商店，想去看一看能否买一辆他买得起的二手车，这就意味着沿途需要逛一逛多家汽车经销店。安博喜欢听杰克跟经销商讨价还价，她尽管知道这里面学问大着呢，却仍然喜欢在一旁驻足倾听。

“这辆车有一点贵，”经销商指着一辆漂亮的红色小汽车说，“首先，它是红色的;其次,也是最重要的一点,它是一辆佛罗里达汽车。我们昨天刚用卡车把它运过来。绝对是佛罗里达汽车!而且还没怎么上过路,关键是,它是佛罗里达汽车!”

“我敢打赌,这辆车原来的车主是一位老太太,而且,只有星期天去教堂做礼拜的时候,才会用到这辆车。”杰克说,并没有指望对方予以答复。

“我真搞不懂,为什么是不是佛罗里达汽车那么重要呢?”安博心里在想,“难道佛罗里达生产的汽车比底特律这里生产的汽车更好吗?”

“请看这辆车,你能不能在它身上找到一点儿锈斑!”经销商非常自信地说,“我甚至可以用升降机把它吊起来,让你看看汽车底盘。”

“我能看一下运输单据吗?这样我就能确认它是不是真的来自佛罗里达。”杰克说,“不是说我不信任你,如果单据手续齐全,我就放心了。”

千真万确,这辆车不仅来自佛罗里达,而且来自该州南部城市霍姆斯特德,真令杰克大喜过望。

“我得再考虑考虑,”杰克说,“我明天或后天再来。”

“别拖太久,年轻人。这车可是说卖就卖出去了。”经销商说。

两人把车开向下一个经销店的路上,安博问杰克:“佛罗里达汽车有什么特别的地方?”

“首先一点,我们不用担心车会生锈。”杰克说。

“那是为什么?”安博问。

“你想一想啊,妹妹,”杰克说,“在那么远的南方从来都不下雪,所以人们用不着往道路上撒盐,汽车自然不会生锈喽。”

“必须要有盐才会生锈吗?”安博问。

“当然啦。你脑子‘秀逗’了吗?”杰克挖苦道。

“我当然知道一些。如果我把东西放在室外任由风吹雨打,它们都会生锈的。”

“对呀。如果我们把自行车或者金属制品放在室外,它们肯定会生锈的。不过,盐会加快生锈速度,而且会让东西锈蚀得更厉害!”杰克自信地说。

“总是会这样么?”安博问。

“我从来不相信什么‘总是’,”杰克说,“任何规则总是会有例外!”

“‘总是’?”安博反问。

“别耍小聪明,小妹妹。你知道我说的是什么意思。”

“好吧。不过，我还是要验证一下你关于盐的说法，因为我太清楚生锈必须‘总是’要有盐才行。说不定还有别的东西能够让锈蚀速度更快，或者能够阻止锈蚀发生。”

“你请便。到时候别忘了告诉我，我买佛罗里达汽车是不是买对了。”杰克回答。

目的

生锈是人人深恶痛绝的现象，因为它破坏我们的金属物品。我想强调的是，我们对这种最常见的现象却知之甚少。这则故事旨在让学生和老师亲自动手做实验，通过认真观察与研究来学习关于生锈的知识。我要感谢我的好友、英国利兹大学的菲尔·斯科特(Phil Scott)，是他启发我萌生了本章教学故事的创意。他让儿童把钉子放在他们认为最容易生锈的地方，这样不仅能够为下一步开展科学调查做好充分准备，而且能够借此了解儿童对待生锈这一现象懂得多少。

相关概念

- 氧化
- 化学变化
- 物质守恒
- 化学反应
- 物质变化

不要惊讶

我们曾经多次在不同年龄段的学生中间做过生锈实验。根据我们的经验，学生可能会相信如下关于生锈的说法：

- 锈是活着的东西，能够引起疾病。
- 锈只存在于物体表面，却能够把物体内部的东西吃掉。
- 生锈现象只有在冷天才会发生。
- 在温暖的环境中，锈蚀速度更快。
- 生锈现象必须有盐才能够发生。
- 浸泡在碳酸饮料中的物体会生锈。
- 锈在一个物体上出现之后，就会把该物体吃掉。
- 锈实际上是生锈金属的另外一种形式。

结果证明，这些错误观念都是可以通过实验加以纠正的。此外，它们还会引出更多问题，而这恰恰是科学研究的重要组成部分。

内容背景

虽然几乎所有学生都对生锈现象有过亲身体验，却很少有人明白锈其实是一种新的化合物，而所谓“化合物”是由两种或者两种以上物质在一起反应生成的。

生锈是指铁和氧在一起发生化学反应，在这一被称为“氧化反应”的过程中，铁分子中的电子被转移到氧分子中，从而使铁被“氧化”，由此生成一种新的化合物“氧化铁”，也就是我们平常所说的锈。这一变化的化学方程式为 $4Fe + 3O_2 \rightarrow 2Fe_2O_3$，也就是说，4 个铁原子（Fe）和 3 个氧原子（O_2）结合生成 2 个氧化铁（锈）原子（Fe_2O_3）。这就是化学家所说的“平衡方程”，即，方程式左边的原子数与右边的原子数相等。换句话说，在化学反应中，所有的成分都参与进来。参与反应的所有原子虽然重新排列，但是质量保持不变，所以它们的总质量是守恒的。反应中既没有丢失任何东西，也没有增加任何东西。这就是“物质守恒”的定义。

如果你把铁装入一个内含水分的密封罐里，先称一下整个罐子系统（罐子和铁）的重量，等铁生锈之后再称一次重量，就能够很容易明白“物质守恒”的概念。“密封罐”这个封闭系统的重量保持不变，因为所有参与反应生成新化合物（锈）的物质既没有丢失，也没有增加。你可以借用《了解学生的科学想法》（第四册）（基利和塔古尔，2009）一书中的探究案例“密封罐里的钉子”，了解学生对“生锈现象会给封闭系统带来什么变化”持什么样的看法。很多儿童和成人都认为，密封罐在钉子生锈后重量可能会增加，也可能会减少。实际上，你每次给罐子称重时，称出的结果都是罐子里的氧和铁加上罐子的重量，而氧和铁始终被困在这个封闭系统之中，所以总重量不会发生变化。

相反，如果你面对一个开放系统，结果就会有所不同。你可以使用《了解学生的科学想法》（第一册）（基利、埃伯尔和法林，2005）一书中的探究案例“生锈的钉子”。你会发现，如果钉子处于一个开放系统中，那么钉子生锈后重量实际上有所“增加”，这是因为，你最初称的只有钉子的重量，而在钉子与周围空气中的氧气反应生成铁锈之后，再次称重时多了氧的重量。这听上去似乎自相矛盾，但是，如果你仔细想想，就应当明白为什么会出现这样的差异。让我们换一种方式表述：在封闭系统中，你前后两次称的都是氧和铁的重量；在开放系统中，你第一次称的*只有*铁的重量，而在第二次称的却是铁和氧（跟铁发生化学反应的氧来自空气）的重量。

铁与氧在自然条件下非常容易发生化学反应，这就是为什么我们很难在自然环境中找到纯净铁的原因。实际上，因为氧与其他金属也容易发生化学反应，所以我们同样难以找到其他纯净金属。当铁、空气和水三者俱全的时候，空气中的二氧化碳与水结合生成弱的碳酸，这种酸就会开始腐蚀并溶解铁。因为水是由氢和氧构成，所以水开始分解并释放氧气。氢和氧从铁中获得电子，而这些电子又使氧带上负电荷，有助于氧跟铁结合。这一过程生成带电的原子（又称离子），它们能够经由液体（水）转移到物体（铁）的其他部分。在这里，液体发挥着重要作用，因为它为离子提供了介质，使得离子能够自由转移，从而加快腐蚀速度。这种液体被称为“电解质”。

普通水并不是最佳的电解质，但是它足以使金属生锈。电解质中含有的离子越多效果越好，酸和盐有助于离子产生，因此，盐水是离子的良导体。冬季，美国北部地区冰雪非常普遍，人们往往在道路上撒盐以帮助冰雪融化，从而为汽车轮胎增加摩擦力。但是，冰雪融化后形成的盐水是一种效果很好的电解质，非常容易让车辆生锈。如此说来，在佛罗里达州这种不下雪的地方，人们没有必要在道路上撒盐，那么这里的汽车也就不会生锈。

《国家科学教育标准》（国家研究委员会，1996）的相关内容

幼儿园至 4 年级：物体和物质的属性

• 物体具有很多可见的属性，包括尺寸、重量、形状、颜色、温度以及与其他物质产生反应的能力。

5～8 年级：物体和物质的属性

• 物质以各种特有的方式与其他物质产生化学反应，生成具有不同属性的新物质（化合物）。化学反应中的总质量守恒。

《科学素养基准》（美国科学发展协会，1993）的相关内容

幼儿园至 2 年级：物质的结构

• 我们可以借助物体的构成材料（黏土、布或纸等）及其物理属性（颜色、大小、形状、质量、质地或韧性等）对物体进行描述。

· 我们可以通过某些方式改变物质的属性，但是，不同物质对这些方式的反应不尽相同。

3～5 年级：物质的结构

· 当两种或多种物质结合形成一种新的物质时，新物质的属性与原来的物质都不相同。

· 无论一个物体的各组成部分之间通过什么方式结合，该物体的总重量与各部分重量的总和相等。当一个物体被分成若干部分，各部分重量的总和等于原物体的总重量。

6～8 年级：物质的结构

· 由于大多数元素都倾向于跟其他元素相结合，以纯粹形式存在的元素很少。

· 物质之间特别重要的一种反应涉及这些物质与氧发生反应，例如燃烧或生锈等。

· 在一个封闭系统中，无论物质之间如何相互作用、组合或分开，系统的总质量保持不变。“原子”这个概念能够解释物质为什么遵守质量守恒定律。如果原子的数量保持不变，那么无论它们的排列状况如何，其总质量保持不变。

· “原子”这个概念能够解释化学反应过程。当物质之间相互反应生成新的物质时，原物质分子的原子以新的方式重新组合。

在幼儿园至 4 年级中使用这个故事

学生年龄即使再小，也会也会对生锈现象有过亲身体验。对那些年龄较小的孩子，我们希望他们能够明白，物质会随着时间流逝发生变化，而这些变化属于正常现象。儿童都曾经看到过，如果他们把玩具扔在室外不闻不问，经过长时间风吹雨打之后就可能会生锈。他们也可能听到过父母或哥哥姐姐谈论生锈以及往路面撒盐之类的事情。你可以鼓励学生跟你聊一聊他们对生锈的看法，然后把他们的观点填入“我们的最佳思维榜”。有些家长警告孩子不要踩到生锈的钉子，否则就会得病，这些孩子可能会认为锈是有生命的东西或者是细菌。“不要惊讶”那一节列出了一些学生常有的错误认识。

你可以从“我们的最佳思维榜”中看出，学生认为把钉子放在什么地方容易生锈。你最好事先把一袋钉子放在酒精或醋里面泡一天或一夜以去除钉子表面的保护性油脂，然后拿给学生看。你可以问学生："为了让钉子生锈，我们应该把钉子放在什么地方？"哪怕年龄最小的学生都会想到利用水。一些学生会建议你把钉子放在室外，另一些学生会建议你放在室内距离水近的地方或者直接放在水里。学生在提出建议的时候，你务必要让他们给出自己的理由。你最好多准备一些钉子，以便学生按照他们的建议把钉子放在各种不同环境中。一般情况下，用不了多久钉子就会出现锈斑，你应当要求学生在这个过程中持续进行观察。你可以让他们把观察到的现象记录在科学笔记本上，看一看哪些钉子最先生锈，哪些钉子生的锈最多。

在5～8年级中使用这个故事

（注：我认为以下内容完全适用于四年级学生。）

你最好事先把一袋钉子放在酒精或醋里面泡一天或一夜以去除钉子表面的保护性油脂，然后给每名学生（你也可以把学生分成每两人一组）发两颗钉子，让他们把钉子拿回家放置一个星期时间。学生可以把钉子放在他们认为最容易生锈的地方，如果过了几天钉子还没有生锈，你可以让他们换一个地方。要求学生在一周后把钉子带回学校，并用胶带把钉子粘在一张卡片上，在卡片上记录如下信息：

- 你把钉子放在了哪里？
- 你为什么要把钉子放在那里？
- 钉子生锈需要具备哪些条件？
- 你认为锈是什么？

你可以让学生把带回来的钉子放在课桌或其他地方，以便全班同学围绕桌子依次参观。如果你把学生带回的数据逐一记录下来，就可以从中了解学生对生锈持有什么样的看法。你当然可以把它当作一种形成性评价，实际上，它同时衡量了学生的动脑和动手能力。

根据我们的教学实践，一些学生可能会：

- 把钉子放在碳酸饮料里（可能是因为曾听人说碳酸饮料会腐蚀牙齿，

所以他们认为碳酸饮料肯定也能腐蚀钉子);

- 把钉子放在漂白剂里;
- 把钉子放在盐水里;
- 把钉子放在一张带水的纸巾上;
- 把钉子放在冰箱里,因为需要低温;
- 把钉子放在暖气上,因为需要高温;
- 把钉子放在浴室里,因为那里潮湿;
- 把钉子放在室外排水管处,任由风吹雨打。

毫无疑问,学生还会想出很多其他不同方法,你可以组织学生把自己的经验拿出来跟全班同学分享,他们肯定会深受启发。根据我们的教学实践,学生经过热烈讨论并亲眼看到实验结果后,都想把实验重新做一遍,或者想通过改变某个变量来回答新遇到的问题。你的任务是帮助他们确保对各种变量进行控制,当然那个需要测试的变量除外。如果学生把自己的实验方案公之于众,那么全班同学都有机会对其进行点评,当然,你可以引导他们如何通过善意批评来相互帮助。

警告!如果学生想到如下问题,你们的实验可能会持续很长一段时间:

- 如果你使用红铜、黄铜或者镀锌金属,结果会怎样?
- 如果你使用铝或钢丝球等其他金属物体,结果会怎样?
- 使用什么样的方法能够阻止金属生锈?

你在讲授本章内容的同时,可以配合使用《了解学生的科学想法》(第四册)(基利和塔古尔,2009)一书中的探究案例“密封罐里的钉子”。由于该案例把钉子生锈现象限定在一个封闭系统中,所以涉及物质守恒的概念。该案例需要学生考虑密封罐里钉子和水的问题,你可以让他们预测钉子在生锈(换句话说,发生化学反应)之后重量是否会发生变化。你把学生根据该案例做的实验结果收集起来之后,可以组织他们就这个问题展开讨论,他们最终得出的答案可能会令一些学生感到惊讶,也可能会证实一些学生的预测。你可以借此机会给学生讲一讲化学反应中的物质守恒定律,也可以帮助他们复习巩固化学变化与物理变化的区别:在化学变化中,有新物质生成;而在物理变化中,仅仅是物体的状态或形状发生改变。

学生可能会对新生成物质(锈)的性质存在疑问,或者怀疑它是否是一种新物质。你可以帮助他们验证一下,看一看钉子与锈(絮状的褐色物质)之间有什么区别。首先,钉子会对磁铁做出反应,那么,锈会对磁铁做出反应吗?"试试看。"你应当这样回答。如果学生把钉子放在水里,而锈是悬浮在水里的话,那么你可以建议他们把水放在一个大盘子里蒸发掉,因为锈不溶于水,所以将会残留下来。然后,学生可以对锈进行各种测试,找出它具有哪些属性。

最后,我相信,你的学生肯定会同意佛罗里达汽车比美国北部各州汽车不容易生锈的说法。当然,你可以鼓励学生去采访汽车经销商,跟他们谈一谈汽车生锈以及如何避免生锈的问题。别忘了让他们问一问佛罗里达汽车的情况!

相关书籍和美国科学教师协会期刊文章

Driver, R., A. Squires, P. Rushworth, and V. Wood-Robinson. 1994. *Making sense of secondary science: Research into children's ideas.* London and New York: Routledge Falmer.

Keeley, P. 2005. *Science curriculum topic study: Bridging the gap between standards and practice.* Thousand Oaks, CA: Corwin Press.

Keeley, P., F. Eberle, and C. Dorsey. 2008. *Uncovering student ideas in science: Another 25 formative assessment probes, volume 3.* Arlington, VA: NSTA Press.

Keeley, P., F. Eberle, and J. Tugel. 2007. *Uncovering student ideas in science: 25 more formative assessment probes, vol. 2.* Arlington, VA: NSTA Press.

Konicek-Moran, R. 2008. *Everyday science mysteries.* Arlington, VA: NSTA Press.

Konicek-Moran, R. 2009. *More everyday science mysteries.* Arlington, VA: NSTA Press.

参考文献

American Association for the Advancement of Science (AAAS). 1993. *Benchmarks for science literacy.* New York: Oxford University Press.

Keeley, P., F. Eberle, and L. Farrin. 2005. *Uncovering student ideas in science: 25 formative assessment probes, volume 1.* Arlington, VA: NSTA Press.

Keeley, P., and J. Tugel. 2009. *Uncovering student ideas in science: 25 new formative assessment probes, volume 4.* Arlington, VA: NSTA Press.

National Research Council (NRC). 1996. *National science education standards.* Washington, DC: National Academies Press.

第二十五章
邻里电话系统

劳里(Laurie)住在玛丽亚(Maria)家隔壁。两人从幼儿园起就是最好的朋友。现在上四年级,她们俩在一起的时间似乎比以前更多了。每天晚上吃过饭后,她们俩都要用电话没完没了地闲聊。

“嘿,你已经聊了一个小时了!”玛丽亚的爸爸说,“我也要用电话。”

“嗯,”玛丽亚的妈妈说,“今天晚上,我在等费利西亚(Felicia)阿姨的电话。”

“可是，我正在跟劳里通电话呢，”玛丽亚央求道。她突然心生一计，“嘿，为什么你们跟劳里的父母不给我们买个电话呀？买个手机怎么样？那样，我们就不会占用你们的电话了。”

“我的天，”玛丽亚的爸爸说，“你知道每月话费有多贵吗？你们俩就住在隔壁，完全可以站在卧室床前面对面聊天……”突然，他顿了顿。“对了！”他叫道，“你们可以站在卧室窗前聊天。”

“爸——爸，”玛丽亚笑道，“要是我们在窗前大喊大叫的话，街坊邻居都会听得一清二楚。”

“不，不，不！”爸爸叫道，“你们可以使用 TCTS①。既完全私密，又非常、非常酷。而且价格绝对便宜！”

“好吧，我认输。什么是 TCTS?”玛丽亚问道。

“一点也不神秘。就是一种简单的设备——用一根绳子把两个锡罐连接起来。现在，你能猜到 TCTS 这几个字母代表什么了吧?”玛丽亚的爸爸问。

这个主意听上去很不错。第二天，玛丽亚跟劳里谈及此事，然后决定自己动手试一试。在玛丽亚父母的帮助下，她们把两个空的西红柿罐头瓶用一根长绳连接起来，位于罐子里面的绳子两端分别打了个结，这样，绳子就不会从罐子底部的小孔滑出来。如下图所示。

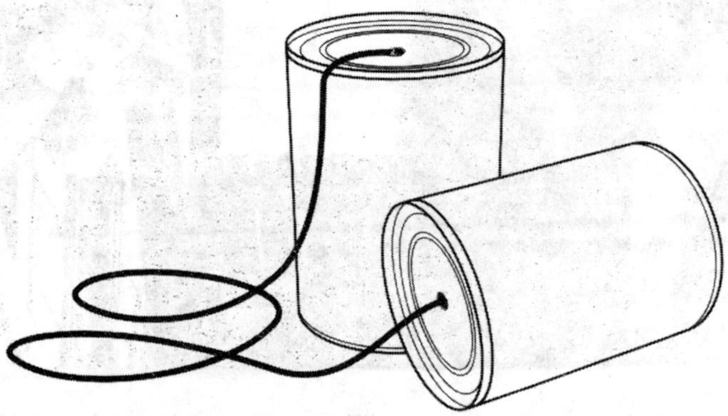

很快，玛丽亚和劳里就在她们的卧室窗户之间建立起了这样一套电话系统，准备试一试效果。劳里把罐子拿起来贴在耳朵上，而玛丽亚在自己的卧室对着罐子

① TCTS：英语 tin can telephone system 的缩写，意为“锡罐电话系统”，或简称“TCT”（锡罐电话）。——译者注

柔声细语，希望声音能够沿着绳子传到劳里那里。什么也听不到！两位妈妈在楼下看到这种情况，冲她们喊道："你们必须把罐子之间的绳子拉紧才行。"

两个女孩拉紧了绳子，然后，她们就可以彼此愉快地交谈了，不过，有时候听不清楚对方的话。

"为什么必须拉紧绳子？"劳里喊道。

"问得好。你们先自己想一会，然后我们再谈。"劳里的妈妈说。

"这根绳子到底有什么神奇之处？"玛丽亚问道。

"这个问题问得也很好！"玛丽亚的妈妈说，"你们也动脑筋想一想。"

"我们怎样才能够让通话声音更清晰呢？有时候，我听不清你在说什么。"劳里说。

"用大一些的罐子怎么样？"玛丽亚问道，"或者，用塑料杯或纸杯代替锡罐呢？"

"使用粗一些的绳子呢？"劳里说道。

"或者不用绳子。用电线行不行？"玛丽亚的妈妈接了一句，"说不定声音在电线中传播效果更好。"

"看起来我们要做一些实验才行。"两个女孩说道。

目的

这则故事有两个目的。一是要求学生学习关于声音的知识(科学),二是要求学生能够利用所学知识对生活中的一些东西加以改进,从而解决我们面临的问题(技术)。

小时候,我们几乎都玩过"锡罐"电话。人类很早就盼望着能把声音进行远距离传播。甚至有传言说,亚历山大·格雷厄姆·贝尔在他那个改变世界的发明(电话)即将问世之前,也玩过锡罐电话并利用它做实验。很显然,贝尔是想去掉中间那根绳子,但是,"声波的振动和传播"仍然是他必须遵循的指导原则。贝尔找到一种办法来利用电传播声音,从而解决了说话者必须面对面接触的难题。这则故事把锡罐电话作为重点,不仅要求学生探索声波沿着某种介质传播的现象,而且要求他们自己动手去改进一种简单设备,以获得更好的效果。学生需要将对锡罐电话的各个部分进行实验,通过改变各种变量,从中找出声音传播的最佳组合方式。

在如今这个电子时代,让学生想象手机、电视、掌上电脑以及便携式媒体设备之前的时代是什么样子,可能会比较困难。然而,让孩子们追溯并体验现代通信和信息技术还没有成为生活标配的日子,肯定会令他们兴奋不已。各种学校课程都有很多关于声音在固体和液体中传播的展示,而"锡罐电话"这个故事却要求学生研究一种古老的玩具,弄明白它的工作原理。这项活动涉及很多与科学标准和技术标准相关的问题。对捕鼠器加以改进,往往会让学生兴奋不已,利用故事中提到的知识就能让捕鼠器做出实时反馈,而且制作过程简单有趣。如果你自己先尝试一下锡罐电话,然后再把这个想法介绍给学生的话,就会发现在声音传播过程中有好几个变量发挥作用。你还会发现,应当事先准备好各种不同材料,以备学生在实验中使用。下面的"内容背景"部分提出了一些科学标准和技术标准,这样,你就能够知道实验必须达到哪些标准。

相关概念

- 波
- 声音
- 声音传播
- 振动

· 能量
· 能量传播
· 技术设计

不要惊讶

学生可能会拒绝使用非金属材料设计电话，因为他们通常认为声音是铜钹或弦乐器等金属振动发出来的。学生可能还会把声音看作一种实实在在的物体，它能够从发出者那里移动到接收者那里。另一方面，有些学生懂得声音是物体振动发出的，他们立即会想到与"锡罐"连接的绳子或电线能够接收声音并把它传播出去。

内容背景

声波跟所有的波一样，都属于能量波。所有的波都会传播能量。声波是由振动的物体发出来的。声波能够在空气或其他介质中传播，但是会被其他声音干扰，或者被任何能够干扰波传播介质的东西干扰。声带、鼓、掉落在人行道上的物体、鼓掌或各种叮当作响的东西等等，这些声源能够产生声波，然后声波通过气体、液体或固体传播，却不能在真空中传播。这是因为声波需要激活介质分子，这样，它们才能把声源的能量传递给邻近的分子，而邻近的分子再以声波形式把能量传递给下一个分子。这些波属于压缩波，你可以把它们想象成条形码，它们步调一致向前运动，这样，声音就能够从一个地方传播到另一地方。你也许还记得自己以前上学的时候，科学老师把一个闹钟放在真空罐里，然后把罐子里的空气抽空。即使闹铃响了，声音也传不出来。因为罐子里面没有空气，所以闹铃产生的能量无法激活空气分子。这使我们想起那个古老的哲学难题，"如果一棵树在无人的森林里倒下，它还能够产生声音吗？"声音不需要依赖耳朵而存在。无论有没有人听到，声音依然在那里。

声波遇到物体会发生反射现象，听上去似乎是从不同方向传来的。如果你置身于喧闹的公共场所，而周围是一些坚硬、裸露的建筑物表面，那么你就会发现，你跟身边的人交谈有多困难。别人说话的声音以及其他各种噪音都被这些建筑物表面反射，充斥着整个公共场所。如果你曾经体验过回声的话，那么其原理也是一样的，只是回声现象发生时反射的声音更集中，没有与其他声音混杂在一起。

我们可以借助扩音器等电子手段或声学设备把声波放大。实际上，吉他、小提琴及其他弦乐器就是通过设计一个依附或包围结构，让弦在这样的结构中振动，这样就构成一个声学放大器，从而让你所听到的声音变大。在锡罐电话系统中，一个孩子对着罐子或杯子说话，罐子或杯子则随着说话人声音的强弱而相应地振动。这些声波被传递至绳子或电线等介质，沿着介质传播到另外一个罐子或杯子，然后，另一端的罐子或杯子以同样方式振动，把沿着绳子或电线传来的声音放大后传递给正在听话的孩子。扬声器通常都有一个纸做的锥体，这是一个重要的线索，它暗示我们，材料结构不同，振动效果不尽相同。你会发现，金属罐制成的放大器效果并不是最好，因为罐子结构会造成声波以不同频率、不同速度向外传播，听上去杂乱无章。你可以用塑料杯制作放大器，看一看效果如何。

一个物体产生的声音有高有低，称为“音高”。我们可以通过改变物体振动速度来实现这一点。如果你拨动一根橡皮筋或一根吉他弦，可以通过拉紧让声音变高，或者通过放松让声音变低。你也可以改变弦的粗细程度，粗弦振动起来速度较慢（声音较低），细弦振动起来速度较快（声音较高）。

有些物体振动起来不明显，我们很难看见。例如，有人把钥匙扔到桌子上，你听到了声音，根据以往经验判断出这种声音是钥匙撞击桌面的声音。这里包含两方面的内容：你依赖大脑里留下的关于过去相关经验的记忆；你的耳朵捕捉声波，通过听觉神经把声波传递给大脑。但是我在前面说过，所有声音都是由振动引起的，而这里的声波和振动又是什么引起的？这里没有吉他弦或鼓，只有钥匙和桌子。这是很多成人和儿童都会忽略的问题。实际上，当钥匙撞击桌子的时候，桌子和钥匙都会发生振动，使声波能量进入运动状态，从而进入我们的耳朵，最终到达我们的大脑。我们生活在一个声音的世界，只要听力正常的人都知道如何辨别那些进入我们耳朵的声音。这也是一件好事，因为急刹车时轮胎与地面摩擦发出的刺耳声、汽车的喇叭声以及其他各种警报声能够帮助我们避开那些移动的庞然大物，以免出现危险。

技术是科学和技术教育中一个非常重要的方面。在这个故事中，孩子们能够有机会看到解决问题与产品设计之间的关系。两份国家标准文件对“技术”这个术语的定义容易使人把它跟“教育技术”混淆。教育技术包括电脑、数字显微镜以及其他各种有助于教师授课的设备。“技术”跟“教育技术”的区别在于：两者目的不同。在两份国家标准文件中，“技术”的目的是给学生提供机会改造周围环境，以满足人类的需要。技术包含五个阶段，这也为教师制订教学计划或评估研究结果时提供一个参考框架。五个阶段分别是：

- 陈述问题
- 设计解决问题的方案
- 实施解决方案
- 评估解决方案
- 把问题、设计和解决方案等拿出来与他人相互交流。（国家研究委员会，1996，第 137 页）

这些阶段并不是可供实施的具体步骤，而是指导方针。有时候，我们需要根据技术标准来比较某些产品的属性，例如纸巾或洗发水。而有些时候，我们需要在技术标准的指导下改进捕鼠器，就本故事而言，是改进锡罐电话。还有些时候，为了解决某个问题或应对某项挑战，我们需要发明新东西或制作新设备。

《国家科学教育标准》（国家研究委员会，1996）的相关内容

幼儿园至 4 年级：物体的位置和运动

- 声音是由物体振动产生的。改变振动频率能够改变声音的音高。

5～8 年级：能量转移

- 能量是很多物质的属性之一，与热、光、电、机械运动、声音、核能或化学变化的性质有关。能量转移有多种方式。

幼儿园至 4 年级：技术设计能力

- 辨识简单的问题。
- 在辨识问题过程中，学生应当学会用自己的语言来解释问题并找出具体任务和解决问题的办法。
- 找出解决问题的办法。
- 学生应当能够就建造某物或改善某物提出建议；他们应当能够把自己的想法描述出来并与他人沟通。学生应当意识到，设计方案时可能会受到诸多因素的限制，如成本、材料、时间、空间或安全等。

5～8 年级:技术设计能力

· 提出问题解决方案或设计产品。

· 学生应该按照自己选定的标准提出不同方案并加以比较。他们必须考虑诸多限制因素,如时间、利弊、所需材料等,用图表和简单模型来表达自己的想法。

· 实施设计方案。

· 学生应当准备好所需材料及其他资源,做好实验安排,适当的时候充分利用团队合作,选择合适的工具和技术手段,利用恰当的测量方法,以保证实验结果具有足够的精确度。

· 对已完成的设计方案或产品做出评价。

· 学生应当考虑与产品设计基本目的或用途相关的标准,适当考虑可能影响目标用户和受众接受与适应程度的各种因素,根据这些标准和因素制订质量检验标准;他们还应当提出改进意见,并对自己的产品进行修改完善。

《科学素养基准》(美国科学发展协会,1993)的相关内容

幼儿园至 2 年级:运动

· 发出声音的物体能够振动。

6～8 年级:运动

· 当某种东西发出或者反射的光波进入我们的眼睛,它就被我们"看见"了,同样,当某种东西发出或者反射的声波进入我们的耳朵,它就被我们"听见"了。

· 物质的振动能够产生像波一样的干扰并从振动源向外传播,例如声波和地震波。不同物质产生的振动波传播速度不同。

幼儿园至 2 年级:技术和科学

· 人们使用工具是为了更好、更方便地完成某些事情,而这些事情不依赖工具根本无法完成。从技术角度而言,人们使用工具主要是为了观察、测量或制造东西。

· 在建造某物或对某物进行改善时,最好是遵循现有的操作指南,或者向那些具有相关经验的人征求意见。

• 无论个人还是团体，人类总是在不断地想方设法来解决问题或完成工作。人类发明的各种工具和想出的各种办法影响着生活的方方面面。

幼儿园至 2 年级：设计和系统

• 人们能够利用物体和做事方法来解决问题。

3～5 年级：设计和系统

• 即使一个完美的设计方案也可能面临失败。有时候我们可以提前采取行动来减少失败的可能性，但不可能完全避免失败。

6～8 年级：设计和系统

• 设计时通常需要考虑到各种局限性。某些局限是不可避免的，例如重力或使用的材料属性等。

• 技术不可能总是提供成功解决问题的方案或满足每个人的需求，让你一劳永逸。

3～5 年级：技术和科学

• 纵观历史，世界各地的人们不断发明并使用各式各样的工具。今天的大多数工具跟过去相比已经大相径庭，但是，很多工具都是在古代工具的基础上改良而成的。

• 任何发明都有可能导致其他发明。一旦有一项发明存在，人们很可能会想出一种从未想到的方法来使用它。

在幼儿园至 4 年级中使用这个故事

在给学生朗读完这个故事之后，你应当让他们说一说锡罐电话为什么能够发挥作用，把他们的观点逐一记录下来。关于声音是如何从一个人那里传到另一个人那里，学生肯定会众说纷纭。学生的确需要了解声音的传播过程：杯子产生振动，声波沿着两个杯子之间的连线传播，然后在接收端的杯子那里被放大。你应当把学生的观点写在“我们的最佳思维榜”上，供他们将来参考。接下来，你应当引导学生想一想，如果想让通话效果更好，他们能够改变锡罐电话系统中的哪些变量。你可能需要帮助他们了解“效果更好”是什么意思。声音更大算是效果更好？或者，听得更清楚算是效果更好？由于故事的目的是让两个女孩能够顺利通话，所以后者才算是效果更好，不过，如果学生想要声音更大，那么前者也是一个重要的因变量。学生必须首先明确他们想要重点测量什么东西，并把笔记和绘图等都写在科学笔记本上。很明显，这个实验需要至少两人一组来做，因为两个锡罐之间距离必须足够远，才能够取得实际效果。

制作电话的过程很简单，不过，出于安全考虑，最好找个大人在旁边监督一下。首先，确保两个罐子大小一样，罐子上部的口已经打开，如果口的边缘粗糙不平，应当打磨光滑或者用厚胶带裹起来。在罐子底部中间开一个小孔，把绳子、电线或者其他介质从小孔穿出来，并把位于罐里的一端打个结，让绳子不会从小孔滑出去，你可以拉紧绳子试一试。这样，锡罐电话就做好了。学生可以对锡罐电话进行测试，看看能不能听清对方说什么。他们肯定能够听到一些声音，但是未必能够听清对方说的每一个字。因此，他们需要尝试使用不同的材料，看一看能否提高通话效果。这就涉及一些技术标准和科学标准。

你可能想尝试一些更大的罐子、各种尺寸的纸杯或塑料杯、电线、棉线、塑料绳等材料。线绳长度可能也是学生想要测试的一个变量，不过，对低年级学生而言，你可以把四五米的长度定为标准长度，无须测试。如果学生忘记把绳子拉紧，你可以把故事的相关部分再读一遍给他们听。对低年级学生而言，你可能需要让他们拿容易让人看见振动的物体（例如乐器的弦）做实验，以便他们能够亲眼看见弦只有被拨动才会振动。如果他们使用橡皮筋，你也需要帮助他们弄明白，为了让橡皮筋发出声音，必须绷紧才行。如果学生把气球套在罐子口绷紧，就像鼓一样，他们就能够明白这种装置也会对声音产生放大效果。很多行之有效的声音实验活动一旦跟这个故事挂上钩，将会变得更有意义。最终，学生可能会得出的结论是，大纸杯加棉线的效果最好，不过，具体结果可能会有所差别。最重要的事情是，学生将会对“声音在各种不同介质中是如何传播的”这一问题有更深刻的认识，并将会对“改进一项设备需要涉及很多技术标准”这一结论有更切身的体会。

在5～8年级中使用这个故事

我建议你在开始这一部分之前，首先阅读上面“幼儿园至4年级”给出的教学建议。现在学生大都拥有手机，肯定给你的课堂教学带来不少麻烦。他们可能很难理解:既然我们已经拥有了高科技的手机,为什么要去改进锡罐电话这种“低科技”的玩具。你可以让学生扮演玩具公司研发部门的员工,他们接到公司总裁或首席执行官下达的任务去开发一款面向大众的畅销产品,从而把故事内容变成了一项技术导向型的任务。这样的话,你可以让全班学生帮助你制订研发标准,其中应当规定产品需要达到某些最低标准。换句话说,你应当要求每组学生研发的电话必须达到全班学生共同制订的通话标准,并利用这些标准对学生的产品质量等级进行评估。由于学生亲自参与制订了这些标准,因此能够比较客观地评价各自小组开发的产品以及为开发产品做出的努力。

我曾假借一家公司总裁写给研发团队的“亲笔信”,信中要求他们去生产一种好玩的玩具。重要的一点是,信中应当说明玩具的原理,因为将来销售玩具的时候需要附上产品使用说明书。如果你想要学生综合利用数学、科学和技术等知识,可以让他们把商品成本和边际利润纳入思考范围。学生理解玩具工作原理的水平如何?你可以利用这次机会对他们进行评估。另一种评估方法是,你可以邀请低年级的学生到你的班级来,看看你的学生是如何帮助他们研发性价比最高的玩具的。无论采取什么方式,我认为,你的学生最终肯定会对声音能量传播有更深刻的认识,对如何利用技术改进产品会有更现实的看法。

相关书籍和美国科学教师协会期刊文章

Brown, R., and K. Boehringer. 2007. Breaking the sound barrier. *Science Scope* 30 (5): 35–39.

Cottam, M. 2006. Waves on the fly. *Science Scope* 29 (5): 22–25.

Farenga, S., and J. Ness. 2002. Sound science of the symphony: Sound intensity. *Science Scope* 25 (5): 50–53.

Palmer, D. H. 2003. Modeling the transmission of sound. *Science Scope* 26 (7): 32.

Tolman, M., and G. Hardy. 2001. Sound fun with noisy cups. *Science and Children* 38 (7): 6.

Wise, K., and M. Haake. 2007. Coffee can speakers: Amazing energy transference. *Science and Children* 44 (7): 36–40.

参考文献

American Association for the Advancement of Science (AAAS). 1993. *Benchmarks for science literacy*. New York: Oxford University Press.

National Research Council (NRC). 1996. *National science education standards*. Washington, DC: National Academies Press.